dtv

Schlaue Ameise, dummes Huhn, genialer Mensch – derartige Zuschreibungen von Intelligenzgraden fallen uns leicht. Doch wodurch wird Intelligenz überhaupt möglich, und was zeichnet sie aus? Die Entwicklung der künstlichen Intelligenz hat in den letzten Jahren große Fortschritte gemacht. Dazu trug die Erforschung der biologischen Grundlagen von intelligentem Tierverhalten bei. Die Autoren stellen die neuesten Erkenntnisse dieser Untersuchungen vor und führen uns zu verblüffenden Einsichten in die Natur des „Denken-Könnens".

Holk Cruse leitet die Abteilung für Biologische Kybernetik und Theoretische Biologie der Universität Bielefeld. Er beschäftigt sich mit der Kontrolle von Bewegung durch neuronale Netze und innere Weltmodelle.
Jeffrey Dean lehrt an der Cleveland State Universität in den USA. Er forscht zu Fragen der Bewegungskontrolle und der neuronalen Grundlagen intelligenten Verhaltens.
Helge Ritter lehrt und forscht an der Universität Bielefeld. Seine Arbeitsschwerpunkte sind das Computersehen, die Robotersteuerung und die Fragen der prärationalen Intelligenz.

Holk Cruse · Jeffrey Dean · Helge Ritter

Die Entdeckung der Intelligenz
oder
Können Ameisen denken?

Intelligenz bei Tieren und Maschinen

Mit zahlreichen Abbildungen

Deutscher Taschenbuch Verlag

Ungekürzte Ausgabe
April 2001
Deutscher Taschenbuch Verlag GmbH & Co. KG, München
www.dtv.de
© 1998 C.H. Beck'sche Verlagsbuchhandlung (Oscar Beck), München
ISBN 3-406-44073-8
Umschlagkonzept: Balk & Brumshagen
Umschlaggestaltung unter Verwendung von Photographien von
© Steve Kaufmann (© Picture Press)
Satz: Fotosatz Otto Gutfreund GmbH, Darmstadt
Druck und Bindung: C.H. Beck'sche Buchdruckerei, Nördlingen
Gedruckt auf säurefreiem, chlorfrei gebleichtem Papier
Printed in Germany · ISBN 3-423-33064-3

Inhalt

Vorwort 7

1. Zur Einführung: Was ist Intelligenz? 9
   Künstliche Intelligenz 10
   Der Intelligenzbegriff der Psychologen 15
   Die Evolution der Intelligenz 19
   Erste Anläufe zum Versuch einer Definition von Intelligenz 21
   Einfache Systeme mit komplexen Eigenschaften 29
   Wozu brauchen wir überhaupt Intelligenz? 31

2. Emergente Eigenschaften oder: Das Ganze ist mehr
   als die Summe der Teile 35
   Verschiedene Beschreibungsebenen 44

3. Historisches 49

4. Auf daß uns nicht Hören und Sehen vergeht:
   Anpassung der Sinnessysteme an die Umwelt 51
   Habituation: Wir gewöhnen uns an alles 55
   Richtungshören 57
   Polarisiertes Licht kann die Himmelsrichtung anzeigen . . 65
   Bewegungssehen 70
   Perzeptron, das Minimalmodell eines Nervensystems . . . 76
   Formenerkennen 80

5. Immer gut orientiert 84
   Navigation 91

6. Warum Tiere sich bewegen können:
   Ohne Bewegung läuft gar nichts 103
   Neuronale Kontrolle von Bewegung 104
   Das Redundanzproblem am Beispiel laufender Insekten . . 107

*Die Kontrolle der quasirhythmischen Bewegung
des Einzelbeins* ... 111
Lokale positive Rückkopplung löst manche Probleme .. 117
Körperintelligenz ... 119

7. Motivationen als Entscheidungshelfer ... 124

8. Kann ein Automat Entscheidungen treffen? ... 133

9. Was man alles weiß – das Gedächtnis ... 142
   Präfrontalkortex ... 154
   Der funktionelle Aufbau des Gedächtnisses ... 156

10. Lernen: Sicher kein Nachteil, wenn man intelligenter
    werden will ... 160
    *Wie kann man verschiedene Erinnerungen
    auseinanderhalten?* ... 186
    Es liegt mir auf der Zunge – das Retrieval Problem ... 190

11. Rationalität bei Menschen: Unterscheiden wir uns
    von den Ameisen? ... 195

12. Die ganze Welt im Kopf –
    Weltmodelle als Planungshilfen ... 220

13. Der Umgang mit Symbolen: Eine wichtige Erweiterung
    bei der Entwicklung intelligenter Systeme ... 230

14. Können Maschinen etwas erleben?
    Die Innenperspektive ... 242

15. Resümee: Können denn Ameisen nun denken? ... 255

Literatur ... 259
Abbildungsnachweis ... 266
Sachregister ... 269

Vorwort

Fragen stellen zu können, etwa diejenige nach dem Wesen von Intelligenz, und logisches Denken zur Gewinnung einer Antwort einzusetzen, dies sind Fähigkeiten, die uns vom Tier unterscheiden und die wir landläufig mit dem Begriff „Intelligenz" verbinden. Die Leistungen unserer Sinnesorgane, die Steuerung unseres Bewegungsapparats, unser Gedächtnis und die Fähigkeit, Neues zu erlernen, erscheinen uns im Vergleich dazu einfacher, weil müheloser; zudem teilen wir die meisten dieser Fähigkeiten mit vielen Tieren.

Dieses Buch will zeigen, wieviel Intelligenz beim Zustandekommen dieser vermeintlich einfacheren Grundfähigkeiten „verborgen" am Werke ist und wie diese verborgene oder „präarationale" Intelligenz mit der uns bewußten, „rationalen" Intelligenz zusammenhängt. Dazu begeben wir uns auf einen Streifzug durch die Welt unserer Verwandten im Tierreich und nehmen Einblick in dort zu beobachtende, erstaunliche Leistungen präarationaler Intelligenz, mit denen bereits Insekten häufig – wie etwa Ameisen – Aufgaben lösen, die in ganz ähnlicher Weise auch für die Steuerung unseres eigenen Verhaltens wichtig sind. Auf diesem Weg wird uns eine Reihe bemerkenswerter Grundprinzipien begegnen, die die Natur immer wieder verwendet, um intelligentes und überlebensgünstiges Verhalten aus dem Zusammenwirken einzeln meist intelligenzloser Einheiten hervorzubringen. Und wir beschäftigen uns mit der Möglichkeit, diese Prinzipien in künstlichen „Agenten" oder Robotern nachzuahmen, um auf diese Weise künstlich intelligentes Verhalten zu erzeugen. Am Ende steht dann die Frage, ob derartig konstruierte Maschinen eines Tages sogar etwas erleben können und was wir daraus umgekehrt wieder über die Ameise lernen.

Die Idee zu diesem Buch und viele in ihm enthaltene Gedanken entstanden während eines von uns organisierten Forschungsjahrs mit dem Thema „Präarationale Intelligenz", das von Herbst 1993 bis Sommer 1994 am Zentrum für interdisziplinäre Forschung (ZiF) der Universität Bielefeld stattfand und in dessen Verlauf eine wechselnd zusammengesetzte Gruppe von Biologen, Neurowissenschaftlern, Informatikern und Kognitionsforschern regelmäßig zusammentraf und zu vielen der in diesem Buch vorgestellten Fragen Diskussionen und Forschungsprojekte durchführte.

Der tatsächliche Beginn der Arbeit am Manuskript gelang dann allerdings erst im nachhinein, während eines Forschungsaufenthaltes am Wissenschaftskolleg zu Berlin, das eine ideale Arbeitsumgebung zur Ausarbeitung eines wesentlichen Teils dieses Buches bot.

Wir wollen daher den beiden genannten Institutionen unseren allergrößten Dank für die sehr großzügige und für das Gelingen unserer Arbeit unschätzbare Unterstützung aussprechen. Unser Dank gilt auch den vielen Kolleginnen und Kollegen, deren Diskussionsbeiträge an vielen Stellen zu dem hier gezeichneten Bild beigetragen haben. Ganz besonders herzlich möchten wir Dr. Stephan Meyer vom C. H. Beck Verlag danken, der uns bereits zu einem frühen Zeitpunkt ermutigte, das Buch in der vorliegenden Form zu gestalten, und dessen Betreuung uns während der gesamten Entstehungszeit immer eine wertvolle und angenehm empfundene Unterstützung war.

Bielefeld und Cleveland, im Sommer 1998 *Holk Cruse*
Jeffrey Dean
Helge Ritter

1. Zur Einführung: Was ist Intelligenz?

Nicht nur im Märchen, sondern auch in seriösen wissenschaftlichen Büchern des 19. Jahrhunderts ist vom „schlauen Fuchs" oder vom „dummen Huhn" die Rede. Solch eine Zuschreibung von Intelligenzgraden fällt uns auch heute keineswegs schwer, wenn wir beobachten, wie eine „dumme" Mücke vergeblich versucht, durch das geschlossene Fenster ins Freie zu entkommen, oder wie eine „intelligente" Katze ganz gezielt das Futter aus dem Vorratstopf stibitzt, nachdem sie ein paar Mal beobachtet hat, daß Herrchen oder Frauchen es dort herausgenommen haben. Doch was bedeutet es eigentlich, wenn man in diesem Zusammenhang von Intelligenz spricht? Wie dumm ist eine Mücke tatsächlich? Während Bienen, die ja an sich erstaunliche Leistungen zustande bringen, bis zur Erschöpfung gegen die Scheiben fliegen, passiert das einer einfachen Stubenfliege nie. Ist sie deshalb „intelligenter"?

Ist es überhaupt erlaubt, bei Tieren von Intelligenz zu sprechen? Es wird ja häufig als geradezu typisch menschlich, als der eigentliche Unterschied zwischen Tier und Mensch angesehen, Intelligenz zu besitzen und intelligent zu handeln. Dies um so mehr, als man, entsprechend der wörtlichen Bedeutung von *intelligentia*, das mit *Einsicht, Verstand, Vorstellung* übersetzt wird, unter Intelligenz die Fähigkeit zu problemlösendem, einsichtigem Verhalten verstehen kann. Diese „Einsicht" setzt für viele die Fähigkeit voraus, wie das Wort ja auch nahelegt, einen „Blick nach innen" tun zu können, d. h., das jeweilige Problem vor einem inneren Auge sehen zu können, und bedingt damit so etwas wie den Besitz einer Seele. Viele Menschen sind der Ansicht, daß eine Seele aber nur dem Menschen zukäme. Nun ist das natürlich Glaubenssache. Will man sich als Wissenschaftler mit Fragen zur Intelligenz befassen, so wird man sich damit nicht begnügen können. Ein wissenschaftlicher Zugang sollte sich vielmehr auf überprüfbare Tatsachen konzentrieren, und es gibt in der Tat eine große Zahl von Versuchen einer „wissenschaftlichen" Definition von Intelligenz.

Die meisten Definitionen setzen entweder ausdrücklich oder in versteckter Form voraus, daß intelligentes Verhalten an den kontrollierten Einsatz von Verstand im Sinne des lateinischen „ratio" geknüpft ist. Unter Ratio versteht man hierbei das Vermögen, in Begriffen zu denken und logische Schlüsse zu ziehen. Eng damit verknüpft ist die Fähigkeit zur Symbolverarbeitung und zum Einsatz logischer Operationen, wie man sie bei der Lösung einer Dreisatzaufgabe oder beim Vorführen mathematischer Beweise verwendet. So sollte zum Beispiel ein intelligentes System, dem die Information „die Stadt A hat weniger Einwohner als die Stadt B" und „die Stadt B hat weniger Einwohner als die Stadt C" gegeben wurde, von selbst darauf kommen, daß dann auch gelten muß, daß die Stadt A weniger Einwohner hat als die Stadt C. Interpretieren wir die Buchstaben A, B und C als Symbole für die Einwohnerzahlen, so können wir unter Benutzung des Zeichens „<" für „kleiner als" die Schlußfolgerung „A < C" auch als Ergebnis einer Verknüpfung der beiden Symbolketten „A < B" und „B < C" auffassen. Aus dieser Sicht erscheint Ratio als die Fähigkeit, nach bestimmten Regeln mit Symbolen festgesetzter Bedeutung zu operieren. Da die Ratio in diesem Fall das bestimmende Element ist, wollen wir die Fähigkeiten, die diese Leistungen ermöglichen, auf der funktionellen Ebene mit *rationaler Intelligenz* bezeichnen. Welche Mechanismen diesen Fähigkeiten zugrunde liegen, soll dabei zunächst noch offenbleiben.

Künstliche Intelligenz

Auch im Gebiet der künstlichen Intelligenz ist der Intelligenzbegriff durch diese Vorstellungen von rationaler Intelligenz bestimmt. Da die üblichen Computer symbolverarbeitende Systeme sind und die von Menschen entwickelten Programmiersprachen den Gesetzen der Logik folgen, ist das natürlich keine große Überraschung. Mit dem Versuch der klassischen künstlichen Intelligenz (KI), rationale Intelligenz in künstlichen Systemen zu implementieren, konnten erstaunliche Fortschritte erreicht werden. Jeder weiß von den raffinierten, um nicht zu sagen intelligenten Programmen, die selbst Schachgroßmeister schlagen können. Weniger bekannt, aber vielleicht überzeugender sind die Programme, die selbständig mathematische Beweise finden, selbst solche Beweise, die bis dahin noch nicht bekannt waren, wie etwa der „Logic Theorist" von Newell und Simon.* Wenn nun tatsächlich ein Computerprogramm einen derartigen neuen Beweis findet, so läßt einen das also zumindest zögern, hier nicht von Kreativität und wahrer intelligenter Leistung zu reden.

Andere interessante Ergebnisse sind auf dem Gebiet der sogenannten *Expertensysteme* zu finden. Diese sind so angelegt, daß ihnen ein wichtiger Teil des Wissens menschlicher Experten zur Verfügung steht und sie dieses sinnvoll miteinander verknüpfen können. Solche Expertensysteme können zum Beispiel einen Arzt dabei unterstützen, schneller und sicherer eine Diagnose zu stellen. Auch das ist eine Eigenschaft, von der man noch vor wenigen Jahrzehnten ganz selbstverständlich angenommen hätte, daß sie Intelligenz voraussetzt.

Trotz unbestreitbarer Erfolge hat sich aber eine Vermutung bisher nicht bestätigt. Die Protagonisten der KI gingen nämlich ausgesprochen oder unausgesprochen von folgender Annahme aus: Sobald die künstliche Erzeugung dieser Höchstleistungen intelligenter Systeme wie das Auffinden mathematischer Beweise oder das Schlagen eines Großmeisters im Schachspiel gelungen sein wird, würden alle anderen sowohl komplexen als auch die scheinbar einfacheren Probleme des alltäglichen menschlichen Lebens ebenfalls weitgehend gelöst sein. Tatsächlich beschränken sich die Erfolge der künstlichen Intelligenz aber bisher auf gewissermaßen künstliche Problemstellungen. Es hat sich inzwischen nämlich gezeigt, daß ganze Klassen selbst außerordentlich einfach erscheinender Probleme, wie z. B. die Steuerung einfacher Bewegungen, einer Lösung unerwartete Schwierigkeiten entgegensetzen. Selbst mit Hochleistungsrechnern ist es bisher keinem Roboter möglich, etwa Schuhbänder zu einer Schleife zu knüpfen, was ein Kind lernt, lange bevor es in der Lage ist, über mathematische Beweise nachzudenken. Es erwies sich sogar als unvorhergesehen schwierig, mit einem Roboter die Ausführung selbst einfacher koordinierter Bewegungen, wie sie in alltäglichen Situationen vorkommen, z. B. beim Bewegen eines Tellers mit zwei Händen, nachzubilden. Dies sind nun keineswegs Einzelfälle. Solche Probleme treten vielmehr überall in dem Bereich der Steuerung von Bewegungen auf.

Eine andere Aufgabe, die für uns so selbstverständlich ist, daß man zunächst gar nicht auf den Gedanken kommt, dies hätte etwas mit Intelligenz zu tun, ist das Problem der Bilderkennung. Läßt man ein op-

---

* S. Zitat in H. Gardner: Dem Denken auf der Spur (1989).

tisches System, sei dies das Auge eines Tieres, eines Menschen oder auch nur eine Videokamera, in eine natürliche Umgebung blicken, zum Beispiel auf einen Hund in einem Garten, so muß ein nachgeschalteter Bilderkennungsapparat für die Erkennung eines Hundes entscheiden, ob ein einzelner Bildpunkt zu dem Hund oder zum Hintergrund gehört. Um dies zu können, muß er natürlich erst mal wissen, daß es überhaupt einen Hund zu sehen gibt. Das gewünschte Ergebnis scheint also bereits vorausgesetzt zu werden. Eine scheinbar unlösbare Aufgabe. Man kann sich das Problem auch an folgendem Beispiel klarmachen. Selbst einen in relativ schlechter Handschrift, wie die eines der Autoren dieses Buches, geschriebenen Text kann man noch einigermaßen lesen, wenn wir ihn in seinem Zusammenhang betrachten können. Zerlegt man einen Text derselben Handschrift jedoch in einzelne Elemente und ordnet diese in zufälliger Reihenfolge an, so daß man den Bedeutungszusammenhang nicht mehr erkennen kann, so ist man als Leser ziemlich verloren. Versuchen Sie, die Buchstaben der Abb. 1 zu entziffern, ohne zuvor Abb. 2 zu betrachten. Wie viele dieser insgesamt 24 Buchstaben haben Sie richtig interpretiert? (Auflösung siehe Legende). Betrachten Sie nun Abb. 2. Wie viele Buchstaben können Sie hier richtig interpretieren? Es zeigt sich, daß beim Lesen im Zusammenhang sehr viel weniger Fehler gemacht werden als beim Lesen der einzelnen Buchstaben. Der Einsatz logischer Regeln kann nicht helfen, wenn man nicht den „Sinn" des Satzes erkennen kann.

Diese Einschränkung auf den rationalen Aspekt von Intelligenz, von dem wir zunächst ausgegangen waren, scheint demnach ein fundamentales Problem zu erzeugen, das vermutlich auch die Schwierigkeiten bei der Lösung anderer Probleme bewirkt. So bestand ein Ziel der künstlichen Intelligenz darin, Automaten zu bauen, die die Übersetzung von Fremdsprachen erledigen. Obwohl das zunächst – vor dreißig Jahren – für ein relativ einfaches Problem gehalten wurde – für jede wichtige Sprache liegen die grammatischen Regeln explizit vor, und es gibt Wörterbücher, die für jedes Wort ein oder mehrere Übersetzungen in die andere Sprache vorgeben –, ist man selbst heute noch recht weit vom Bau einer vernünftigen Übersetzungsmaschine entfernt. Selbst das Erzeugen oder Verstehen gesprochenen Textes ist noch weitestgehend ungelöst. Es wurde deshalb immer wieder vermutet, daß vielleicht schon im Ansatz ein Fehler darin liegt, daß die Definition von Intelligenz über das Rationale nur die höchste Ebene

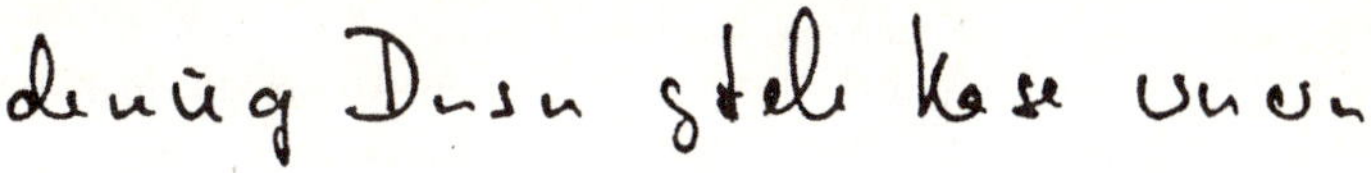

denüg Dusn gtele kase wnen

Abb. 1: Richtig gelesen, steht hier: „denieg Dusn gtele kase wnern".

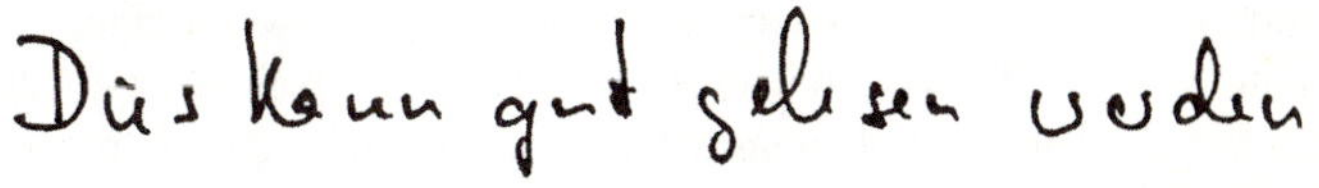

Dûs kann gut gelesen werden

Abb. 2: Dies kann gut gelesen werden. Ein Beispiel, das zeigt, wie die anscheinend übergeordneten Prozesse des Erkennens eines größeren Zusammenhanges („Sinn") die Verarbeitung von vorgeschalteten Prozessen – hier Buchstabenerkennen – verbessern können.

erfaßt und andere, möglicherweise wichtige Bereiche wie zum Beispiel das Denken in Bildern oder die Beteiligung von Emotionen ausschließt, daß hier also fundamentale Aspekte fehlen. Ist demnach die Seele vielleicht doch irgendwie wichtig?

Schon ganz am Anfang der Entwicklung der künstlichen Intelligenz schlug der britische Mathematiker Alan M. Turing einen an sich einfachen Weg vor, um entscheiden zu können, ob ein System intelligent sei oder nicht. Er verwendet gewissermaßen den Menschen selbst als Vergleichsmaßstab. Der Gedanke besteht darin, einen Menschen vor ein einfaches Computerterminal zu setzen, so daß er mit Hilfe von Tastatur und Bildschirm Fragen an die Maschine stellen und Antworten von ihr erhalten kann. Der Versuchsperson wird dabei mitgeteilt, daß ihr Terminal in verschiedenen Sitzungen entweder mit einem Computer oder mit einem anderen Terminal verbunden ist, das gleichfalls von einem Menschen bedient wird. Die Aufgabe des Beobachters besteht darin, im Laufe dieser Unterhaltungen herauszufinden, ob sein jeweiliges Gegenüber nun ein Mensch oder eine Maschine ist. Turing fordert, daß ein künstliches System dann als wirklich intelligent bezeichnet werden muß, wenn der menschliche Beobachter diese Unterscheidung nicht mehr eindeutig zu treffen vermag. Diese zunächst elegante Lösung, menschliche Versuchspersonen sozusagen als Meßgeräte zu verwenden, hat aber ihre Tücken. So haben in entsprechenden Tests Versuchspersonen dann mit größerer Wahrscheinlichkeit einen Menschen am anderen Ende vermutet, wenn das künstliche System – mit Hilfe eines geeigneten, absichtlich eingebauten Zufallsgenerators – gewisse Fehler und Ungenauigkeiten produziert hatte. Es wird also ein, in gewissen Grenzen, fehlerhaftes Verhalten offenbar eher als typisch menschlich eingeschätzt als eine streng rationale Reaktion.

Geradezu als Verkörperung von Intelligenz gilt der Großmeister im Schachspiel, aber selbst hier haben Untersuchungen gezeigt, daß der Einsatz logischen Denkens nur einen Teil, möglicherweise einen sehr kleinen Teil der Fähigkeiten eines guten Schachspielers ausmacht. Man hat solchen Schachspielern bildliche Darstellungen von Spielsituationen vorgeführt, die Darbietungszeit aber auf nur wenige 100 Millisekunden begrenzt. Das ist so kurz, daß ihnen keine Aussagen über die Stellung einzelner Figuren möglich waren. Es stand ihnen also offenbar kein symbolisches Wissen zur Verfügung, und sie konnten deshalb keine logischen Operationen vollziehen. Dennoch konnten die Schachspieler relativ genaue Einschätzungen über die Gewinnchancen von Weiß beziehungsweise Schwarz machen. Man kann deshalb vermuten, daß auch beim Schachspiel „intuitives" Wissen wichtig ist. In vielen Fällen braucht der Könner nicht mehr nachzudenken, sondern erfaßt die Situation „mit einem Blick". Im Unterschied dazu muß interessanterweise gerade der Anfänger viel intensiver überlegen, also seine „rationale Intelligenz" bemühen. Man könnte also geradezu behaupten, daß sich der gute Schachspieler dadurch auszeichnet, daß er in den meisten Fällen – im Sinne des logischen Denkens – eben gerade nicht nachdenkt. Ein Phänomen, das gelegentlich als *Expertenparadoxon* bezeichnet wird. Man hat den Eindruck, daß ein Experte die Lösung eines Problems um so schneller findet, je mehr Wissen er zuvor angesammelt hat. Im Gegensatz dazu braucht ein Computer zum Auffinden einer gespeicherten Information im allgemeinen um so mehr Zeit, je mehr Information er gespeichert hat.

Möglicherweise gilt das Prinzip auch für motorische Aufgaben. Jeder, der versucht hat, eine neue Sportart zu lernen, kennt das Phänomen. Zu Beginn muß man jede Bewegung ganz bewußt kontrollieren. Je besser man die Bewegungsabläufe beherrscht, desto weniger braucht man darüber nachzudenken. Man macht im Gegenteil die Erfahrung, daß bewußtes Nachdenken den flüssigen Bewegungsablauf dann sogar eher stört.

Im letzten Beispiel wurden Intelligenz und Lernfähigkeit in eine enge Verbindung gebracht. Nun treten Intelligenz und Lernfähigkeit zwar normalerweise gemeinsam auf. Versteht man unter Intelligenz lediglich die Fähigkeit, eine Lösung für ein neues Problem zu finden, haben aber, genaugenommen, beide Eigenschaften nichts miteinander zu tun. Zum einen gibt es Systeme, wie etwa den Schachcomputer, die schon von vornherein „intelligent" gebaut sind. Zum andern kann man sich sehr wohl einfache Systeme denken, die lernen können, ohne über rationale Intelligenz zu verfügen. Ein Beispiel ist das Pavlovsche Lernen. Bei dem berühmten Hund Pavlovs entspricht dies dem reflexhaften Auslösen von Speichelfluß, nachdem man ihm ein Stück Wurst gezeigt hat. Gibt man kurz vor diesem Signal (Zeigen der Wurst) einen anderen Reiz, der zunächst nicht mit der Reaktion (Speichelfluß) verknüpft ist, so kann auch für diesen eine reflexhafte Verknüpfung mit der Reaktion „Speichelfluß" hergestellt werden, wenn die Situation genügend oft wiederholt wird. Diese Fähigkeit, einen bedingten Reflex zu erlernen, kann auch, wie später noch im Kapitel „Lernen" genauer beschrieben werden wird, in einen Automaten recht einfach eingebaut werden. Man würde dies aber nicht als intelligent im Sinne von „einsichtig" bezeichnen. Ebensowenig braucht umgekehrt ein System, um eine komplexe Aufgabe zu lösen, also um auf eine neue Idee zu kommen, die Fähigkeit zu besitzen, lernen zu können. Es ist allerdings natürlich durchaus sinnvoll, beide Fähigkeiten zu verbinden, da, falls eine neu entwickelte Idee nicht im Gedächtnis gespeichert würde, in der entsprechenden Situation jedesmal von neuem nachgedacht werden müßte. Zwar könnte man sagen, daß ein Schachspieler, der lange und intensiv geübt hat, dadurch in bezug auf die Fähigkeit, Schachspielen zu können, intelligenter geworden ist. Das Lernen hat also seine Leistungsfähigkeit verbessert. Dennoch ist Lernen hierbei kein Bestandteil des Lösens des gerade vorliegenden Problems, obwohl es die Lösung späterer Probleme verbessern kann.

Der Intelligenzbegriff der Psychologen

Die intensivsten wissenschaftlichen Auseinandersetzungen über den Begriff der Intelligenz fanden natürlich im Gebiet der Psychologie statt. Auch hier ist man sich relativ einig darüber, daß man unter Intelligenz die Fähigkeit zu problemlösendem, einsichtigem Verhalten verstehen sollte. Auch ist man sich einig darüber, daß man, ähnlich wie beim Turingtest, Intelligenz nur über das Verhalten messen kann.

Doch die Frage, wie dies genau zu tun ist, wirft schnell erhebliche Probleme auf. Jeder kennt die standardisierten Testaufgaben, mit deren Hilfe man den Intelligenzquotienten messen kann, aber auch die Diskussionen darüber. So hängt dieses Meßergebnis natürlich auch davon ab, wie gut der Proband die Sprache und die jeweiligen Begriffe beherrscht, mit deren Hilfe die Aufgaben formuliert sind. Diese Probleme haben dazu geführt, daß manche Autoren verschiedenen menschlichen Rassen gewisse, wenn auch geringe Unterschiede in ihrer durchschnittlichen Intelligenz zugeordnet haben. Man hat daraufhin versucht, sogenannte *kulturunabhängige Tests* zu entwickeln. Damit kann man die Situation zwar verbessern, aber die prinzipiellen Probleme bleiben bestehen. Stets geht auch zum Beispiel die Konzentrationsfähigkeit und die Motivation des Probanden in das Meßergebnis ein. Um diese Probleme besser in den Griff zu bekommen, hat man versucht, einzelne Aspekte von Intelligenz voneinander zu trennen. So schlug etwa D. O. Hebb eine Unterscheidung zwischen zwei Komponenten von Intelligenz vor: eine angeborene, durch die Struktur des Nervensystems gegebene, und eine im Laufe des Lebens durch Lernen und Erfahrung erworbene. Auch heute noch steht die Meinung, daß es einen Faktor (g-Faktor genannt) gäbe, der die generelle Intelligenz einer Person beschreibe, der Ansicht gegenüber, daß Intelligenz ein multifaktorielles Phänomen sei. Howard Gardner sieht sieben verschiedene Faktoren, die er mit logisch-mathematischer Fähigkeit, sprachlich-räumlichem Denken, körperlich-kinästhetischen Fähigkeiten, musikalischen Fähigkeiten, sprachlichen Fähigkeiten, Verständnis für zwischenmenschliche Probleme sowie Fähigkeiten, sich ein Bild von der eigenen Person machen zu können, bezeichnet. Eine andere, von funktionalen Prinzipien geleitete Zerlegung in spezifischere Einzelkomponenten fand einen vorläufigen Höhepunkt in den Arbeiten von J. P. Guilford, der aufgrund theoretischer Überlegungen zu einer Einteilung in 120 Einzelkomponenten gelangte. Dies führte dazu, daß sich schließlich die Verzweiflung eines Psychologen in dem ironisch gemeinten Ruf Luft verschaffte: Intelligenz ist einfach das, was man mit dem IQ-Test mißt. Das Problem der Zerlegung der Intelligenz in einzelne Komponenten erschien unlösbar und wurde deshalb, da wissenschaftlich unergiebig, für lange Zeit verlassen.

Ist also Intelligenz eine einheitliche, unteilbare Fähigkeit, oder stellt sie die Summe vieler Einzelfähigkeiten dar? Zwar legt uns die beim gesunden Menschen erlebte Einheit des Bewußtseins die ganzheitliche Betrachtungsweise nahe. Aber schon die erwähnten Versuche, das Phänomen in einzelne Komponenten aufzulösen, deuten in die andere Richtung. Viele Beobachtungen beispielsweise an Patienten mit Hirnschädigungen unterstützen dies. So ist schon lange bekannt, daß zumindest bestimmte Gedächtnisinhalte, auf denen intelligente Leistungen aufbauen, räumlich getrennt abgespeichert sind. Dies weiß man von Patienten, bei denen durch Unfälle oder Krankheiten einzelne Abschnitte des Gehirns funktionsunfähig wurden. So kann z. B. selektiv die Fähigkeit zum Farbenerkennen ausfallen, obwohl das übrige visuelle System noch intakt ist. Interessanterweise wird damit auch die Fähigkeit, sich Farben vorstellen zu können, ausgelöscht. Entsprechend kann die Fähigkeit, sich mit Hilfe einer einfachen Karte zu orientieren, also ein visuell gegebenes Muster in ein motorisches Muster übersetzen zu können, verlorengehen. Interessant ist in diesem Zusammenhang auch der Befund, daß bei Zerstörung bestimmter Regionen im Bereich der vorderen Hirnrinde die normale Intelligenz, wie sie mit Hilfe des IQ (Intelligenzquotient) gemessen wird, nicht beeinträchtigt ist. Hingegen hat der Patient massive Probleme mit allen Entscheidungen, die seine Person betreffen, etwa mit der Entscheidung, sich ein Auto zu kaufen. Diese Auflösung der Funktion in viele parallele Systeme innerhalb des Gehirns macht das Phänomen des einheitlichen Bewußtseins eher noch rätselhafter. Doch wollen wir uns mit dieser schwierigen Frage hier nicht befassen.

Wir haben bisher also festgestellt, daß Lernfähigkeit mit Intelligenz als solcher nichts zu tun zu haben braucht, daß Intelligenz sehr schwer zu messen ist und dies vermutlich daran liegt, daß diese Eigenschaft aus verschiedenen Komponenten zusammengesetzt ist. Wir haben weiterhin festgestellt, daß Rationalität allein Intelligenz nicht erklären kann, daß im Gegenteil Nachdenken gelegentlich sogar stört.

Ein weiteres scheinbares Paradoxon ist das folgende. Betrachten wir zwei Systeme, die ein Problem gleich gut lösen, wobei aber ein System sehr viel komplizierter aufgebaut ist als das andere. Welches System würde man als das intelligentere von beiden bezeichnen? Doch wohl das einfacher gebaute, da es dieselbe Leistung mit geringerem Aufwand erreicht. Daß die einfachere Lösung als die intelligentere Lösung bezeichnet wird, mag einem zunächst als Widerspruch erscheinen, da man intuitiv etwas Einfaches, Simples geradezu als Gegensatz zu etwas Intelligentem ansieht. Dieser Vergleich weist auf eine wichtige Unterscheidung hin: „intelligent" als Eigenschaft und „Intelligenz" als Fähigkeit. Ein Beispiel für das erstere, also für eine intelligente Lösung für ein bestimmtes Problem, stellt Watts folgenreiche Erfindung des Fliehkraftreglers dar. Dies ist eine einfache, aber sinnreiche mechanische Einrichtung (Abb. 3), die bei einer Dampfmaschine die Drehzahl auch gegenüber Störeinflüssen konstant hält. Das System scheint also ein bestimmtes Ziel, nämlich die Einhaltung einer vorgegebenen Drehzahl, zu verfolgen und tut dies durchaus erfolgreich. Man kann von einer intelligenten Lösung sprechen, ohne damit zu meinen, daß das System, welches diese Lösung darstellt, als solches die Fähigkeit der Intelligenz besitzt. Letztere würde man eher dem Erfinder zusprechen, da dieser für ein gegebenes Problem eine neue Lösung gefunden hat. Im ersten Fall spricht man vom *adverbialen* Gebrauch, im zweiten Fall vom *nominalen* Gebrauch des Begriffes Intelligenz. Aus dem Englischen übernommen, verwendet man entsprechend auch die Begriffe der „prozessualen" beziehungsweise der „inhaltlichen Intelligenz" (intelligence of process or by design versus intelligence of content). Einfache Schachspielprogramme können zwar bis zu einem gewissen Grad erfolgreich sein, indem sie lediglich alle möglichen Spielzüge systematisch durchprobieren. Das ist aber aus Zeit- und Speicherplatzgründen natürlich nur in begrenztem Umfang möglich. Dennoch vermag ein solches System durchaus einen

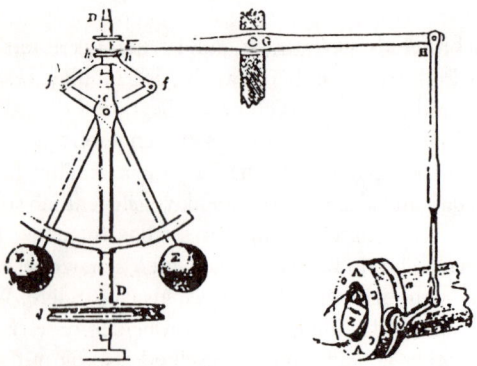

Abb. 3: Der Fliehkraftregler einer Dampfmaschine. Eine elegante Lösung zur Einhaltung einer bestimmten Drehgeschwindigkeit ohne eine explizite Repräsentation dieser Größe.

nicht sehr erfahrenen Schachspieler zu schlagen, und man würde dem System deshalb eine gewisse prozessuale oder adverbiale Intelligenz vielleicht nicht absprechen wollen. Dies zumal dann, wenn man die relativ simple Struktur des Programms nicht kennt. Aber selbst wenn man dieses System technisch verbessert, indem man ihm durch Erhöhung der Rechengeschwindigkeit immer mehr Spielzüge zu berechnen erlaubt, und es damit natürlich auch qualitativ besser wird, würde man diesem zahlenknackenden Kraftprotz keine nominale Intelligenz zuordnen. Beide Beispiele zeigen also, daß nicht jedes intelligente System auch (nominale) Intelligenz besitzen muß. Ob man umgekehrt jedes System, das nominale Intelligenz besitzt, auch adverbial intelligent nennen kann, hängt daher sehr von der genauen Definition des Begriffes der nominalen Intelligenz ab. So wird gelegentlich die Meinung vertreten, daß wir von nominaler Intelligenz nur so lange reden, wie wir die zugrundeliegenden Mechanismen noch nicht verstanden haben. Sobald uns der Mechanismus bekannt ist, bezeichnen wir dasselbe Phänomen als adverbiale Intelligenz.

Nun haben wir schon mehrfach den Begriff „System" verwendet, ohne näher zu erläutern, was wir darunter verstehen wollen. Ein System ist hier, ganz abstrakt, durch zwei Eigenschaften definiert. Es muß zum einen die Möglichkeit besitzen, Signale von außen aufzunehmen, z. B. durch Sensoren, und es muß zum zweiten Signale nach außen abgeben können. Dies könnten bei einem elektrischen System zum Beispiel Spannungswerte, bei einem volkswirtschaftlichen System Aktienkurse oder bei einem biologischen System Muskelbewegungen sein. Entscheidend ist, daß sowohl die Eingangsgrößen als auch die Ausgabegrößen in irgendeiner Form quantitativ gemessen werden können.

Die Evolution der Intelligenz

Wie können wir diesen zahlreichen Schwierigkeiten der Annäherung an den Begriff „Intelligenz" begegnen? Einen möglicherweise aussichtsreichen Weg bietet ein Zugang von der Seite der Biologie. Der Mensch hat sich, wie alle Tiere, im Laufe der Evolution in einem allmählichen Übergang aus Vorstufen entwickelt. Das läßt vermuten, daß man einem Verständnis des Phänomens der Intelligenz dann näherkommen könnte, wenn man zunächst die auch einfacher zu verstehenden Vorstufen untersucht, um so von einfacheren zu komplexeren Systemen fortzuschreiten. Nun kann bei biologischer Betrachtungsweise die Intelligenz auf zwei ganz unterschiedlichen Zeitskalen zunehmen. Zum einen können Systeme im Laufe der Evolution immer mehr Fähigkeiten entwickeln, die ihnen ermöglichen, Probleme zu lösen. Eine Zunahme dieser Fähigkeit kann aber auch im Laufe der Entwicklung des Individuums beobachtet werden. Ein Beispiel, das des Schachspielers, haben wir schon erwähnt. Die Zunahme der Intelligenz kann zum einen genetisch bedingt sein, im Sinne einer Reifung, und wäre dann ein Ausdruck der phylogenetisch erworbenen Eigenschaften. Die Zunahme kann aber auch durch Lernen erfolgen. Man spricht im ersten Fall von der *Intelligenz der Art* (species intelligence), im zweiten Fall von der *Intelligenz des Individuums*. Natürlich sind die zugrundeliegenden Mechanismen ganz verschieden. Parallel zur Untersuchung der Entstehung von Intelligenz im Laufe der Evolution kann und sollte man deshalb auch versuchen, sich der Klärung dieser Fragen dadurch zu nähern, indem man die Zunahme an Intelligenz in Laufe der Entwicklung des Individuums betrachtet.

Stimmt man der Definition zu, daß ein intelligentes System in der Lage sein soll, neue Lösungen in entweder schon bekannten Situationen oder auch in neuen Situationen zu finden, so stellt sich die Frage, auf welcher Zeitskala diese Lösung „neu" sein muß. Betrachtet man die Zeitskala der Evolution, so gilt diese Definition auch für adverbiale Formen der Intelligenz. Die oben getroffene Unterscheidung zwischen adverbialer und nominaler Intelligenz ist also auf dieser großen Zeitskala nicht mehr haltbar. Man könnte also die Frage nach der Entstehung von Intelligenz unter Berücksichtigung beider Zeitskalen so formulieren: Wann und wie hat sich die Zunahme an adverbialer Intelligenz im Laufe der Evolution so ausgewirkt, daß sich auf der Ebene des Individuums nominale Intelligenz entwickeln konnte? Oder: Wann und auf welche Weise wurden neue Prinzipien eingeführt, die dann aus einem adverbial intelligenten ein nominal intelligentes System gemacht haben?

Aus der Sicht der Biologie ergibt sich auch die folgende Betrachtungsweise: Die Evolution belohnt nicht die Entwicklung allgemeiner oder theoretischer Fähigkeiten, sondern sie belohnt die Entwicklung der Fähigkeit, in einer konkreten Umwelt zurechtzukommen. Deshalb wird Intelligenz oft mit „adaptivem Verhalten" gleichgesetzt. Nicht das Verhalten an sich, sondern Verhalten im

Kontext einer gegebenen Umwelt bestimmt die Bewertung der Intelligenz.

Erste Anläufe zum Versuch einer Definition von Intelligenz

Was also ist Intelligenz wirklich? In Abwandlung eines Zitates von Augustinus könnte man sagen: Ich weiß gut, was Intelligenz ist; aber sobald ich es beschreiben soll, weiß ich es nicht mehr. Der Versuch, Intelligenz zu definieren, wird um so schwieriger, je genauer man versucht, den Begriff einzukreisen. In der Psychologie wird fast zwangsläufig eine anthropozentrische Sichtweise verfolgt, weshalb die aus der Psychologie stammenden Definitionen meist an die Fähigkeit gebunden sind, Sprache zu besitzen. Damit sind Tiere von vornherein fast völlig ausgeschlossen. Nun zeigen allerdings schon die klassischen Untersuchungen von Wolfgang Köhler an Schimpansen, daß auch Tiere durchaus neue Lösungen für ein gegebenes Problem finden können. Den Schimpansen wurden zum Beispiel mehrere Kisten in den Käfig gestellt und Bananen so hoch aufgehängt, daß sie nur erreicht werden konnten, wenn zwei dieser Kisten an der richtigen Stelle aufeinandergestellt wurden. Nach einigem Hin- und Herblicken zwischen den Kisten und der Banane stellte der Schimpanse tatsächlich zwei Kisten aufeinander und holte die Banane herunter. Um von einer möglicherweise zu einseitig auf den Menschen bezogenen Sichtweise wegzukommen, scheint es deshalb sinnvoll zu sein, einen Zugang zu wählen, der nicht von vornherein auf das Sprachverständnis gegründet ist. Es könnte sich dabei zeigen, daß die oben beschriebenen Probleme, die durch die Konzentration auf rationale Intelligenz erzeugt werden, oder wenigstens einige davon, nur durch diese Einschränkung bedingt sind.

Wenn nun die Situation derart ist, daß man noch gar nicht genau weiß, aus welchen Bestandteilen sich das Phänomen Intelligenz zusammensetzt, ist der Versuch einer relativ strengen Definition des Begriffes möglicherweise sogar schädlich. Es könnte nämlich sein, daß wir, ohne es zu merken, Wesentliches ausklammern und durch diese unwillkürlich aufgesetzten Scheuklappen den Erkenntnisfortschritt eher behindern. Eine dieser Scheuklappen könnte die eben genannte, in vielen Definitionen unausgesprochene Beschränkung auf Systeme darstellen, die Sprachverständnis besitzen. Statt einer Definition soll deshalb lieber eine Art Sammlung von Eigenschaften genannt werden, die möglicherweise wesentliche Elemente intelligenter Systeme darstellen.

Besonders einfach ist es, sich über Lösungsstrategien zu einigen, die man als *nicht* intelligent bezeichnen sollte. Einen besonders einfachen Fall stellt ein System dar, das immer nur ein und dasselbe Verhalten ausführen kann. Dies gilt aber auch für Systeme, die eine Lösung dadurch finden, daß sie in Form einer vollständigen Suche systematisch alle möglichen zur Verfügung stehenden Kombinationen ausprobieren, entweder nach der Methode: Versuch und Irrtum, oder indem sie alle Lösungswege sozusagen in Gedanken durchprobieren, wie es bei den meisten Schachcomputern durchgeführt wird. Schwieriger ist es, wie wir gesehen haben, eine positive Definition zu finden. Wir wollen hierbei jedoch bewußt darauf achten, daß Fähigkeiten der rationalen Intelligenz, also begriffliches und logisches Denken, hier nicht als Grundvoraussetzung genannt werden.

Wir haben schon erwähnt, daß der Kontext, in dem ein System agiert, wichtig ist für die Bewertung seiner Intelligenz. Darüber hinaus müssen wir uns darüber im klaren sein, daß die Beurteilung, ob ein System intelligent ist oder nicht, natürlich stets nur in dem Rahmen erfolgen darf, der durch die „subjektive Umwelt" des Systems gegeben ist. Diese betrifft sowohl die sensorische als auch die motorische Umwelt (v. Uexküll hat dies den *Merkraum* und den *Wirkraum* genannt). Ein System kann selbstverständlich nur solche Informationen verwenden, die ihm über seine Sinnesorgane (oder angeborenermaßen) zur Verfügung stehen. So sollte man einen Menschen, der ultraviolettes Licht nicht sehen kann, nicht als weniger intelligent bezeichnen dürfen als eine Biene, die diese Fähigkeit besitzt. Entsprechendes gilt natürlich auch für die Motorik. Ein Mensch sollte nicht „motorisch dümmer" sein als ein Vogel, weil er nicht fliegen kann. Ein Vergleich, der schon bei Individuen derselben Art schwierig genug ist, kann also zwischen Angehörigen verschiedener Arten überhaupt nicht sinnvoll durchgeführt werden. Intelligenz muß demnach immer in dem für die jeweilige Art gegebenen Rahmen definiert werden. Das klingt selbstverständlich, wird aber wieder problematisch, wenn man dies auch auf das Individuum bezieht. Natürlich kann ich nicht sagen, daß ein Mensch, der aufgrund eines angeborenen kurzen Beines weniger geschickt laufen kann als andere, deshalb motorisch weniger intelligent sei. Wenn aber das sensorische und das motorische System normal ausgebildet sind und lediglich eine mentale Schwäche vorliegt, würde man das jedoch so bezeichnen. Man verwendet im Unterschied zum ersten Beispiel als Norm dann nicht den diesem Individuum, sondern den für die Art gegebenen Rahmen. Ob dies moralisch gerechtfertigt ist, bleibt hierbei offen.

Als zweites muß die zu lösende Aufgabe, das zu erreichende Ziel definiert werden. Ist es zum Beispiel wichtig, das Problem in möglichst kurzer Zeit, mit möglichst geringem Energieaufwand oder mit möglichst geringem Materialaufwand zu lösen, wobei letzteres natürlich in gewisser Weise mit dem Energieaufwand gekoppelt ist? Diese Sichtweise führt zu einer recht allgemeinen Beschreibung von Zielen durch sogenannte „Kostenfunktionen". Diese sind so konstruiert, daß ihre Minimierung gleichbedeutend mit der Lösung der vorgegebenen Aufgabe ist. Ein Beispiel hierfür ist die Suche nach der kürzesten Reiseroute, die eine Anzahl gegebener Städte verbindet. Eine geeignete Kostenfunktion hierfür ist die Summe der Weglängen aller Teilstücke der Reise. Die Frage nach der Route, die diese Funktion minimiert, ist offenbar gleichbedeutend mit der gestellten Aufgabe. Erst wenn also der Rahmen dieser subjektiven Umwelt und diese Kostenfunktion festliegen, kann man daran denken, den Intelligenzgrad verschiedener Lösungen für ein gegebenes Problem zu vergleichen.

Im folgenden soll nun eine vorläufige Liste von sich nicht ausschließenden Eigenschaften genannt werden, die vielleicht nicht in jedem Falle direkt mit dem Begriff Intelligenz in Verbindung gebracht werden, von denen aber doch vermutet werden kann, daß intelligente Systeme, das können Lebewesen oder Maschinen, aber auch Organe oder Organgruppen sein, sie besitzen sollten.

Ganz allgemein gesagt, sollten intelligente Systeme zu nützlichen, effizienten und robusten Verhaltensweisen führen.

Ein intelligentes System sollte *autonom* (wörtlich: sich selbst das Gesetz, die Regel gebend) sein, das heißt, es sollte nicht zu stark von von außen gegebenen Vorschriften abhängen, sondern vielmehr sein Verhalten weitgehend selbst bestimmen. Wobei, wie wir später noch sehen werden, es bei genauerer Betrachtung recht unklar ist, wer oder was dieses „selbst" eigentlich ist.

Weiterhin sollte ein intelligentes System *Intentionen* besitzen. Das heißt, es sollte sich selbst die Ziele seines Verhaltens auswählen und seine *Aufmerksamkeit* auf bestimmte Bereiche der Umwelt richten können, um dann entsprechend die auszuführenden Verhaltensweisen auszuwählen (Kap. 7, 8).

Ein intelligentes System sollte sich anpassen und aus Erfahrung lernen können. Ein Beispiel für eine einfache Form der *Anpassung* ist die Adaptation an variable Helligkeiten. Hierzu braucht das System nicht seine Struktur zu ändern (s. u.), d. h., das Verhalten ändert sich, weil sich die Umwelt ändert. Beim Lernen neuer Verhaltensweisen, etwa dem bedingten Reflex, sind strukturelle Änderungen notwendig. Dies wird als Lernen im eigentlichen Sinne (assoziatives und nichtassoziatives Lernen) bezeichnet. Diese Fähigkeit zum Lernen und damit zu strukturellen Änderungen bedeutet, daß das System ein individuelles Gedächtnis besitzt (Kap. 9).

Eine wichtige Eigenschaft von Intelligenz besteht auch darin, den Erfolg eines Verhaltens beurteilen zu können. Dies ist nützlich für das Lernen. Es kann, auf einer einfacheren Ebene, auch schon hilfreich sein, um Sackgassen im Verhalten zu vermeiden. Die Biene, die gegen eine Fensterscheibe fliegt, bis sie verhungert oder verdurstet ist, ist ein Beispiel dafür, daß solche Sackgassen nicht nur vorkommen, sondern sogar lebensgefährlich sein können.

Eine weitere wichtige Eigenschaft ist die Fähigkeit zur *Generalisierung*. Im einfachsten Fall bedeutet dies *Fehlertoleranz*, d. h., daß ein Signal, z. B. ein Buchstabe, auch dann als solcher erkannt wird, wenn kleinere Störungen vorliegen. Obwohl man bei dem Begriff der Generalisierung eher an die sensorische Seite, also die Aufnahme und Verarbeitung von Signalen denkt, kann ihr Vorliegen, wenn man einmal von Selbstbeobachtung absieht, nur über die Untersuchung des Verhaltens gemessen werden. Das Problem der Generalisierung könnte deshalb auch ein Problem des motorischen Systems sein. Man spricht, wenn man diese Seite betonen will, von Flexibilität des Verhaltens. „Motorische Generalisierung" liegt zum Beispiel vor, wenn Sie eine Türklinke entweder mit der Hand oder mit dem Ellbogen oder in besonders schwierigen Situationen gar mit dem Knie öffnen.

Eine Aufgabe der *Kategorienbildung* liegt vor, wenn aus einem Kontinuum von Signalen einzelne Bereiche als in sich zusammenhängend und getrennt von anderen Bereichen wahrgenommen werden sollen, wenn also auf einem Kontinuum Diskontinuitäten erzeugt werden müssen. Ein einfaches, weil eindimensional darstellbares Beispiel ist das Farbenerkennen. Die reinen Regenbogenfarben können auf einer kontinuierlichen Skala nach ihrer jeweiligen Wellenlänge angeordnet werden. Es ist für uns trotz dieses kontinuierlichen Zusammenhangs aber kein Problem, gewisse Bereiche als Rot und andere als Gelb zu bezeichnen, obwohl eine objektive Grenze nur willkürlich festzulegen ist.

Eine höhere Form der Kategorienbildung liegt vor, wenn neue, übergeordnete Einheiten gebildet werden, die nicht durch einen naheliegenden (direkten) physikalischen Zusammenhang definiert sind. So faßt z. B. der Begriff Möbel so unterschiedliche Objekte wie Tisch, Stuhl, Schrank oder Sofa zusammen. Diese Abstraktionsfähigkeit hat möglicherweise schon sehr viel mit Einsicht zu tun. Dabei ist diese Abstraktion nur dann ein Zeichen von Intelligenz, wenn das System die einzelnen Elemente wie Stuhl oder Tisch als solche erkennen und unterscheiden kann. Bei einem Kleinkind, das alle Tiere als „Wauwau" bezeichnet, liegt diese Unterscheidungsfähigkeit zwischen den Kategorien „Hunde" und „Katzen" möglicherweise noch nicht vor, obwohl das Kind vermutlich einen Hund und eine Katze oder auch zwei verschiedene Hunde durchaus voneinander unterscheiden kann.

Die Fähigkeit zur Generalisierung kann dafür sorgen, daß das Verhalten von leichten Änderungen in der Umwelt unabhängig ist. Andererseits muß das System aber auch trotz kontinuierlicher Änderungen irgendwann zu einer qualitativen Änderung seines Verhaltens fähig sein. Diese Kategorienbildung gibt es auch auf der Seite der Motorik. Dies ist etwa bei einem Pferd zu beobachten, das bei allmählicher Erhöhung seiner Fortbewegungsgeschwindigkeit schlagartig die Gangart, z. B. von Trab in Galopp, wechselt.

Ein anderes Problem, das ein intelligentes System lösen muß und das für fast alle Verhaltensweisen in der einen oder anderen Weise zutrifft, ist die Fähigkeit, zwischen Alternativen *entscheiden* zu können. Im allgemeinen gibt es eine Vielzahl von Möglichkeiten, eine bestimmte Verhaltensweise, z. B. Flucht, auszuführen. Dies liegt zum einen an der meist nicht eindeutigen Umweltsituation. Es könnte in einer konkreten Situation verschiedene Möglichkeiten geben, zu fliehen. Es ist aber weiterhin, nachdem man sich für eine Möglichkeit entschieden hat, auch die Auswahl der Gliedmaßen und der Muskeln zur Ausführung der Bewegung im einzelnen mindestens ebensowenig eindeutig. Biologische Systeme haben normalerweise mehr Freiheitsgrade der Bewegung, also z. B. mehr bewegliche Gelenke, als zur Lösung der aktuellen Aufgabe notwendig wären. Damit steht das Gehirn in jedem Moment vor der Entscheidung, welche der zur

Verfügung stehenden Bewegungsmöglichkeiten tatsächlich genutzt werden sollen. So ist schon ein einzelnes Gelenk nicht nur mit den mindestens notwendigen zwei, sondern im allgemeinen mit einer größeren Zahl von Muskeln ausgerüstet. Mit welchen dieser Muskeln und mit welchem relativen Anteil soll eine konkrete Bewegung ausgeführt werden?

Zur Lösung solcher, wie man sagt, *unterbestimmter*, d. h. nicht eindeutig bestimmter, Aufgaben werden in der Technik wiederum Kostenfunktionen eingesetzt. So könnte etwa diejenige der verschiedenen möglichen Lösungen ausgewählt werden, die die geringste Energie oder die geringste Zeit verbraucht. Nun ist aber, wie schon angedeutet, in biologischen Systemen keineswegs klar, welche Kostenfunktion dem beobachteten Verhalten „tatsächlich" zugrunde liegt (Beispiele für die Lösung derartiger Redundanzprobleme werden in Kapitel 6 besprochen). Redundante Situationen treten allerdings nicht nur im motorischen, sondern auch im sensorischen Bereich auf. Besonders deutlich ist dies im Fall mehrdeutiger Bilder, wie etwa beim Neckerwürfel (s. Abb. 52) oder bei den Bildern des Malers Escher. „Zeichnen" von Escher (Abb. 4) ist lokal, d. h., solange man nur ei-

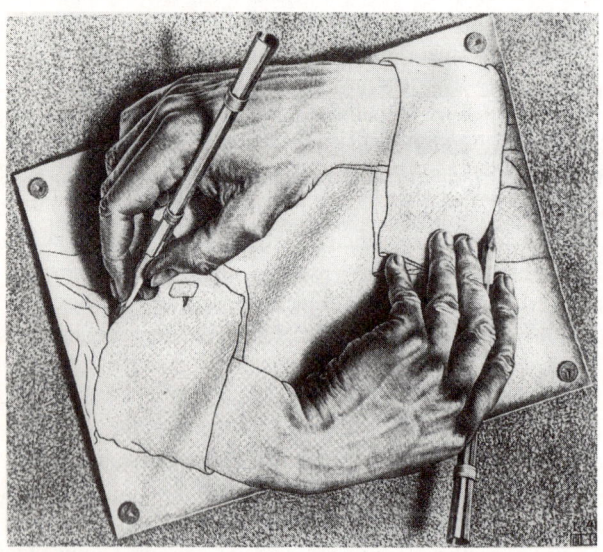

Abb. 4: „Zeichnen", 1948, v. M. C. Escher.

nen kleinen Bildausschnitt betrachtet, eindeutig. Für das gesamte Bild gibt es keine kohärente Lösung. Wenn für uns auch weniger deutlich, treten solche Vieldeutigkeiten aber, wie oben angedeutet, bereits bei jeder realen Bilderkennungsaufgabe auf.

Das System sollte „offen" sein insofern, als es nicht nur in eng definierten Umwelten, z. B. der eines Labors, überlebensfähig ist, sondern sich, im Rahmen der physikalischen Möglichkeiten, an unbekannte Situationen anpassen kann. Man wird im allgemeinen einem System um so mehr Intelligenz zubilligen, je größer die Zahl der Situationen ist, mit denen es umgehen kann.

Die vielleicht wichtigste Bedingung für das Auftreten von wahrer Intelligenz besteht in der Fähigkeit, Änderungen der Umwelt, z. B. als Folge eigener Aktivitäten, *vorhersagen* zu können. Diese Fähigkeit könnte schließlich zu einem System führen, das sich auf sich selbst beziehen und Bewußtsein haben kann.

Doch bleibt festzuhalten: Keine der oben genannten Definitionen, noch diese Sammlung von Eigenschaften befriedigen so richtig, was aufgrund unseres mangelnden Wissens auch kein Wunder ist. Als eine vernünftige Arbeitsgrundlage erscheint uns daher die folgende Alternative, der eine weitgehende Gleichsetzung von „autonom" und „intelligent" zugrunde liegt. Es handelt sich dabei um einen sehr vorsichtigen und allgemeinen Vorschlag, wie er etwa von L. Steels vorgebracht wurde und der verschiedene Vorzüge vereint. Er lautet:

Ein System ist intelligent, wenn es in einer gegebenen und einer sich ändernden Umwelt die Chancen seiner Selbsterhaltung im Vergleich zu seinem aktuellen Zustand verbessern kann.

Damit ist die Kostenfunktion als Wahrscheinlichkeit der Selbsterhaltung definiert, was der biologischen Sichtweise sehr nahe kommt. Diese Formulierung hat auch den Vorteil, daß man die oben beschriebene, etwas lästige Unterscheidung zwischen adverbialer und nominaler Intelligenz, zumindest zunächst, beiseite lassen kann.

Nun reizt ja aber gerade dieser Unterschied die Gemüter. Man kann sich sicher ohne Schwierigkeit vorstellen, daß ein System, sei es ein Tier im Laufe der Evolution oder eine künstliche Maschine durch technische Fortentwicklung, immer mehr Eigenschaften erhält, die ihm ein immer besseres Verhalten ermöglichen in dem Sinne, daß seine adverbiale Intelligenz stetig zunimmt. Die große Frage bleibt jedoch, wie es, was zumindest beim Menschen der Fall ist, dann dazu kommen kann, daß dieses System Intelligenz im nominalen Sinn erhält, daß es also nicht nur intelligent konstruiert ist, sondern daß es selbst Intelligenz besitzt. Ist dieser Übergang nur möglich, indem dem System durch das Wirken eines „göttlichen Atems" eine Seele eingehaucht wird, oder könnte es auch Erklärungen geben, die den Boden der naturwissenschaftlichen Gesetze nicht zu verlassen brauchen? Es gibt viele Beispiele dafür, die zeigen, daß ein Gesamtsystem Eigenschaften besitzen kann, die den einzelnen Komponenten des Systems nicht zukommen. Man spricht dann von *Systemeigenschaften* oder *emergenten Eigenschaften*, was im nächsten Kapitel näher erläutert werden wird. Es ist deshalb nicht auszuschließen, daß ein System im Sinne einer Systemeigenschaft nominale Intelligenz besitzt, obwohl die Teilsysteme „nur" adverbiale Intelligenz vorweisen können.

In diesem Buch soll deshalb versucht werden, verschiedene Aspekte adverbial intelligenter Systeme zu untersuchen, in der Hoffnung, daß wir uns damit dem Problem Intelligenz in seiner ganzen Breite nähern. Es könnte sein, daß über das Verständnis der Einzelphänomene sich das Problem der Definition von Intelligenz an sich weitgehend erübrigt, wie das auch mit dem Begriff „Leben" in den letzten Jahrzehnten geschehen ist. Anfang des Jahrhunderts befehdeten sich die Wissenschaftler noch im sogenannten „Mechanismus-Vitalismus"-Streit. Während die Mechanisten davon ausgingen, daß das Leben auf mechanische Ursachen zurückgeführt werden kann, waren die Vitalisten der Auffassung, daß, um ein Stück Materie zu einem lebenden Stück Materie zu machen, eine zusätzliche Kraft, die z. B. Entelechie genannt wurde, hinzukommen müsse, da Materie an sich tot sei. Inzwischen hat sich das Problem sozusagen von selbst erledigt. Wir haben eine relativ genaue Vorstellung von den Mechanismen, nach denen lebende Systeme funktionieren. Es bedarf hierzu keiner zusätzlichen Kraft. Das heißt aber nicht, daß die Definition des Begriffes Leben einfach oder eindeutig geworden ist, schon gar nicht angesichts von Übergangsformen wie Viren oder Prionen. Aber diese Unklarheit hinterläßt bei uns kein Gefühl des Unbefriedigtseins, keine gedankliche Lücke. Wir haben vielmehr das Gefühl, mental damit umgehen zu können, und damit zumindest im Prinzip verstanden zu haben, was Leben ist.

In diesen angenehmen Zustand könnten wir auch beim Studium des Problems Intelligenz gelangen. Bei dieser Suche wollen wir, wie gesagt, den Aspekt der rationalen Intelligenz hintanstellen, da wir vermuten, daß zwar die Fähigkeit zur Begriffsbildung und der Manipulation von Begriffen für das Verständnis mancher intelligenter Leistungen sicherlich wichtig ist, aber für die Fähigkeit zum intelligenten Handeln im allgemeinen bei weitem nicht ausreicht. Die Untersuchung der anderen, grundlegenden, hier „prärational" genannten Aspekte legt nahe, die Entwicklung intelligenter Leistungen bei natürlichen Systemen zu betrachten.

Einfache Systeme mit komplexen Eigenschaften

Häufig wird, ausgesprochen oder nicht, die Ansicht vertreten, daß die Lösung komplexer Aufgaben auch komplexe Systeme voraussetzt. Dies ist in dieser Allgemeinheit sicher nicht richtig, und wir werden verschiedene Gegenbeispiele kennenlernen. Dennoch wird, und dies ist vermutlich richtig, angenommen, daß die Gehirne höherer Säugetiere, insbesondere die der Primaten, die komplexesten Systeme der uns bekannten Welt darstellen. Die Gehirnforschung steht also vor keiner einfachen Aufgabe. Wie könnte man versuchen, dem Verständnis eines derart komplizierten Systems näherzukommen? Das traditionelle Vorgehen in der Naturwissenschaft besteht darin, das Gesamtsystem in einfachere Subsysteme zu zerlegen. Wenn diese einfach genug sind, hat man die Hoffnung, sie tatsächlich verstehen zu können. War man mit diesem reduktionistischen Vorgehen soweit erfolgreich, so besteht die nächste Aufgabe darin, diese einfachen Elemente schrittweise wieder zu dem komplexen System zusammenzusetzen, hoffend, daß so allmählich auch die Funktionsweise des Gesamtsystems verstanden werden kann. Nun ist bei diesem Vorgehen der Erfolg keineswegs garantiert. Denn es könnte sehr wohl sein, daß gleichzeitig mit der Zerlegung des Gesamtsystems in seine Einzelteile wesentliche, emergente (s. u.) Eigenschaften verlorengehen, so daß auch beim anschließenden Zusammensetzen des Systems deren Zustandekommen gedanklich nicht nachvollzogen werden kann. Früher hat man angenommen, daß dies für das Phänomen des Lebens gilt, während man, wie schon erwähnt, heute eher das Gefühl hat, dieses Phänomen verstanden zu haben. Viele, wenn nicht die große Mehrzahl der Menschen ist jedoch davon überzeugt, daß das Entstehen psychischer Phänomene, also der Seele, ein Problem ist, das tatsächlich nicht verstanden werden kann (das häufig zitierte „ignorabimus" von Emil du Bois-Reymond).

Alternativ zum Zerlegen komplexer Gehirne steht den Biologen die Untersuchung der im Laufe der Evolution entstandenen Stufenleiter zunächst einfacher und dann zunehmend komplizierter gewordener Gehirne zur Verfügung. Diesem Grundgedanken folgend, wollen wir deshalb in diesem Buch mit möglichst einfachen Beispielen beginnen und dann allmählich zu zunehmender Komplexität voranschreiten. Dies ist natürlich nur in einer etwas erzwungenen Weise möglich, da jedes heute lebende Tier das derzeitige Ergebnis einer langen und unter ganz verschiedenen Randbedingungen abgelaufenen Evolution ist und man „wirklich einfache" Systeme kaum finden wird. Außerdem kann man nicht davon ausgehen, daß sich in den Evolutionsstufen eine systematisch zunehmende Komplexität zeigt, da die Evolution nicht gezielt vorgeht, sondern viel eher wie ein „Bastler" Ad-hoc-Lösungen sucht. Da Lebewesen einem ständigen Evolutionsdruck ausgesetzt sind, gibt es für sie nicht die Möglichkeit, sozusagen „wegen Umbaus zu schließen" und danach einen grundlegend neuen Entwurf zu präsentieren. Im Unterschied zu Systemen der KI, mit denen häufig versucht wird, allgemeine Problemlöser zu bauen, werden in der Natur eher Speziallösungen gesucht und diese „zusammengeflickt", indem vorhandene Lösungen erweitert und geändert oder indem zu vorhandenen Lösungen neue Elemente hinzugefügt werden (eines dieser neuen Elemente könnte möglicherweise für rationale Intelligenz verantwortlich sein). Es sollen deshalb auch nicht „ganze Tiere", sondern passend ausgewählte Teilsysteme dargestellt werden, wie etwa die Orientierung nach dem Sonnenstand oder die Steuerung von Beinbewegungen beim Laufen. Wir wollen uns dabei vor allem auf niedere Tiere, wie Insekten oder andere Wirbellose, konzentrieren, da man bei ihnen relativ sicher ist, daß „rationale Intelligenz" hier keine Rolle spielt. Eine wichtige Ergänzung dieser Betrachtungen ist hierbei das Studium der Entwicklungen staatenbildender Tiere, insbesondere das der sozialen Insekten. Hier läßt sich das Entstehen von Systemeigenschaften besonders einfach studieren, da die Elemente, die einzelnen Individuen, gut beobachtbar sind; viel besser jedenfalls als etwa Nervenzellen, die durch geeignete Verknüpfungen entsprechende Systeme ausbilden und zusammengenommen ein Gehirn bilden.

Eine Alternative zur Betrachtung verschiedener Organisationsstufen der Biologie bieten die Methoden des Ingenieurs. Man kann versuchen, Hypothesen über den Aufbau eines Gehirns oder funktioneller Teile davon dadurch zu prüfen, daß man ein entsprechendes künstliches System, einen Roboter oder „Animaten" konstruiert. Damit sind entweder tatsächliche Roboter gemeint, deren Aufbau und Funktionsweise durch die von Tieren inspiriert wurden, oder aber entsprechende Computersimulationen, die entweder als Simulationen der Eigenschaften von Tieren oder als Vorstufe zum Bau eines Animaten verwendet werden. In dieser Forschungsrichtung, die gelegentlich als „neue KI" bezeichnet wird, versucht man, Roboter zu konstruieren, die zunächst einfache Eigenschaften von Tieren imitieren mit dem Ziel, die Roboter immer intelligenter zu machen. Ein wichtiger Vorteil dieser Vorgehensweise besteht für uns darin, daß der innere Aufbau dieser Systeme bekannt ist und so der Zusammenhang zwischen Struktur und Funktion, also dem Verhalten, leichter verstanden werden kann. Daher sollen parallel zu der Beschreibung der Eigenschaften biologischer Systeme auch Beispiele aus dem Bereich der Entwicklung solcher, manchmal *autonom* genannter Roboter vorgestellt werden. Hierbei wird sich oft ein fließender Übergang zwischen der Darstellung der Eigenschaften biologischer und künstlicher Systeme ergeben. Zum Verständnis der biologischen Systeme werden nämlich häufig Computermodelle erstellt, die natürlich schon den ersten Schritt auf dem Weg zum Bau eines solchen Animaten darstellen. Wenn möglich haben wir stets solche Beispiele ausgewählt, bei denen tatsächlich beide Aspekte diskutiert werden können.

Wozu brauchen wir überhaupt Intelligenz?

Will man die Funktionsweise des verhaltenssteuernden Systems, des Gehirns, verstehen, so erscheint es sinnvoll, sich zunächst zu fragen, welches denn die grundlegenden Aufgaben sind, die hier gelöst werden müssen, um dann nach möglichen Lösungen hierfür zu suchen. Man muß also zuallererst fragen, welchem Ziel das Verhalten eines Tieres dienen soll. Was sind die Grundbedürfnisse eines Organismus, der sich im Laufe einer langen Evolution entwickelt hat, der also fähig ist, sich gegenüber einer starken Konkurrenz zu erhalten? Diejenigen, die dies nicht oder auch nur weniger gut konnten, sind ausgestorben. Durch evolutionäre Prozesse werden solche Systeme „erzeugt", die in der Lage sind, sich selbst möglichst gut zu erhalten. Dies bedeutet zuallererst, daß sie ihren Energiebedarf befriedigen können, was anschaulich gesagt heißt, daß sie ihren Hunger stillen und ihren Durst löschen können. Im Falle eines Animaten, dessen Energiequelle eine Batterie ist, entspräche dies dem Auffinden einer geeigneten Steckdose oder Ladestation. Da die überwiegende Zahl der Tiere eine begrenzte Lebensdauer besitzt – nur bei Einzellern nimmt man an, daß es bei ihnen keinen natürlichen Tod gibt –, muß die Evolution auch dafür gesorgt haben, daß die Tiere die Eigenschaft haben, sich fortpflanzen zu können und dies auch zu tun. Aufgrund der Konkurrenzsituation werden die Tiere bevorzugt, bei denen die Fortpflanzung nicht nur zur Erhaltung, sondern auch zu einer möglichst starken Vermehrung führt. Sehr früh in der Evolution hat sich offenbar herausgestellt, daß Sexualität, also die Entwicklung von zwei Geschlechtern, Vorteile bei der genetischen Anpassung an Umweltveränderungen bietet. Daraus ergibt sich, daß die unverzichtbaren Grundeigenschaften für das verhaltenssteuernde Organ eines Tieres darin bestehen, daß erstens die Bedürfnisse des Energie- und Stoffhaushaltes ausreichend befriedigt werden und daß zweitens, bei der überwiegenden Zahl höherer Lebewesen, die Suche nach einem Sexualpartner und die Fortpflanzung erfolgreich durchgeführt werden können. Beide Eigenschaften setzen selbstverständlich eine geeignete Sensorik voraus, die das Individuum befähigt, Nahrung einerseits und Sexualpartner andererseits überhaupt zu erkennen. Wenn man sich im Laufe der Evolution überdies nicht für eine ortsfeste Lebensweise „entschieden" hat, ist es für beide Aufgaben, den Nahrungserwerb und die Fortpflanzung, notwendig, sich fortbewegen und dabei Hindernisse vermeiden zu können. Also muß auch die Motorik mit den zugehörigen Sinnesorganen vorhanden sein. Eine weitere wichtige Aufgabe, sozusagen der inverse Nahrungserwerb, besteht darin, es zu vermeiden, selbst Opfer eines Räubers zu werden. Auch hierfür sind die schon genannten Eigenschaften notwendig. All diese Ziele können sicher effektiver erreicht werden, wenn das System darüber hinaus über die Fähigkeit zur Orientierung und Navigation verfügt, selbst wenn diese auch für das Überleben sicher nicht unbedingt notwendig ist. Da all diese Aufgaben meist im Kontakt mit Individuen entweder derselben oder einer anderen Art durchgeführt werden müssen, ist die Möglichkeit zur Kommunikation ebenfalls förderlich. Eine weitere Möglichkeit zur Verbesserung der Überlebenschancen einer Art besteht darin, Brutpflege und, daraus vermutlich entstanden, Sozialverhalten zu entwickeln. In der folgenden Tabelle (Abb. 5) sind alle eben genannten Punkte nochmals zusammengefaßt.

Ziele:	Nahrungserwerb (Energie-, Stoffhaushalt) Fortpflanzung
notwendige Voraussetzungen:	Sensorik Motorik Hindernisvermeidung
wichtig:	Feinderkennung, Fluchtreflexe Orientierung
hilfreich:	Navigation Kommunikation Brutpflege Sozialverhalten

Abb. 5: Aufgaben und Funktionen verhaltenssteuernder Systeme.

Besitzt ein Organismus alle oder auch nur die wichtigsten dieser Fähigkeiten, so erhebt sich die Frage, wie die dafür notwendigen Mechanismen als solche auf der Ebene des Nervensystems realisiert sind? Zum zweiten ist zu fragen, wie diese verschiedenen Teilsysteme untereinander koordiniert werden. Im allgemeinen kann ja zum Beispiel nicht gleichzeitig Fluchtverhalten und Nahrungsaufnahme stattfinden. Bei dieser Auswahl der einen oder der anderen Verhaltensweise spielen möglicherweise Motivationen eine Rolle. Und schließlich hat ein Organismus erhebliche Vorteile, wenn er sich nicht nur in den großen Zeiträumen der Evolution, sondern schon im Laufe des Lebens eines Individuums anpassen kann, wenn er also lernen kann.

Wir wollen deshalb zunächst einige Beispiele sensorischer Systeme betrachten. Anschließend wenden wir uns einfachen motorischen Systemen zu. Schließlich sollen neuronale Architekturen behandelt werden, die zwischen beiden, den sensorischen Eingängen (Wahrnehmung) und den motorischen Ausgängen (Handlung), vermitteln. Wie erwähnt, können die ersten beiden Systeme nicht in reiner Form betrachtet werden. Die Beispiele sind jedoch so ausgewählt, daß der Schwerpunkt der Überlegungen mehr auf dem einen oder mehr auf dem anderen Aspekt liegt. Im Anschluß werden Verhaltensweisen betrachtet, bei denen die Auftrennung nur noch schwer möglich ist und deshalb das Gesamtsystem berücksichtigt werden muß. Um die Überlegungen nicht weiter zu komplizieren, soll bis dahin von der Fähigkeit, lernen zu können, abgesehen werden. Diese, sowie die Fähigkeit, Handlungen planen zu können und damit dem Denken nahe zu kommen, soll erst in den weiteren Abschnitten untersucht werden. Schließlich (Kap. 11) sollen Phänomene betrachtet werden, die die Grenze zu rationalem Verhalten berühren. Ganz zum Schluß (Kap. 14) gehen wir der Frage nach, ob der Seele eine erkennbare funktionelle Rolle zukommt.

Diese Fragen und die, soweit möglich, zu gebenden Antworten sind sicherlich schon für sich genommen außerordentlich interessant. Wir wollen sie in diesem Buch unter dem Aspekt behandeln, was sie zum Verständnis des Phänomens Intelligenz beitragen können. Der Versuch, zu verstehen, was Intelligenz eigentlich ist, wird in erster Linie von dem Bedürfnis getragen, das schon am Fries des Apollotempels in Delphi formuliert war: „gnothi seauton", „erkenne dich selbst". Aber es ist natürlich nicht zu übersehen, daß ein besseres Verständnis dieses Phänomens darüber hinaus auch große Bedeutung im Bereich technischer Anwendungen haben könnte.

2. Emergente Eigenschaften oder: Das Ganze ist mehr als die Summe der Teile

Gelegentlich kommt es vor, daß ein System, dessen einzelne Bausteine man an sich gut zu kennen glaubt, dennoch Eigenschaften besitzt, die ganz unerwartet und überraschend sind, die sozusagen vom Himmel zu fallen scheinen. Ein klassisches Beispiel zeigt das nach dem Physiker Bènard benannte Experiment. Hierzu füllt man eine flache Schale mit Wasser und erwärmt dieses langsam und möglichst gleichmäßig. Jeder weiß, daß dann das erhitzte Wasser vom unteren Teil der Schale nach oben steigen wird und das oben befindliche, noch kühlere Wasser entsprechend nach unten sinkt. Nun würde man erwarten, daß dies in ziemlich ungeordneter Weise passiert. Erstaunlicherweise stellt sich aber eine hochgradige Ordnung heraus, insofern die Bewegung der Wasserteilchen entlang bestimmter Bahnen verläuft, die makroskopisch als Rollen beschrieben werden können und in Abb. 6 dargestellt sind. Die genaue Form der Rollen kann dabei durch die Form des Gefäßes beeinflußt werden. Ähnliche Phänomene findet man übrigens auch bei der Musterbildung von Wolkenformationen. Es bilden sich also mit dem bloßen Auge sichtbare, also makroskopische Muster heraus, obwohl nirgends zu erkennen ist, wer oder was für dieses räumliche Muster verantwortlich ist. Woher aber können die einzelnen Wassermoleküle „wissen", wie sie sich zu bewegen haben?

Ein anderes, noch einfacher zu übersehendes Beispiel aus der Physik, bei dem es um ein zeitliches Muster geht, stellt der elektrische Schwingkreis dar. Verbindet man in bestimmter Weise einen Kondensator, einen Ohmschen Widerstand und eine Induktionsspule (Abb. 7), so besitzt dieses System eine neue Eigenschaft, die die einzelnen Elemente für sich genommen nicht besitzen. Es kann nämlich nach einer Anregung in Schwingungen geraten. Bestimmte Frequenzen im Bereich der Resonanzfrequenz treten dann hierbei besonders deutlich hervor. Die einzelnen Elemente, der Kondensator, der Widerstand, die Induktionsspule besitzen für sich allein keine Resonanzfrequenz, der Ausdruck ist hier ganz sinnlos. Erst die zu einem

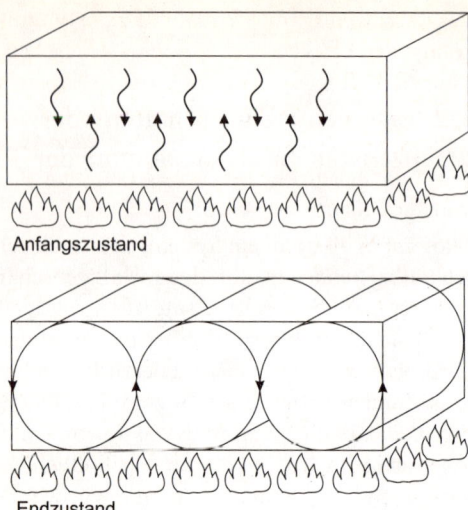

Abb. 6: Das Bènard-Experiment. Wird ein rechteckiger Wasserbehälter gleichmäßig und langsam von unten erhitzt, so bewegt sich das Wasser zunächst in unregelmäßiger Weise (obere Abbildung), dann aber in regelmäßigen, rollenförmigen Strukturen (untere Abbildung). Die Bewegungsrichtung ist durch die Pfeile angedeutet.

Gesamtsystem verknüpften Elemente haben diese Eigenschaft. Man spricht deshalb von einer Systemeigenschaft, oder, da diese unerwartet und plötzlich auftaucht, auch von einer *emergenten Eigenschaft*.

Was zeichnet eine Eigenschaft als emergent aus? Die Tatsache, daß die Eigenschaft unerwartet hervortritt, ist kein geeignetes Kriterium, denn dies kann ja einfach ein Ausdruck der mangelnden geistigen Be-

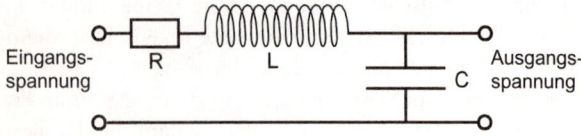

Abb. 7: Der Schwingkreis. Ein aus Ohmschem Widerstand (R), Kondensator (C) und Induktionsspule (L) bestehendes System schwingt mit einer bestimmten „Eigenfrequenz", eine Eigenschaft, die die einzelnen Elemente nicht besitzen.

2. Emergente Eigenschaften

weglichkeit des jeweiligen Betrachters sein. Ein besonders intelligenter Mensch könnte den Effekt vielleicht doch vorhersehen, so daß für ihn dieselbe Eigenschaft keineswegs überraschend ist. Eine derart vom Betrachter abhängige Definition wäre daher nicht sehr zweckmäßig. Es ist allerdings nicht sicher, ob es überhaupt solche vom Betrachter unabhängigen „emergenten" Eigenschaften gibt, die also Menschen prinzipiell nicht vorhersehen können, weil der menschliche Erkenntnisapparat hierfür nicht ausgelegt ist. Probleme könnte man zumindest dann bekommen, wenn die Phänomene auf verschiedenen Skalen unserer Wahrnehmung (z. B. Zeit, Raum) stattfinden, die wir nicht zugleich überblicken können.

Dies trifft vermutlich für das folgende Beispiel zu, bei dem ebenfalls dem Gesamtsystem Eigenschaften zugeschrieben werden können, die die einzelnen Elemente nicht besitzen.* Gemeint ist die Eigenschaft eines Gases, eine Temperatur zu besitzen. Wir lernen heute schon in der Schule, daß diese auf der Ebene der Einzelelemente des Gases, nämlich der Moleküle, deren (genaugenommen, zum Quadrat erhobenen) mittleren Geschwindigkeit proportional ist. Aber trotzdem ist es nicht sinnvoll, dem einzelnen Molekül eine Temperatur zuzuordnen. Denn die beiden Phänomene Temperatur und Molekülgeschwindigkeit sind in unserer mentalen Welt so weit voneinander getrennt, daß wir sie nicht in einer Vorstellung zusammenführen können. Dennoch haben wir erstaunlicherweise das Gefühl, dieses Phänomen namens „Temperatur" verstanden zu haben.

Das folgende Beispiel stammt aus der Robotik und hat schon sehr viel mehr mit unserem eigentlichen Thema, nämlich der Kontrolle intelligenten Verhaltens zu tun. Der das Verhalten von Ameisen studierende Biologe R. Beckers und der Psychologe und Informatiker O. Holland hatten das Ziel, einen einfachen Roboter zu bauen, der beliebig im Raum verteilte Objekte auf einem Haufen sammeln kann. Hierzu besitzt der Roboter eine kleine Schaufel, mit deren Hilfe er die am Boden liegenden Objekte herumschieben kann. Das von Beckers und Holland entwickelte Programm, das den Roboter steuert, enthält nun interessanterweise weder Wissen über Objekte noch über einen Haufen oder über einen Ort, sondern kann ledig-

---

* Allerdings wurden hier zuerst das Gesamtsystem untersucht und erst später die Einzelelemente, weshalb der Begriff der Emergenz in dem Sinne von plötzlichem Auftauchen hier zumindest historisch nicht so richtig paßt.

Abb. 8: Die Haufensammler von Beckers, Holland und Deneubourg.
Zwei verschiedene Zustände.

2. Emergente Eigenschaften

lich die beiden folgenden Operationen ausführen: 1) Wenn der Roboter auf ein Hindernis, z. B. eine Wand, trifft, dreht er sich zur Seite, um so einen neuen Weg einzuschlagen. 2) Wenn die Kraft, die benötigt wird, um die mit der Schaufel zufällig gefundenen Objekte weiterzuschieben, zu groß wird, läßt der Roboter sie an dieser Stelle liegen, indem er ein kurzes Stück rückwärts fährt und dann eine neue, zufällig gewählte Richtung einschlägt. In unserem Beispiel tritt dieser Fall meist dann ein, wenn sich mehr als drei Objekte in der Schaufel befinden.

Beginnt man das Experiment der Übersichtlichkeit halber mit einer relativ regelmäßigen Anordnung der Objekte, so werden nach einiger Zeit Häufchen von drei Objekten zu finden sein, was wenig verwundert. Nach einiger Zeit bilden sich jedoch einige wenige, größere Haufen (Abb. 8 oben). Läßt man diesen Roboter lange genug „arbeiten", so finden sich nach einiger Zeit unerwarteterweise alle Gegenstände auf einem einzigen Haufen versammelt. Abb. 8 unten zeigt einen Zwischenzustand, bei dem noch zwei Haufen zu sehen sind. Die Fähigkeit dieses Roboters, alle gefundenen Objekte schließlich an einem Ort zusammenzutragen, kann man als emergent bezeichnen. Aus der Betrachtung des Programmes allein wäre man vermutlich nie auf den Gedanken gekommen, daß dieses System Haufen produzieren kann.

Die Frage, was denn nun eine emergente Eigenschaft kennzeichnet, ist immer noch offen. Wir haben festgestellt, daß es nicht daran liegen kann, ob die eine oder andere Person die zugrundeliegenden Zusammenhänge einer solchen Eigenschaft nicht verstanden hat. Nach genauer Untersuchung kommt man meist schließlich dann doch zu einem Verständnis. Doch was bedeutet „verstehen"? Mit Verständnis ist hier gemeint, daß man eine mentale Vorstellung des Systems entwickelt hat, so daß man das Verhalten des Systems vorhersagen kann, es also nicht mehr unerwartet ist. Umgekehrt formuliert: man ist, solange man dieses Problem nicht verstanden hat, von einer inneren Unruhe getrieben. Man könnte das Nachlassen dieses inneren Dranges geradezu als Maß dafür ansehen, daß man das Problem verstanden hat oder dieses zumindest glaubt. In vielen Fällen helfen hier logische Ableitungen, um uns von einem Zusammenhang zu überzeugen. Das beruhigt, und schließlich gewöhnt man sich daran. Im Falle des elektrischen Schwingkreises können die logischen Ableitungen die Form von Differentialgleichungen haben, die das Verhalten des Gesamtsystems zutreffend beschreiben. Etwas komplizierter, aber im Prinzip genauso beschreibbar ist das Entstehen der Bènard-Muster. Veranschaulichen läßt sich dies so, daß diese Aufteilung der Bewegungen in rollenförmige Strukturen, vom Energieaufwand her gesehen, besonders günstig ist. Die Reibung zwischen den Wasserteilchen ist geringer, wenn sich benachbarte Teilchen mit ähnlicher Geschwindigkeit und Richtung bewegen, als wenn alle ungeordnet durcheinander wirbeln. Dem gleichen Prinzip der „Suche" nach dem Zustand des geringsten Energieaufwands folgt übrigens auch eine Kugel, wenn sie in einer Schüssel „gezielt" zum tiefsten Punkt rollt. In diesem Fall hat man eigenartigerweise viel eher das Gefühl, die Sache verstanden zu haben.

Die Eigenschaft des Roboters, alle Objekte auf einem Haufen zu sammeln, kann man sich folgendermaßen veranschaulichen. Hier spielt das Zufallsprinzip eine wichtige Rolle. Nachdem einige Dreierhäufchen gebildet wurden, erzeugt der Roboter dann ein Fünferhäufchen, wenn er zum Beispiel zwei Objekte gesammelt hat und mit diesen auf ein Dreierhäufchen stößt. Auf diese Weise können noch größere Haufen entstehen, deren Verteilung natürlich zufällig ist. Diese Haufen wachsen nicht nur, sondern es kann auch passieren, daß durch seitliches Vorbeischrappen ein oder zwei Objekte von einem Haufen weggenommen werden, die schließlich bei irgendeinem der Haufen wieder abgelegt werden. Wenn sich dabei ungleich große Haufen herausgebildet haben, so hat bei diesem wechselseitigen Austausch immer der größere Haufen die besten Aussichten, den „Kampf" zu überleben, so daß schließlich nur noch ein großer Haufen übrigbleibt.

Etwas unübersichtlicher ist die Lage bei dem folgenden und letzten Beispiel. Stellen wir uns die Population einer Insektenart vor, die aus sagen wir zehn weiblichen Individuen besteht; die Männer lassen wir außer Betracht. Sie sind für unser Beispiel, und wie manche meinen überhaupt, von unwesentlicher Bedeutung. Die Tiere leben, wie dies bei Insekten oft der Fall ist, nur einen Sommer. Aus den dann gelegten Eiern schlüpft im nächsten Jahr die neue Generation. Wir wollen nun die sich über die Jahre entwickelnde Größe der Population betrachten. Legt jedes Tier so viele Eier, daß daraus nach Abzug der Verluste durch Räuber, Parasiten und ähnliche Unbill schließlich gerade ein Tier im nächsten Jahr zur Fortpflanzung kommt, so bleibt die Größe der Population konstant. Die effektive Fortpflanzungsrate ist dann $a = 1$. Die Populationsgröße im Jahre n, y_n, läßt sich dann aus der des Vorjahres, y_{n-1}, durch die einfache Gleichung $y_n = a\, y_{n-1}$ berechnen. Ist a kleiner als *1*, so stirbt die Population allmählich aus, ist a größer als *1*, so nimmt sie immer mehr zu, wobei sie der bekannten exponentiellen Wachstumsregel folgt.

Nun wollen wir einen etwas komplizierteren, aber auch realistischeren Fall betrachten, bei dem die Wachstumsrate a nicht konstant ist, sondern ihrerseits von der Populationsgröße abhängt. So kann man sich vorstellen, daß diese Rate im Prinzip größer als *1* ist, dieser Wert aber stark abnimmt, wenn die Population größer wird, zum Beispiel weil sich dann Parasiten überproportional vermehrt haben oder weil sich, bei begrenztem Nahrungsangebot, die Tiere gegenseitig Konkurrenz machen. Nehmen wir an, um eine einfache mathematische Beschreibung zu ermöglichen, daß die Rate linear mit zunehmender Populationsgröße abnimmt, also $a = a_1\,(1 - b\, y)$. Setzen wir b auf einen festen, positiven Wert – für die Abbildung wurde $b = 0{,}2$ gewählt –, so kann die Populationsgröße folgendermaßen berechnet werden: $y_n = a_1\, y_{n-1} - b\, a_1\, y_{n-1}^2$. Wie verhält sich dieses ja ganz einfach zu berechnende Fortpflanzungsgesetz bei verschiedenen Werten von a_1? Wählt man $a = 2{,}5$, so wächst, wie die Abb. 9a zeigt, die Population zu einer bestimmten Größe an und bleibt dann, mit kleinen, jedoch im Laufe der Zeit abnehmenden Schwankungen auf diesem Wert stehen. Das geschieht nach einer äußeren Störung. Läßt man den Wert von a_1 allmählich größer werden, ändert sich nichts Wesentliches, außer daß die Zeit für das Abklingen der Schwankungen ebenfalls größer wird. Überschreitet die Wachstumsrate a_1 den Wert 3, so klingen die Schwankungen nicht mehr ab. Die Größe der Population unterliegt jetzt ständigen, aber regelmäßigen Schwankungen (Abb. 9b). Stellen wir uns vor, daß sich in der Population nun wegen irgendwelcher genetischer Änderungen allmählich eine noch größere Wachstumsrate durchsetzt, so ändert sich das Verhalten dramatisch, wenn diese den Wert 3,5699456... („Feigenbaumpunkt") überschreitet. Es entstehen plötzlich völlig unregelmäßige, chaotisch wirkende Schwankungen (Abb. 9c). Da diese Schwankungen aber mit Hilfe der einfachen Formel genau berechenbar sind, spricht man, um den Unterschied zu statistischem Rauschen, bei dem die Werte nicht vorhersagbar sind, zu betonen, von *deterministischem Chaos*. Ein solches Verhalten kann immer dann vorkommen, wenn ein System auf sich selbst zurückwirkt, was zum Beispiel auch bei ringför-

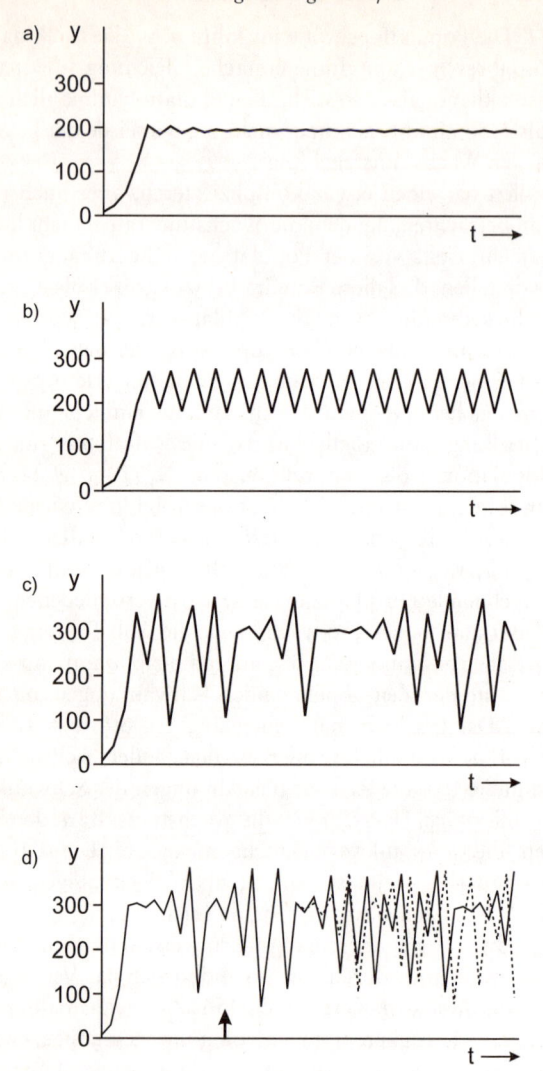

Abb. 9: Deterministisches Chaos. Verschiedene Beispiele der zeitlichen Entwicklung einer Population bei zunehmenden Wachstumsraten (a – c). Bei dem in d gezeigten Beispiel wird an der durch den Pfeil markierten Stelle ein kleine Störung gegeben, die sich zunächst kaum, nach einiger Zeit aber massiv auf die Entwicklung auswirkt. Die durchgehende Linie zeigt die Entwicklung ohne, die unterbrochene Linie die Entwicklung mit Störung.

2. Emergente Eigenschaften

mig geschlossenen Nervenbahnen der Fall ist, wie sie im Gehirn häufig vorkommen. Man beobachtet hier also, daß die graduelle Änderung eines Parameters an bestimmten kritischen Stellen zu qualitativ neuen Eigenschaften führt. In diesem Beispiel können also durch kontinuierliche Änderung eines Parameters drei qualitativ verschiedene Zustandsbereiche erzeugt werden, zwischen denen sogenannte *Phasenübergänge* zu beobachten sind.

Im folgenden soll noch kurz auf eine weitere interessante Eigenschaft deterministisch chaotischer Systeme eingegangen werden. Obwohl hier die Zeitfolge im Prinzip vorherberechnet werden kann, das Gesetz ist ja außerordentlich einfach, kann selbst eine sehr kleine Störung einen völlig anderen Zeitverlauf verursachen. Dies zeigt der Vergleich der beiden Kurven in Abb. 9 d, bei denen die Entwicklung der Population zunächst identisch verläuft. An der mit dem Pfeil gekennzeichneten Stelle wird nun eine kleine Störung hervorgerufen, indem die Population durch einen äußeren Einfluß um ein Tier verringert wird. Diese kleine Änderung zeigt zunächst, wie zu erwarten, auch nur wenig erkennbare Wirkung auf die Entwicklung der Population. Nach einiger Zeit aber wird der Unterschied beträchtlich. Die kleinen Störungen haben also große Auswirkungen. Da nun kleine und kleinste Störungen in realen Systemen ständig vorkommen, bedeutet dies, daß das Verhalten des jeweiligen Systems, zumindest auf längere Sicht, praktisch unvorhersagbar ist. Gelegentlich wird hier der anschauliche Begriff „Schmetterlingseffekt" verwendet, um auszudrücken, daß unter bestimmten Bedingungen auch eine außerordentlich geringfügige Ursache, wie das Schlagen eines Schmetterlingsflügels, große Effekte hervorbringen kann.

Diese Betrachtungen zeigen jedenfalls, daß im Bereich des deterministischen Chaos das genaue Verhalten eines Systems nicht effektiv vorhergesagt werden kann. Allerdings können sich deterministisch-chaotische Systeme bei geeigneter Form der nichtlinearen Funktion auch wie quasi-rhythmische Systeme verhalten, deren Verhalten dem eines periodischen Systems (u. U. mit einer sehr langen Periodendauer) sehr ähnelt.

Verschiedene Beschreibungsebenen

Das Auftreten emergenter Eigenschaften ist, insbesondere seit den Arbeiten der Gestaltpsychologie, mit dem Satz gekennzeichnet worden, daß das „Ganze mehr sei als die Summe seiner Teile". Was ist dieses „Mehr"? Eine neue Qualität entsteht. Ein Versuch, das Auftreten emergenter Eigenschaften von uns, d.h. von dem oben beschriebenen subjektiven Betrachter zu lösen, bestand darin, zu sagen, eine Eigenschaft ist dann emergent, wenn man zu ihrer Beschreibung neue Termini braucht, die auf der unteren Ebene, der Ebene der Elemente, nicht nötig oder hilfreich sind. Dies gilt für den Begriff der Temperatur bei den Gasen oder der Resonanzfrequenz beim Beispiel des Schwingkreises. Beim Bènard-Beispiel sind dies die makroskopischen Strukturen wie Rollen oder Wabenmuster, und bei unserem Roboter ist dies der Begriff des Haufens, den wir zur Beschreibung des Effektes brauchen, der aber auf der Ebene des einzelnen Roboters, etwa in seinem Steuerprogramm, nicht vorkommt.

Emergente Eigenschaften treten also dann auf, wenn wir von einer „niedrigen" zu einer „höheren" Integrationsebene übergehen, etwa von der Ebene der Moleküle eines Gases zu den Eigenschaften des Gases. Nun gibt es natürlich im allgemeinen nicht nur zwei Ebenen,

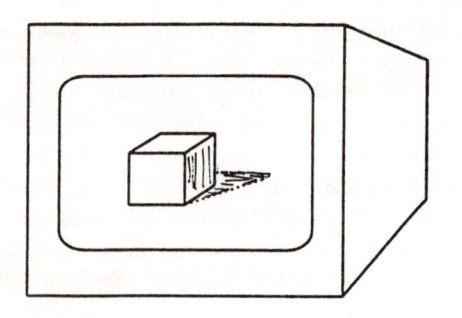

triangle(); rotate(); shadow(); color();
if (x<a) then z = 13; for i = 1 to 20; y = sqrt (z+10);
x → y; z → x ; x * y → Z ; A → x ; y - x → z ; z → B;
1100100011011101111001000101101010000101010010010001

Abb. 10: Zur Veranschaulichung verschiedener Beschreibungsebenen.

und diese sind wohl auch nicht absolut, sondern durch unser begrenztes Erkenntnisvermögen bestimmt. Als Beispiel, das im Prinzip vollständig zu überblicken ist (da es im strengen Sinne deterministisch ist) und dennoch das Auftreten der verschiedenen Ebenen veranschaulicht, wollen wir ein Computersystem betrachten. Stellen Sie sich vor, daß ein Computer so programmiert ist, daß auf seinem Bildschirm ein möglicherweise farbiger, dreidimensional erscheinender Würfel gezeigt wird. Um die Räumlichkeit des Eindrucks zu erhöhen, erscheine er noch von der Seite beleuchtet, so daß er einen Schatten wirft. Zu allem Überfluß soll sich der Würfel um seine Hochachse drehen. Dies ist in der Skizze im oberen Bereich der Abb. 10 symbolisiert. Es ist kein allzugroßer Aufwand, ein Computerprogramm zu schreiben, das dies leistet. Wie sieht das Programm aus? Jeder weiß, daß ein Programm, das einen Digitalcomputer steuert, „in Wirklichkeit" aus einer langen Kette von Nullen und Einsen besteht. Dies ist als „Binärcode" in der untersten Zeile der Abbildung symbolisiert. In dieser Form wurden Computerprogramme allerdings nur in den allerersten Anfängen geschrieben. Sehr bald hat man sich auf eine etwas „höhere" Ebene begeben, indem man die Befehle im sogenannten „Assemblercode" niedergeschrieben hat, die dann vom Rechner in den Binärcode übersetzt werden. Dieser Assemblercode (zweitunterste Zeile der Abbildung) verwendet Bezeichnungen für einzelne Speicherplätze wie x, y, z, A oder B sowie bestimmte Operationen wie Verschieben von Speicherinhalten oder die Grundrechenarten. Heute werden, von wenigen Ausnahmen abgesehen, auch nicht mehr Assemblercodes, sondern höhere Programmiersprachen wie *Pascal* oder C++ verwendet. Als Beispiel hierfür sind in der drittuntersten Zeile drei Befehle dargestellt. Sie zeigen eine logische Abfrage (if – then), eine Schleife und die Berechnung einer Quadratwurzel. Schließlich können komplexe Programmteile zu sogenannten *Objekten* zusammengefaßt werden. Der Programmierer braucht sich dann nur noch mit diesen zu befassen. Das könnten Befehle wie *rectangle* (zeichne ein Rechteck), *rotate* (drehe die Figur), *shadow* (berechne den Schatten) usw. sein.

Wozu dieses Beispiel? Es illustriert, wie dasselbe Phänomen auf sehr unterschiedlichen Beschreibungsebenen dargestellt und betrachtet werden kann. Jede Beschreibungsebene hebt bestimmte Aspekte hervor und läßt andere weniger deutlich werden. Es ist nicht sinnvoll zu fragen, welche die eigentliche, die „wirkliche" Beschreibung darstellt. Es ist ebenso sinnvoll wie sinnlos, zu behaupten, daß es doch der Binärcode sei, der das Eigentliche darstelle, wie, daß es doch *eigentlich* der sich drehende Würfel sei.

Ein solches Nebeneinander verschiedener Beschreibungsebenen taucht auch innerhalb biologischer Systeme auf. So erlaubt dieses Beispiel, die Problematik des Zusammenhangs zwischen genetischem Code und dem äußeren Erscheinungsbild, dem Phänotyp eines Lebewesens, zu beleuchten. Hierfür kann die oberste Ebene, die auf dem Bildschirm erscheinende Graphik, als dem Phänotyp entsprechend, die unterste, der Binärcode, als dem Genom entsprechend interpretiert werden. Zwar gibt es in beiden Beispielen im Prinzip genau nachvollziehbare Beziehungen, aber dennoch kann man nicht sagen, daß einem Abschnitt auf der untersten Ebene, einem „Gen", in einfacher Weise eine Eigenschaft auf der oberen Ebene zuzuordnen sei. Tatsächlich könnte selbst ein versierter Programmierer, der nur die unterste Ebene zu Gesicht bekommt, daraus auch nicht andeutungsweise vorhersagen, was auf der obersten Ebene zu sehen ist, es sei denn, man erlaubt ihm, die einzelnen Ebenen stufenweise zu durchlaufen. Erst die oberste Programmebene, die Objekte verwendet, erlaubt es dem Betrachter, sich in etwa eine Vorstellung von dem auf dem Bildschirm erscheinenden „Phänotyp" zu machen. Auch in umgekehrter Richtung ist es beliebig unwahrscheinlich, für eine auf der Ebene des „Phänotyps" zu beobachtende Eigenschaft, etwa eine vertikale Linie, auf der untersten Ebene einen hierfür verantwortlichen Abschnitt, ein „Linien-Gen", zu finden. Es ist vielmehr so, daß die einzelnen lokalen Befehle der unteren Ebene in komplizierter, wenn auch im Prinzip überschaubarer Weise zusammenwirken, um auf der nächsthöheren Ebene ein dort sinnvolles Kommando zu erzeugen.

In ähnlicher Weise könnte man das Beispiel so interpretieren, daß die oberste Ebene dem von einem Nervensystem gesteuerten Verhalten und die unterste Ebene etwa den Aktivitäten der Nervenzellen entspricht. Auch hier wird man nur unter besonders günstigen Umständen in der einen („top-down") oder der anderen („bottom-up") Richtung einfache Zuordnungen finden können. Im allgemeinen wird dies jedoch nicht möglich sein. Das beobachtbare Verhalten und die ihm zugrundeliegenden Mechanismen können von völlig verschiedenem Charakter sein in dem Sinne, daß beide nicht mit demselben Begriffssystem beschrieben werden können. Die Unsinnigkeit des so oder ähnlich oft gehörten Satzes „Liebe, das ist doch nur eine bestimmte Konzentration verschiedener Hormone" beruht auf dem Fehler, Begriffe aus verschiedenen Beschreibungsebenen zu vermischen. Ein Extrembeispiel, das die gelegentlich sehr große Distanz zwischen verschiedenen Beschreibungsebenen deutlich macht, stellt der folgende Satz dar: „Das Wissen über die genaue chemische Zusammensetzung der Druckerschwärze dieser Buchstaben hilft nicht beim Verständnis dieses Satzes."

Schließlich könnte man diese Betrachtungsweise auch auf so weit auseinanderliegende Gebiete wie die Kultur- und die Naturwissenschaften anwenden. Die Hoffnung, eine Verbindung zwischen beiden herzustellen, kann danach nur darin liegen, daß, entsprechend dem in der Abbildung 10 gezeigten Beispiel, verschiedene Beschreibungsebenen betrachtet werden. Auf der unteren Ebene können dann verschiedene Elemente zu komplexeren Eigenschaften zusammengefaßt und mit neuen Begriffen belegt werden, die dann auf der nächsthöheren Ebene wieder als Elemente verwendet werden können. In beiden Bereichen, den Kultur- und den Naturwissenschaften wird mit verschiedenen Methoden und Fragestellungen gearbeitet, aber dennoch sind fruchtbare Verbindungen möglich, wenn man bereit ist, sich auf die Fragestellungen und Antworten benachbarter Integrationsebenen einzulassen. Hierbei liegt eine Aufgabe der Geisteswissenschaften sicherlich darin, zu hinterfragen, welche Bedeutung der Auswahl der einen oder der anderen Ebene zukommt.

In allen Fällen ist, wie im Beispiel der Abb. 10, die direkte Übertragung von der untersten auf die obere Ebene praktisch nicht möglich. Das heißt aber, wie unser Beispiel zeigt, nicht notwendigerweise, daß es sich um völlig getrennte Phänomene handeln muß. Vielmehr gibt es enge Beziehungen zwischen den Elementen der verschiedenen Ebenen, die aber, wenn die Ebenen zu weit auseinanderliegen, so direkt zumindest nicht für Menschen (vielleicht jedoch für Götter) nachzuvollziehen sind, da wir nur mentale Häppchen begrenzter Größe verdauen können.

Diese Beispiele sollen genügen, um dem Leser ein Gefühl für das Entstehen emergenter Eigenschaften zu vermitteln. Ehrlicherweise müssen wir hier festhalten, daß wir eine eindeutige Definition des Begriffes nicht geliefert haben.* Warum haben wir uns nun eigentlich so ausführlich mit dem Begriff der Emergenz beschäftigt? Einfach

---

* Eine ausführliche Diskussion findet sich in A. Stephan (1998).

deshalb, weil man vermuten kann, daß auch viele (oder vielleicht alle) der sogenannten intelligenten Eigenschaften sich als Eigenschaften von Systemen ergeben könnten, die aus einfachen Elementen bestehen. Der Gedanke, daß nach emergenten Eigenschaften gesucht werden muß, liegt auch deshalb fast zwingend nahe, weil das Nervensystem, unzweifelhaft das Substrat unserer Intelligenz, aus einer Vielzahl von Elementen, den Nervenzellen, besteht, die, jedenfalls für sich allein, sicherlich keine Intelligenz besitzen. Vielmehr ist anzunehmen, daß diese Eigenschaft sich aus dem geeigneten Zusammenwirken dieser an sich „dummen" Elemente ergibt.

3. Historisches

Die große Leistung von Descartes für die Entwicklung der modernen Naturwissenschaften bestand darin, daß er die Welt gedanklich in zwei getrennte Bereiche eingeteilt hat, die *res extensa* und die *res cogitans*, was man etwa mit *materielle Welt* und *geistige Welt* übersetzen könnte. Durch diese Trennung war es möglich, die materiellen Dinge von der gedanklichen Beherrschung durch religiöse Überlegungen zu befreien, so daß diese Fragen ohne Rücksicht auf etwaige religiöse Interpretationen und Vorurteile untersucht werden konnten. Um diese Trennung durchführen zu können, nahm Descartes an, daß alle Tiere wie auch der Mensch, abgesehen von seinen geistigen Eigenschaften, als – wenn auch recht komplexe – Maschinen verstanden werden können. Diese Interpretation von Lebewesen als Reflexmaschinen ist auch heute noch, zumindest in bezug auf niedere Tiere, wie etwa Insekten, verbreitet.

Die konsequente Abtrennung des geistigen Bereiches stellt sich erst dann als Hindernis für die Forschung heraus, wenn man versucht, eben solche geistigen Prozesse zu untersuchen und ihre materiellen Grundlagen zu erfassen. Schon früh regte sich deshalb auch Widerstand gegen Descartes. Ein im 19. Jahrhundert verbreiteter Versuch, dem Problem zu entgehen, bestand darin, daß man auch Tieren eine Vorform von Verstand, also den Besitz von res cogitans zugebilligt hat. Dies ermöglichte zum Beispiel A. Brehm, dem Autor des berühmten Werkes *Brehms Tierleben*, Tieren psychische Eigenschaften wie „listig" und „klug" zuzuschreiben, was heute jedem Schüler als absolut unerlaubter Anthropomorphismus angekreidet werden würde. Auch Darwin glaubte, daß psychologische Eigenschaften im Prinzip auch den Tieren zugeschrieben werden können. Um einen Unterschied zu dem menschlichen Verstand zu machen, schrieb man Tieren sogenannte *Instinkte* zu. Die schon erwähnten Vitalisten gingen davon aus, daß Instinkte nicht materiell zu erklären seien, während die Mechanisten vom Gegenteil überzeugt waren. Letztere erhielten Auftrieb durch das Bekanntwerden der Untersuchungen von Pavlov, der zeigte, daß Reflexe gelernt werden können. Je mehr sich herausstellte, daß auch „sinnvolle" und im ersten Augenblick auf Intelligenz hinweisende Verhaltensweisen auf Reflexen beruhen können, stellte sich die Frage, inwieweit solche psychischen Zuschreibungen überhaupt erlaubt seien. Als radikale Gegenposition zum Vitalismus entwickelte sich so der *Behaviorismus*. Hier wurde die Einbeziehung der Beobachtung und Beschreibung innerer „psychischer" Zustände als unwissenschaftlich strikt abgelehnt. Nur das zählt, was man durch messende Beobachtung von außen erfahren kann. Introspektion war verpönt. Dies ging so weit, daß auch das Vorhandensein innerer Zustände in dem Sinne, daß diese eine Verhaltensweise auslösen können – daß also Verhalten nicht ausschließlich als Reaktion auf ein Signal aus der Umwelt zu interpretieren sei –, überhaupt abgelehnt wurde. Bald zeigte sich jedoch, daß es auch eindeutig endogene verhaltensbestimmende Faktoren gibt, wie etwa circadiane Rhythmen. Der Biologe Erich v. Holst hat darauf hingewiesen, daß die Vertreter der Reflextheorie selbstbestätigende Versuchsanordnungen erzeugen, indem sie nur Reaktionen auf Reize hin untersuchen und spontane Aktivitäten als nicht einzuordnen verwerfen. Diese Kritik ist inzwischen weithin anerkannt, und die Fragen, die heute untersucht werden, beziehen sich deshalb auf den jeweiligen Beitrag der exogenen und endogenen Faktoren, die ein Verhalten erzeugen. Mit endogenen Faktoren sind aber nicht introspektiv, also durch Selbstbeobachtung der eigenen psychischen Zustände erfahrbare Größen gemeint, sondern objektiv untersuchbare Zustände des Nervensystems. Inwieweit Selbstbeobachtungen zulässig und wie sie wissenschaftlich einzuordnen sind, ist noch unklar und soll am Ende dieses Buches genauer behandelt werden (Kap. 14). Dazu gehört auch die Frage, ob diese Fähigkeit zur Selbstbeobachtung, die ja ein essentieller Bestandteil von „Einsicht" zu sein scheint, wirklich eine kausale Vorbedingung für intelligentes Handeln ist oder nicht doch nur eine nicht in einer Kausalkette stehende Begleiterscheinung, ein Epiphänomen, wie gelegentlich vermutet wird.

4. Auf daß uns nicht Hören und Sehen vergeht: Anpassung der Sinnessysteme an die Umwelt

Es wurde schon gesagt, daß eine grundlegende Eigenschaft intelligenter (autonomer) Systeme darin besteht, daß sie sich an wechselnde Umweltbedingungen anpassen können. Doch was bedeutet es, sich „anzupassen"? Anpassung beim Verhalten bedeutet natürlich nicht, daß sich das Tier wie eine wächserne Masse einer vorgegebenen Form anpaßt. Es muß ja stets versuchen, die in der Tabelle (Abb. 5) genannten Ziele zu erreichen. Anpassen bedeutet eher die Fähigkeit, nur auf gewisse, für das Tier wichtige Eigenschaften zu reagieren und von bestimmten Eigenschaften der Umwelt, die ohne Konsequenzen für das Tier sind oder sich sogar störend auf wichtige Funktionen auswirken könnten, absehen zu können. In seiner höchsten Form bedeutet dies Generalisation und Abstraktion, wie dies im Kap. 1 schon erwähnt und später (Kap. 13) noch ausführlicher besprochen werden soll. Solche Anpassungen findet man auf verschiedenen Ebenen, von einfachen sensomotorischen Mechanismen bis hin zu komplexen Verhaltensweisen.

Beginnen wir mit solch einfachen, wenn auch durchaus für das Überleben wichtigen Anpassungserscheinungen. Gehen wir vom Hellen in einen dunklen Raum, so sehen wir zunächst sehr wenig. Erst nach einigen Minuten „paßt sich das Auge an die geringere Helligkeit an". Sehr viel schneller geht es übrigens beim Wechsel in die andere Richtung, vom Dunklen ins Helle. Solche Anpassungserscheinungen können auch in sehr kurzen Zeiten stattfinden, so daß wir sie gar nicht bewußt wahrnehmen. Sehr viele Sinneszellen haben sogenannte „phasische" Eigenschaften, das heißt, sie reagieren nur auf die Änderungen von Signalen, nicht dagegen auf deren Absolutwert. Relativ langsam, so daß wir die Änderung noch bewußt registrieren können, läuft die Adaptation bei Geruchszellen ab. Wir merken sofort, wenn wir in einen neuen Duft eintauchen. Nach einiger Zeit jedoch registrieren wir den Duft nicht mehr. In der Technik spricht man bei Systemen, die solche im Laufe der Zeit stattfindenden Anpassungsprozesse zeigen, von *Hochpaßfiltern*. Hierfür gibt es einfache

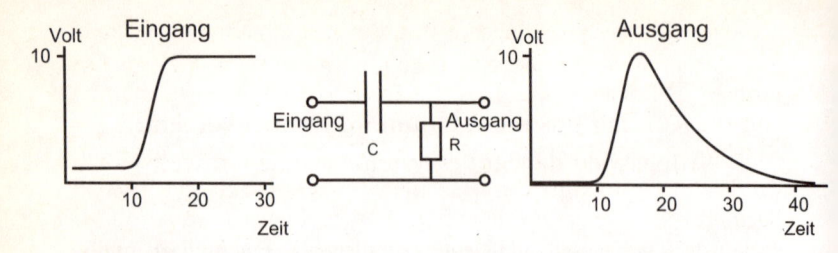

Abb. 11: Das aus einem Ohmschen Widerstand (R) und einem Kondensator (C) bestehende R-C-Glied reagiert nur auf Änderungen des Eingangssignales. Ein beliebiger, aber für längere Zeit konstanter Eingangswert erzeugt den Ausgangswert Null (siehe erster und letzter Teil der Eingangs- und Ausgangsfunktionen).

technische Umsetzungen, z. B. das sogenannte R-C-Glied, das, wie Abb. 11 zeigt, auf einer simplen elektrischen Schaltung basiert. Andere Anpassungsvorgänge laufen sehr viel schneller ab. So wird uns der Mechanismus der Farbanpassung nicht bewußt. Auch bei relativ starker Änderung der Farbe einer Raumbeleuchtung, etwa vom Sonnenlicht zu einer Glühlampenbeleuchtung, scheinen sich die Farben der Gegenstände nicht wesentlich zu ändern, obwohl sich die farbliche Zusammensetzung des reflektierten Lichtes drastisch ändert und jeder Fotograf weiß, daß er nun mit einem Farbkorrekturfilter oder einem an Lampenlicht angepaßten Film arbeiten muß.

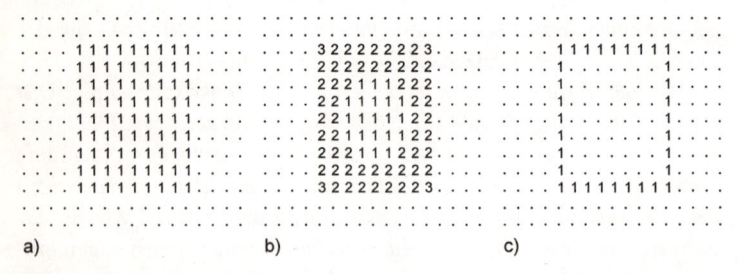

```
. . . . . . . . . . . . . . . . .     . . . . . . . . . . . . . . . . .     . . . . . . . . . . . . . . . . .
. . . . . . . . . . . . . . . . .     . . . . . . . . . . . . . . . . .     . . . . . . . . . . . . . . . . .
. . . . 1 1 1 1 1 1 1 1 1 . . . .     . . . . 3 2 2 2 2 2 2 2 3 . . . .     . . . . 1 1 1 1 1 1 1 1 1 . . . .
. . . . 1 1 1 1 1 1 1 1 1 . . . .     . . . . 2 2 2 2 2 2 2 2 2 . . . .     . . . . 1 . . . . . . . 1 . . . .
. . . . 1 1 1 1 1 1 1 1 1 . . . .     . . . . 2 2 2 1 1 1 2 2 2 . . . .     . . . . 1 . . . . . . . 1 . . . .
. . . . 1 1 1 1 1 1 1 1 1 . . . .     . . . . 2 2 1 1 1 1 1 2 2 . . . .     . . . . 1 . . . . . . . 1 . . . .
. . . . 1 1 1 1 1 1 1 1 1 . . . .     . . . . 2 2 1 1 1 1 1 2 2 . . . .     . . . . 1 . . . . . . . 1 . . . .
. . . . 1 1 1 1 1 1 1 1 1 . . . .     . . . . 2 2 1 1 1 1 1 2 2 . . . .     . . . . 1 . . . . . . . 1 . . . .
. . . . 1 1 1 1 1 1 1 1 1 . . . .     . . . . 2 2 1 1 1 1 1 2 2 . . . .     . . . . 1 . . . . . . . 1 . . . .
. . . . 1 1 1 1 1 1 1 1 1 . . . .     . . . . 2 2 2 1 1 1 2 2 2 . . . .     . . . . 1 . . . . . . . 1 . . . .
. . . . 1 1 1 1 1 1 1 1 1 . . . .     . . . . 2 2 2 2 2 2 2 2 2 . . . .     . . . . 1 . . . . . . . 1 . . . .
. . . . 1 1 1 1 1 1 1 1 1 . . . .     . . . . 3 2 2 2 2 2 2 2 3 . . . .     . . . . 1 1 1 1 1 1 1 1 1 . . . .
. . . . . . . . . . . . . . . . .     . . . . . . . . . . . . . . . . .     . . . . . . . . . . . . . . . . .
. . . . . . . . . . . . . . . . .     . . . . . . . . . . . . . . . . .     . . . . . . . . . . . . . . . . .
a)                                    b)                                    c)
```

Abb. 12: (a) Die Zahlen repräsentieren die Helligkeitsverteilung der Sensoren, die auf ein weißes Quadrat auf schwarzem Hintergrund blicken. Die Verschaltung nach dem Prinzip der lateralen Inhibition – jede Nervenzelle hemmt ihre Nachbarn um so stärker, je mehr sie selbst erregt ist – kann je nach Stärke und Verteilung der Hemmungswirkungen zu dem in (b) bzw. (c) gezeigten Ergebnis führen. Sehr starke Hemmung könnte rechnerisch zu negativen Werten führen. Da die Erregung der Nervenzellen in der Frequenz der Aktionspotentiale ausgedrückt ist, können Werte, die kleiner als Null sind, nicht vorkommen. Die Erregung der Stärke Null ist durch einen Punkt dargestellt.

4. Auf daß uns nicht Hören und Sehen vergeht

Neben diesen Anpassungen, die in der Zeit ablaufen, findet man auch entsprechende Anpassungen im räumlichen Bereich. Besonders gut wurde dies beim visuellen System untersucht. Die Netzhaut des Auges besteht aus einer Vielzahl von in einer ebenen Schicht angeordneten Sinneszellen. Eine in solchen Strukturen sehr häufig zu findende Verschaltung ist die sogenannte *laterale Hemmung*. Hierbei beeinflußt jede Zelle ihre unmittelbare Nachbarzelle und eventuell auch weiter entfernte Nachbarn so, daß deren Erregung um so mehr gehemmt wird, je stärker die zentrale Zelle selbst erregt ist. Diese Schaltung kann bewirken, daß Kontraste verstärkt werden. Ein helles Quadrat auf einem dunklen Untergrund (s. Abb. 12a) könnte z. B. zu der in Abb. 12b dargestellten räumlichen Erregungsverteilung führen. Bei geeigneter Gewichtung der gegenseitigen Beeinflussung kann die Kontrastverstärkung so stark werden, daß nur noch die Kanten des Bildes übertragen werden, also nur die Bereiche, die eine starke Intensitätsänderung zeigen. Das Ergebnis (Abb. 12c) ist damit völlig unabhängig von der absoluten Helligkeit. Ähnliche Kantendetektoren kommen auch im menschlichen Sehsystem vor.

Eine besondere Anwendung dieses Prinzips findet man in verschiedener Form im Sehsystem mancher Insekten. Viele Insekten können nicht nur Farben, sondern im Gegensatz zu uns auch unterschiedliche Polarisationsrichtungen des Lichtes wahrnehmen. Das ist, wie später noch erläutert werden wird, vor allem deshalb hilfreich, weil das Himmelslicht ein von der Sonnenstellung abhängiges Polarisationsmuster aufweist, an dem die Tiere die Sonnenstellung erkennen können, auch wenn die Sonne selbst, z. B. durch Wolken, verdeckt ist. Im oberen Bereich des Facettenauges verschiedener Insekten (nachgewiesen ist dies für Grillen, Bienen und Ameisen) besitzen die einzelnen Facetten, *Ommatidien* genannt, acht Sinneszellen, die jeweils für eine bestimmte Polarisationsrichtung besonders empfindlich sind. Nun sind diese Bestrichtungen dieser Zellen nicht beliebig angeordnet, sondern sie sind in jeweils sechs dieser Zellen eines Ommatidiums genau parallel zueinander, in den anderen beiden (bei Grillen eine, die Zelle Nr. 7) genau senkrecht dazu ausgerichtet (Abb. 13a). Elektrophysiologische Untersuchungen haben gezeigt, daß die Zellen einer Richtung erregend, die senkrecht dazu stehenden hemmend auf ein nachfolgendes Interneuron (POL-Neuron) einwirken (Abb. 13a, links). Diese einfache Verschaltung hat zwei wichtige Effekte. Zum einen wird durch diese Kontrastverstärkung die Genauigkeit, mit der

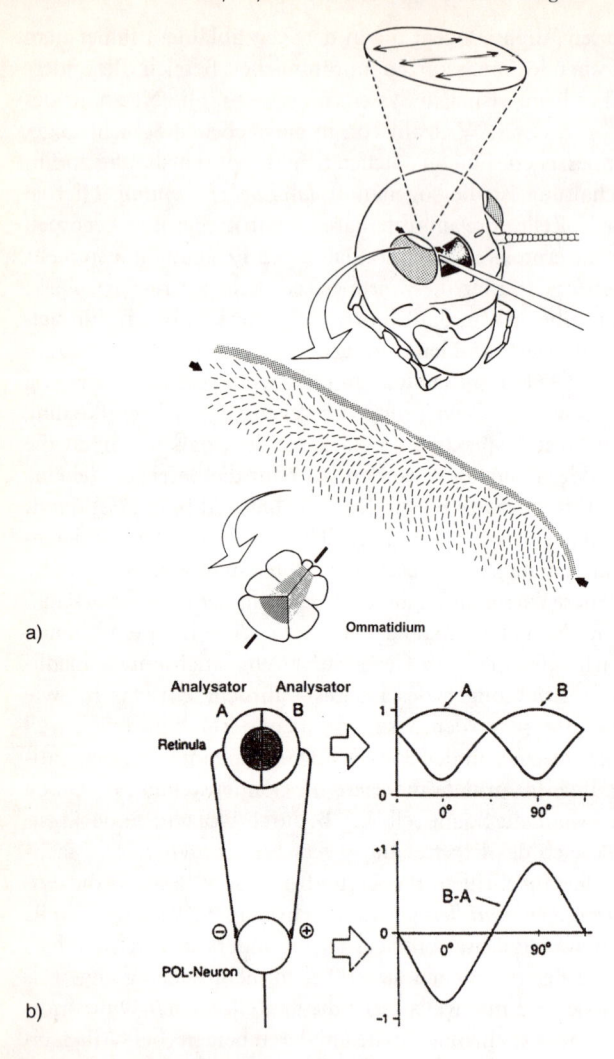

Abb. 13: (a) Im oberen Bereich des Facettenauges einer Grille finden sich viele Ommatidien, die auf die Polarisationsrichtung des Lichtes reagieren. Dabei ist jedes Ommatidium, wie die Striche in der ersten Vergrößerung darstellen, für eine bestimmmte Richtung besonders empfindlich. (b) Jedes Ommatidium besitzt zwei Gruppen von Sinneszellen, deren Empfindlichkeitsmaxima senkrecht zueinander stehen und die mit umgekehrtem Vorzeichen auf das POL-Neuron einwirken.

die Richtung des Polarisationsvektors festgestellt werden kann, wesentlich erhöht. Abb. 13b zeigt rechts oben die Erregungsstärke der beiden Sinneszellen, wenn die Polarisationsebene des Lichtes in verschiedenen Winkeln zwischen –45° und 135° eingestellt wird. Zwar ist die Empfindlichkeit bei 0° (Kurve 1) bzw. bei 90° (Kurve 2) am größten, aber beide Maxima sind relativ breit. Nach der Subtraktion (Kurve unten links) sind die Maxima deutlich schmaler, was eine bessere Unterscheidung des optimalen von den anderen Winkeln ermöglicht. Ein weiterer Vorteil besteht darin, daß das Gesamtsystem durch diese Differenzbildung unabhängig von der absoluten Helligkeit des Lichtes geworden ist. Um die Erregung bei einem Winkel der Polarisationsebene von 45° zu unterdrücken,* muß das von der Zelle sieben kommende Signal wesentlich stärker gewichtet sein. Die Synapsen der sieben Zellen sind nun offenbar in der Tat so eingestellt, daß bei einer Einstellung von 45° sich die Einflüsse auf das Interneuron gerade aufheben. Dieses System ist also ein Beispiel für intelligentes Design. Durch diese einfache Schaltung wird sowohl die Genauigkeit der Bestimmung der Polarisationsrichtung als auch der Arbeitsbereich des Sinnessystems erhöht.

Habituation: Wir gewöhnen uns an alles

Während diese Anpassungsleistungen auf ganz einfachen Verschaltungen beruhen und deshalb einfach verstanden werden können, findet man schon bei recht niederen Tieren eine Anpassung, die weniger einfach erscheint. Die meisten Tiere, sei es eine Katze oder eine Heuschrecke, kann man durch einen Lichtreiz zu einer Schreckreaktion veranlassen. Wiederholt man diesen Reiz in geeigneten zeitlichen Abständen, so kann man beobachten, daß die Reaktion immer schwächer wird und sich das Tier allmählich an diesen, offenbar harmlosen, Reiz gewöhnt hat (Abb. 14a, linke Seite). Dem liegt, wie das folgende Experiment zeigt, allerdings weder eine Ermüdung des motorischen Systems noch eine Adaptation der Sinnesorgane, wie sie oben besprochen wurde, zugrunde. Gibt man nämlich einen anderen, sogenannten *sensitisierenden Reiz*, z. B. ein lautes Geräusch, und wie-

---

* Tatsächlich feuern die Interneurone hier mit einer gewissen Spontanfrequenz von z. B. 20 Hz.

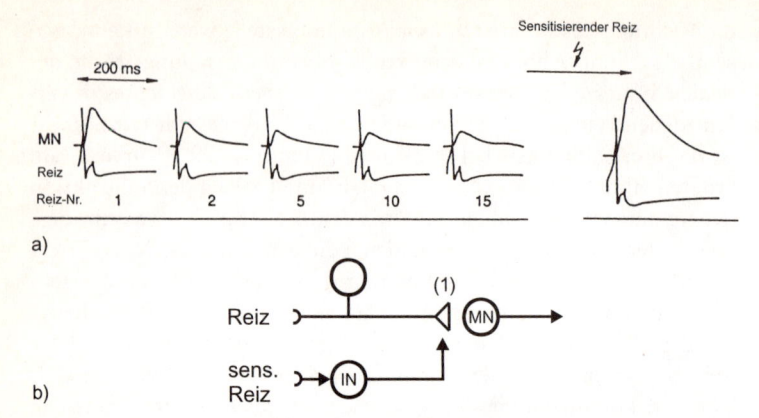

Abb. 14: Habituation. (a) Zeigt die Abnahme der Reaktion eines Reflexes am Beispiel des 1., 2., 5., 10. und des 15. Reizes. Nach einem sensitisierenden Stimulus nimmt die Reaktion stark zu (rechts). (b) Schematische Darstellung der zugrundeliegenden Struktur. Die Übertragungsstärke der Synapse (1) zwischen Sinneszelle und Motoneuron (MN) nimmt mit zunehmender Wiederholung des Reizes ab. Ein sensitisierender Stimulus wirkt über ein Interneuron (IN) durch präsynaptische Beeinflussung dieser synaptischen Depression, dem neuronalen Korrelat der Habituation, entgegen.

derholt dann den Lichtreiz, so kann das Tier so stark wie beim ersten Mal und vielleicht sogar noch stärker reagieren (Abb. 14a, rechts). Die „Ermüdung" kann also weder im Sinnesorgan noch in der Motorik liegen. Außerdem gilt sie nur für diese spezifische Reizart. Man spricht deshalb von *reizspezifischer, zentraler Ermüdung* oder kurz von *Habituation*. Ein kritisches Merkmal für das Vorliegen einer Habituation ist, daß die Abnahme der Reaktion auf den ersten Reiz durch einen Reiz einer anderen Qualität aufgehoben werden kann. Dieser Mechanismus wurde im Detail bei einer Meeresschnecke untersucht. Bei ihr konnte das Geschehen soweit auf die zelluläre Ebene zurückverfolgt werden, daß nun ein relativ übersichtliches Modell existiert. Das ist in vereinfachter Form in Abb. 14b dargestellt. Zwischen den Sinneszellen und den Motoneuronen, die die Muskeln aktivieren, gibt es eine direkte Verbindung, über die der Reflex läuft. Parallel dazu gibt es außerdem noch Verbindungen über zwischengeschaltete Interneurone, die in Abb. 14b nicht dargestellt sind. Bei häufiger Wiederholung nimmt die Effektivität der die Sinneszelle und das Motoneuron verbindenden Synapse ab, was übrigens eine spezifische Eigenschaft dieser auf die Motoneurone wirkenden Synapsen ist, also nicht für jede Synapse gilt. Wird nun an anderer Stelle ein starker Reiz gegeben, wirkt dieses Signal über ein anderes Interneuron so auf diese Synapsen ein, daß deren Effektivität wieder erhöht wird. Auch diese einfache Form des Lernens kann als intelligentes Design angesehen werden, da es dazu dient, wichtige von unwichtigen Reizen zu unterscheiden.

Richtungshören

Anpassungsleistungen ganz anderer Art ergaben sich daraus, daß aufgrund der verschiedenen physikalischen Bedingungen im Laufe der Evolution ganz verschiedenartige Sinnesorgane entwickelt wurden. So findet man im Bereich des Hörens, also der Fähigkeit, Schall wahrzunehmen, erstaunliche und, vor allem bei näherer Betrachtung, zunächst unerklärliche Leistungen. Wir wollen uns auf das einfachste Problem, nämlich die Bestimmung (Detektion) der Richtung einer Schallquelle beschränken. Menschen sind in der Lage, noch einen Richtungsunterschied zu erkennen, wenn diese Richtung um wenigstens 3° nach rechts oder links von der Linie abweicht, die vom Kopf aus gerade nach vorne zeigt. Der Detektormechanismus beruht dabei auf dem Umstand, daß der Schall, wenn er von links kommt, das linke Ohr kurze Zeit vor dem rechten Ohr trifft. Aus einer Richtungs-

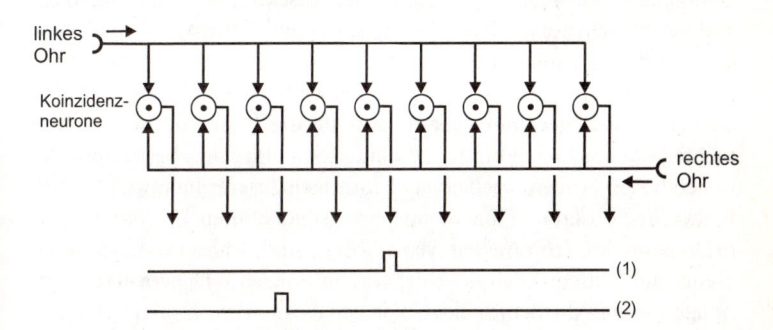

Abb. 15: Treffen die Erregungen das linke und das rechte Ohr genau zur selben Zeit, so werden die in der Mitte liegenden Koinzidenzneurone erregt (1). Trifft der Reiz das linke Ohr früher, verschiebt sich die Erregung der Koinzidenzneurone ebenfalls nach links (2).

abweichung von 3° gegen die Geradeaus-Richtung ergibt sich ein Zeitunterschied von nur 0,03 tausendstel Sekunden (0,03 ms), also 30 µs (Mikrosekunden)! Daß wir diese extrem kurze Zeit noch unterscheiden können, ist um so erstaunlicher und erscheint im ersten Moment fast ausgeschlossen, wenn man bedenkt, daß die Aktionspotentiale, also die kleinste Einheit, mit deren Hilfe Informationen im Nervensystem weitergeleitet werden, selbst etwa 1ms, also 1000 µs dauern. Das Zentralnervensystem (ZNS) kann hier jedoch einen sehr einfachen Trick anwenden. Der geringe zeitliche Unterschied kann durch die in Abb. 15 gezeigte Schaltung in einen relativ großen räumlichen Unterschied übersetzt werden. In dieser Verschaltung laufen die von den beiden Ohren kommenden Signale auf gegenläufig parallelen Kanälen. Die querliegenden Nervenzellen werden nur dann erregt, wenn zu derselben Zeit an beiden Synapsen ein Aktionspotential vorliegt („Koinzidenzneuronen"). Wenn die Leitungsgeschwindigkeit der Aktionspotentiale z. B. 10 m/s beträgt, dann verschiebt sich der Ort, an dem sich beide Aktionspotentiale zur gleichen Zeit begegnen, um 0,3 mm je 0,03 ms. Die Detektion einer solchen Verschiebung einer Erregungsspitze ist für ein dichtes Nervennetz damit eine gut lösbare Aufgabe. Der Trick besteht also darin, unter Ausnutzung der Nervenleitungsgeschwindigkeit den geringen Zeitunterschied in eine meßbare räumliche Distanz umzuwandeln.

Schwierig wird der Einsatz dieses Prinzips allerdings dann, wenn der Abstand der Ohren und damit der Zeitunterschied zwischen den beiden Signalen wesentlich kleiner wird. Insekten müssen deshalb ein anderes Prinzip anwenden. Heuschrecken und Grillen, aber auch Vögel und Frösche nutzen bestimmte physikalische Gesetzmäßigkeiten aus, indem sie nicht in jedem Ohr den jeweiligen Schalldruck messen, sondern durch geeignet gebaute Kanäle die Differenz des auf das rechte bzw. das linke Ohr auftreffenden Schalldruckes bestimmen. So besitzen z. B. Grillen einen etwa H-förmigen Tracheengang (Abb. 16), wobei die vorderen Gänge von je einer sogenannten *Tympanalmembran*, einer Art Trommelfell, verschlossen sind, während die hinteren Gänge auf beiden Seiten des Körpers geöffnet sind. Die vorderen Öffnungen sind in die Beine gelegt, was den Abstand vergrößert. Auf diese Weise kann die Schallwelle sowohl von außen wie, durch die beiden offenen Tracheenkanäle, von innen auf die Tympanalmembran einwirken. Falls die Schallquelle auf der linken Seite des Tieres liegt, trifft die Druckwelle an der Membran des linken Ohres etwas früher

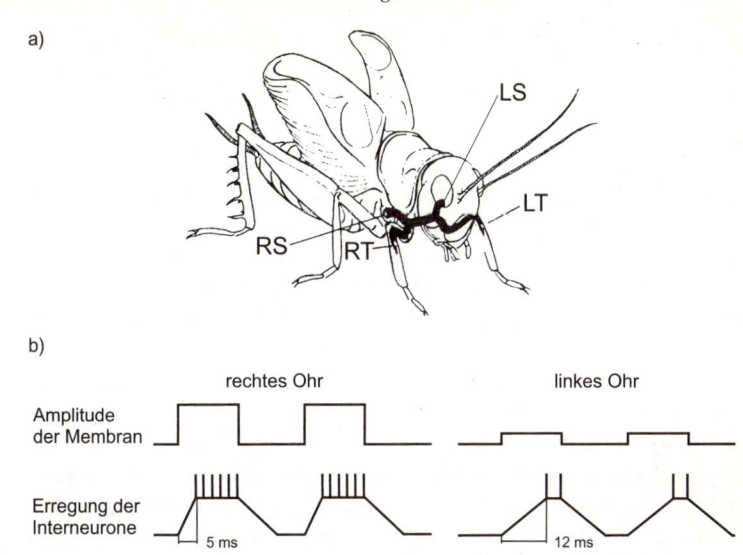

Abb. 16: (a) Die Tympanalorgane in den Vorderbeinen der Grille (LT, RT, linkes, rechtes Organ) sind durch ein H-förmiges Tracheensystem (schwarz) verbunden, das noch zwei weitere Öffnungen (LS, RS) besitzt. (b) Wenn das rechte Ohr stärker erregt wird, werden die zugehörigen Interneurone stärker und schneller erregt.

ein. Sie wird deshalb, vereinfacht gesagt, nach rechts ausgewölbt. Diese Bewegung der Membran wird durch Sinneszellen registriert. Es findet also sozusagen eine physikalische Subtraktion der beiden Schalldruckwerte statt, und erst diese Differenz wird vom Nervensystem gemessen.

Nun besteht der Ton, den eine Grille hört, nicht aus einer einmaligen Schallwelle, sondern aus längere Zeit andauernden rhythmischen Druckschwankungen. Das für das Grillenweibchen wichtige Signal ist der Werbegesang des Männchens, bei dem diese Druckschwankungen mit einer Frequenz von etwa 5 kHz erfolgen (also auch für uns, wie jeder weiß, sehr gut hörbar). Genauer gesagt, besteht der Werbegesang der Grillenmännchen nicht aus einem kontinuierlichen Ton von 5 kHz, sondern dieser Ton ist durch Pausen in einzelne „Silben" getrennt, die zusammen mit der Pause etwa 30 ms dauern. Die genauen Zeiten sind wichtig für die Erkennung des Artgenossen und unterscheiden sich deshalb bei verschiedenen Grillenarten. Liegt nun die Schallquelle z. B. auf der rechten Seite des Tieres, so wird durch die unterschiedliche

Phasenlage der von außen und der von innen auf die Membran auftreffenden Schallwellen die rechte Tympanalmembran stärker ausgelenkt als die linke Membran. Auf diese Weise läßt sich die Schallrichtung unterscheiden. Das Tracheensystem der Grillen ist nun so ausgelegt, daß gerade der Frequenzbereich, in dem der Werbegesang der Männchen liegt, besonders gut übertragen wird, was zugleich bedeutet, daß dieser Ortungsmechanismus nur in eben diesem Frequenzbereich funktioniert und sich andere Geräusche nicht störend auswirken können. Gerade dies ist insofern typisch für natürliche Systeme, als es sich hier um eine Speziallösung und nicht um eine allgemeine Lösung handelt, die auf andere Frequenzen übertragbar wäre.

Die Sinneszellen, die die Bewegungsamplitude der linken und der rechten Tympanalmembran registrieren, geben ihre Erregung auf auditorische Interneurone weiter. Ist die Erregung einer Seite höher als die der anderen, so wird dieses Interneuron nicht nur stärker erregt, sondern es wird wegen des steileren Anstieges der Erregung auch seine Reizschwelle früher überschritten. Dies hat zur Folge, daß die in Form von Aktionspotentialen weitergegebene Erregung auch früher beginnt (Abb. 16b). Der für die Richtungserkennung entscheidende Wert könnte also die Stärke der Erregung, oder aber der Zeitpunkt des Erregungsbeginns dieses Interneurons sein. Obwohl zumeist die erste Hypothese favorisiert wurde, konnte diese Frage von den Verhaltensforschern bisher nicht geklärt werden.

Die britische Informatikerin Barbara Webb hat mit Hilfe eines kleinen Roboters (Abb. 17a) jedoch gezeigt, daß die einfachere Lösung, nämlich die Verwendung des zeitlichen Unterschiedes, völlig ausreicht, um das Verhalten der Grillen zu beschreiben. Dazu hat sie einen Roboter konstruiert, dem sie zunächst einen Mechanismus eingebaut hat, der mittels eingebauter Infrarotdetektoren Hindernisse bemerken und ihnen ausweichen kann. Weiterhin wurde der Roboter mit zwei Mikrophonen ausgestattet und so programmiert, daß er sich stets nach der Seite dreht, aus der zuerst der Schall eintrifft. Die Stärke der Erregung wurde also nicht berücksichtigt. Aufgrund eines eingebauten Frequenzfilters reagiert das System wie bei den Grillen nur auf einen bestimmten Frequenzbereich (die Wellenlänge wurde allerdings, um die Resultate vergleichbar machen zu können, auf die Größe des Roboters umgerechnet). Mit diesem Roboter hat sie nun einige der mit Grillen durchgeführten Experimente wiederholt. Sie hat dazu den Roboter in einen mit Hindernissen bestückten Raum gesetzt. Ertönt aus einem Lautsprecher künstlicher Grillengesang, so bewegt sich der Roboter, ganz ähnlich wie die Grillen, in einem leicht zickzack-förmigen Pfad auf die Schallquelle zu. Hindernisse werden dabei umgangen. Ebenfalls wie bei Grillen verringert sich die Erfolgsrate des Roboters, wenn, bei gleicher Schallfrequenz, die Silben- und die Pausendauer zu groß oder zu klein wurden. Der Grund hierfür liegt in folgendem: Ist nur die Zeitdifferenz der kritische Parameter, so kann die Richtungsinformation jeweils nur zu Beginn einer Silbe entnommen werden. Sind die Silben und Pausen zu lang, erhalten die Tiere zu wenig Information pro Zeiteinheit, und die Reaktion wird schlechter. Wäre der Intensitätsunterschied der entscheidende Parameter, so wäre dies Resultat nicht verständlich. Sind, wie im zweiten Experiment, die Pausen aber sehr kurz, so sind die Nervenzellen noch von der vorhergehenden Silbe erregt und der Zeitpunkt des Erregungsanstiegs zu Beginn der neuen Silbe ist gestört, wodurch das Überschreiten der Schwelle verschoben wird. Auch dann wird also die Information über die Richtung schlechter übertragen. Man findet daher bei den Robotern entsprechende Fehlleistungen wie bei den Grillen.

Eine weitere Übereinstimmung ergiebt sich, wenn man dem Roboter bzw. dem Grillenweibchen zwei zur gleichen Zeit und in gleichem Abstand, aber aus unterschiedlicher Richtung singende Grillenmännchen anbietet. Obwohl der Gesang sich kaum unterscheidet, kann sich das Weibchen wie der Roboter für eines der beiden Männchen entscheiden, obwohl zumindest das Programm des Roboters keinerlei Entscheidungsmechanismus enthält. Offenbar werden einfach die Lauteren bevorzugt. Sind beide genau gleich laut, wie in dem Experiment der Abb. 17b, so schlagen die Roboter zunächst einen mittleren Weg ein, und irgendwann ergibt sich offenbar eine zufällige Entscheidung. Ganz ähnliche Pfade findet man auch im Experiment mit Grillen. Übereinstimmung zwischen Modell und Grillenverhalten findet man sogar bei der unnatürlichen Situation, daß die Silben jeweils abwechselnd aus dem linken und dem rechten Lautsprecher kommen. Beide, sowohl Grille als auch der Roboter, zeigen ein „unentschiedenes" Verhalten, und nur gelegentlich findet der Roboter (Abb. 17) einen der beiden Lautsprecher. Präsentiert man die einzelnen Silben nicht in regelmäßiger Folge, sondern, dem natürlichen Grillengesang entsprechend, mit einer längeren Unterbrechung nach jeweils etwa zwei oder drei Silben, so wird das Ziel schneller ge-

62 4. *Auf daß uns nicht Hören und Sehen vergeht*

a)

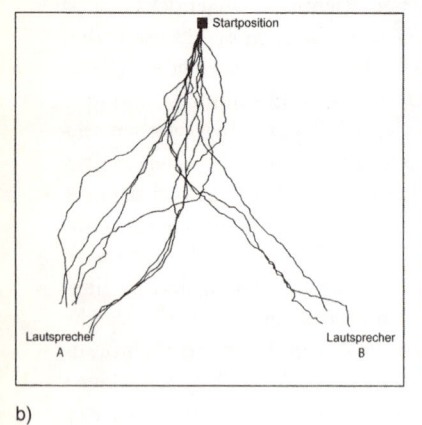

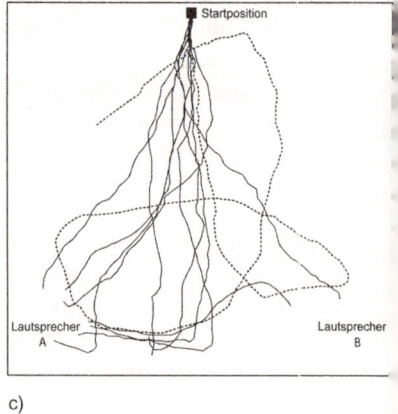

b) c)

Abb. 17: (a) Der von B. Webb aus Lego-Steinen konstruierte Roboter. (b) Einige Pfade des Roboters, dem die Töne aus zwei Lautsprechern zugleich angeboten wurden. (c) Einige Pfade des Roboters, wenn die Töne abwechselnd aus dem linken und aus dem rechten Lautsprecher kamen.

funden, da in den längeren Pausen keine Zickzack-Bewegung erfolgt, sondern geradeaus gelaufen wird. Auch dies stimmt mit den Beobachtungen an Grillen überein. Aus diesen Ergebnissen folgt natürlich nicht, daß die einfache Lösung, die Beachtung nur des zeitlichen Unterschiedes, diejenige ist, die die Grillen tatsächlich anwenden. Sie zeigt aber, daß dies eine mögliche und wegen der guten Übereinstimmungen mit den biologischen Experimenten und aufgrund der Einfachheit des Konzeptes auch eine recht plausible Hypothese ist.

Warum, so könnte man fragen, macht man sich hier die Mühe, Roboter, die übrigens, wenn sie Eigenschaften von Tieren imitieren, häufig *Animaten* genannt werden, zu bauen? Könnte man diese Frage nicht auch wie oben durch einfaches Ausrechnen oder durch eine Computersimulation lösen? Meistens nicht: Das Problem besteht darin, daß in der realen Situation sehr viele, zum großen Teil unvorhersagbare Störungen vorliegen, die nicht einfach simuliert werden können. So wirken bei diesem Experiment nicht nur die Lautsprecher als Schallquellen, sondern durch verschiedene Reflexionen im Raum kann das Schallbild sehr unübersichtlich werden. Dazu können Störgeräusche von anderen Schallquellen, z. B. von den Motoren des Roboters selbst kommen. Auch in der Elektronik und vor allem der Mechanik liegen Ungenauigkeiten vor. Selbst bei noch so genauer Einstellung der Motoren und Getriebe wird der Roboter sich, auch wenn er auf Geradeausfahrt eingestellt ist, auf einer mehr oder weniger gekrümmten Bahn bewegen. Wenn also eine Simulation unter Idealbedingungen (wie in einer Computersimulation) ein Ergebnis liefert, ist deshalb nicht gesagt, daß sich das System unter Realbedingungen ebenso verhält.

Doch ist selbst dieses von den Grillen und anderen Tieren angewandte Prinzip der Messung der Schalldruckdifferenz nicht mehr in der Lage, Richtungshören zu ermöglichen, wenn der Körper des Insektes schmaler als 1 mm ist. Hier hat eine spezielle Fliegengattung ein ganz neues Prinzip erfunden. Fliegen der Gattung *Ormia* parasitieren auf Grillen, die sie aufgrund deren Gesanges akustisch orten können. Das Sinnesorgan der Fliegen befindet sich an der Brust direkt hinter dem Kopf. Es besteht aus zwei Tympanalorganen, die einen Abstand von etwa 0,5 mm besitzen. Bei diesem geringen Abstand kann ein Schallsignal mit einer maximalen Zeitdifferenz von 0,002 ms an beiden Sinnesorganen auftreffen. Es ist deshalb eigentlich nicht vorstellbar, daß dieser Zeitunterschied noch detektiert wer-

64   *4. Auf daß uns nicht Hören und Sehen vergeht*

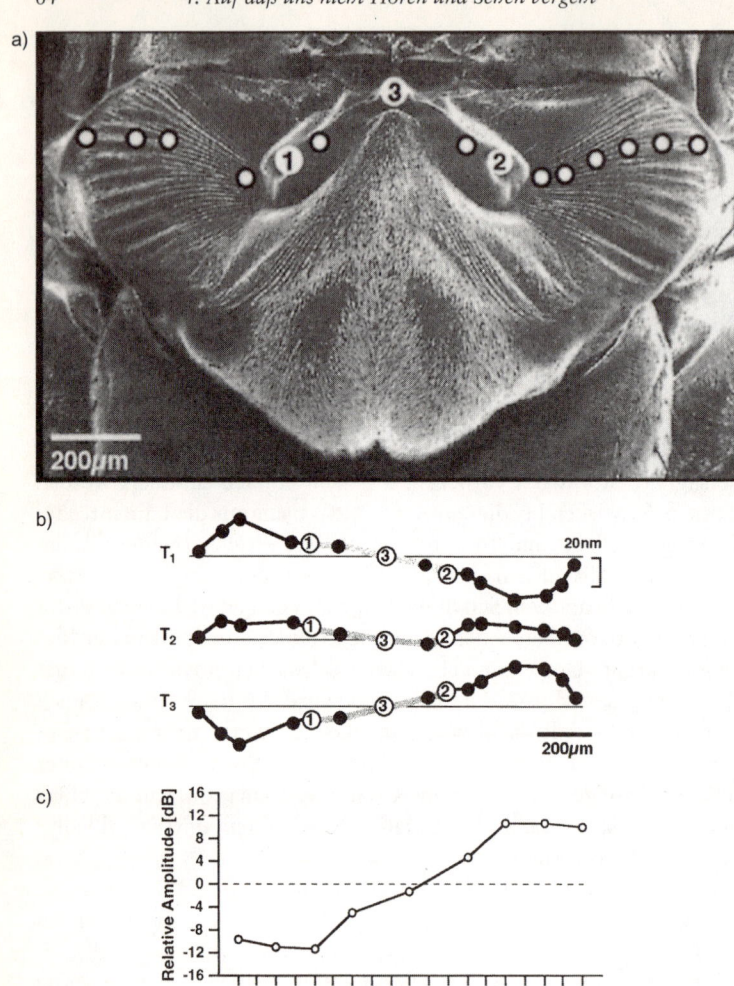

Abb. 18: (a) Das kragenförmige Hörorgan einer Fliege der Gattung *Ormia*. Die rhythmischen Schwankungen dieser „Wippe" sind für drei Zustände in (b) dargestellt. Der Unterschied der Maximalamplitude der Schwingung der rechten und der linken Seite ist in (c) gezeigt. Ist die Schallrichtung mindestens 40° von der Mittellinie entfernt, so beträgt der Unterschied 12 dB (etwa 80 %).

den kann. Wie Untersuchungen von Robert gezeigt haben, sind die Tympanalorgane mit einer mechanischen Struktur verbunden, die grob vereinfacht die Eigenschaften einer Wippe mit einer gewissen Resonanzeigenschaft besitzen. Das mechanische System ist allerdings durch gewisse Elastizitäten im Bereich des Stützpunktes der Wippe etwas kompliziert. Abb. 18 zeigt einen Blick auf die mechanische Struktur (der Kopf der Fliege ist zur besseren Sichtbarkeit weggelassen). Abb. 18b zeigt drei Zustände dieser „Wippe", die jeweils 50 ms auseinanderliegen, wenn das Organ mit einer Frequenz von 5 kHz beschallt wird. Die Meßstellen sind in Abb. 18a durch weiße Punkte markiert. Für dieses mechanische System reicht nun offenbar ein Zeitunterschied von 0,002 ms aus, um es zu einer alternierenden Schwingung zu veranlassen, bei der sich die Amplitude der Schwingungen beider Seiten deutlich unterscheiden (Abb. 18c). Diese Unterschiede reichen aus, um die Sinneszellen so verschieden zu erregen, daß ein Richtungsunterschied von 40° gut erkannt werden kann. Obwohl diese Auflösung sehr grob ist, erlaubt dies der Fliege, Grillen zu orten und anzufliegen.

Die asymmetrischen Schwingungen, die diese geringe Zeitdifferenz in ein meßbares Signal umwandeln, entstehen offenbar aufgrund der Verbindung von starren und halbelastischen Strukturen dieses Kragens. Zum Verständnis der mechanischen Eigenschaften trug zunächst die Entwicklung eines mathematischen Models bei. Es ist jedoch daran gedacht, nach diesem Prinzip einen hochsensiblen Richtungsdetektor tatsächlich zu bauen. Die Intelligenz drückt sich hier also nicht in der neuronalen Verschaltung, sondern in der Mechanik aus.

Polarisiertes Licht kann die Himmelsrichtung anzeigen

Kehren wir zu den Ameisen zurück. Die von R. Wehner untersuchte Wüstenameise *Cataglyphis* hat sich ein extremes Biotop ausgesucht. Sie lebt in der Sahara. Diese Tiere laufen bei größter Hitze, am Mittag können direkt am Boden bis zu 70° C gemessen werden, in einem Umkreis von etwa 200 m um ihren Bau herum und suchen nach Beutetieren, die diesen Hitzestreß nicht überlebt haben. Um hierbei die Orientierung nicht zu verlieren, verwenden sie die Sonne als „Richtungskompaß". Dies ist kein Problem, solange die Sonne zu sehen ist.

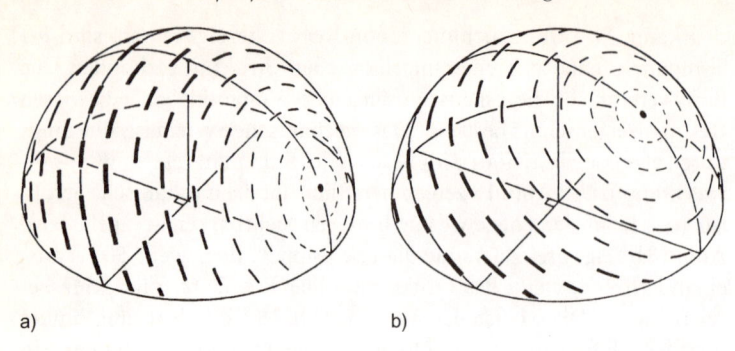

Abb. 19: Das Polarisationsmuster des Himmelslichtes bei tieferem (a) und höherem (b) Stand der Sonne (schwarzer Punkt). Der Beobachter befindet sich im Mittelpunkt der Kugel. Die Stärke der Striche geben die jeweilige Polarisationsrichtung und deren Intensität wieder.

Ameisen – wie auch Bienen – können die Sonnenrichtung jedoch auch feststellen, wenn die Sonne verdeckt und nur ein kleiner Teil des Himmels sichtbar ist. Dies liegt daran, daß sie, wie schon erwähnt, die für uns Menschen nicht sichtbare Polarisationsrichtung des Himmelslichtes registrieren können. Dieses Muster hängt vom jeweiligen Stand der Sonne ab. Abb. 19 zeigt zwei Beispiele. Die Position der Ameise entspricht dem Mittelpunkt der Kugel. Die Stärke des Polarisationsgrades an jeder Stelle ist durch die Stärke der Balken angedeutet.

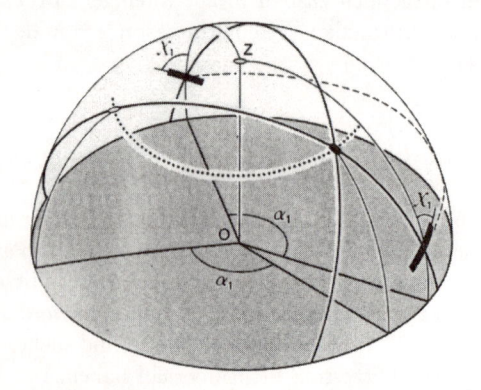

Abb. 20: Die Konstruktion der Position der Sonne (schwarzer Punkt) aus den bekannten Polarisationsrichtungen zweier Orte am Himmel.

Wie aber erkennt man aus dem Richtungsfeld der Polarisationsebenen die Position der Sonne, wenn diese selbst verdeckt ist? Der Physiker würde folgendermaßen vorgehen (diese klassische Lösung zeigt Abb. 20): Man mißt die Polarisationsrichtung an zwei verschiedenen Stellen und bestimmt für beide jeweils den Großkreis, der senkrecht zur Polarisationsrichtung verläuft. Der Schnittpunkt beider Kreise bezeichnet dann die Lage der Sonne. Kennt man die Tageszeit und damit auch die Höhe der Sonne, so reicht auch die Polarisationsmessung an einer Stelle des Himmels, da man nun den Schnittpunkt des zugehörigen Großkreises mit der Höhenlinie der Sonne (punktierte Linie) schneiden kann, um den Ort der Sonne festzustellen.

In höchst raffiniert ausgedachten und zum großen Teil auch sehr aufwendigen Versuchsreihen hat Rüdiger Wehner herausgefunden, welche Lösung die Ameisen nun tatsächlich verwenden. Man kann die Ameisen an eine Futterstelle locken, von der aus sie in gerader Linie zu ihrem Nest zurücklaufen. Im Unterschied zu vielen Ameisen richtet sich die Wüstenameise *Cataglyphis* dabei nicht nach Duftmarkierungen, sondern eben nach der Sonne. Während nun die Ameise ihren Rückweg einschlägt, wird sie von einem Wissenschaftler verfolgt. Dabei bemüht er sich, das Tier, während es ansonsten ungehindert über den Wüstenboden läuft, stets im Zentrum einer entfernt an einen Ra-

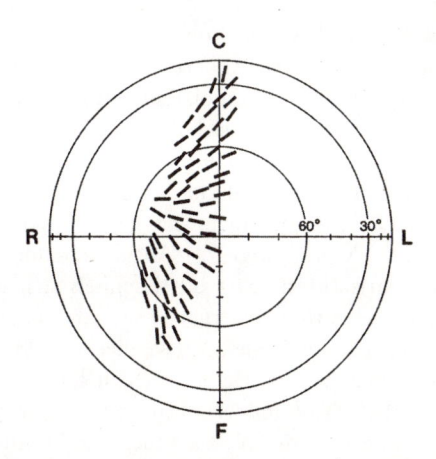

Abb. 21: Die Verteilung der Vorzugsrichtung der Polarisationsempfindlichkeit im oberen Teil des Facettenauges (s. a. Abb. 13).

senmäher erinnernden Apparatur zu halten. Die Apparatur enthält verschieden einsetzbare Blenden, mit denen man erreichen kann, daß die Ameise nur einen bestimmten Teil des Himmels zu sehen bekommt. Bei diesen Versuchen ergab sich, daß sich die Tiere unter solchermaßen eingeschränkten Sichtbedingungen zwar immer noch orientieren können, dabei aber gewisse systematische Fehler machen. Sie können also bereits aus der Polarisationsrichtung eines kleinen Ausschnittes auf die Lage der Sonne schließen, aber ihre „innere Richtungskarte" stimmt nicht genau mit der tatsächlichen Anordnung am Himmel überein. Auf der Suche nach dieser inneren Karte stellte Wehner fest, daß der obere Teil des Auges, der weniger als 10 % der Ommatidien enthält, polarisationsempfindlich ist (s. Abb. 13) und daß die Polarisationsrichtungen dieser Augen geometrisch bereits so angeordnet sind, wie sie – in etwa – dem Polarisationsmuster des Himmels entsprechen. Die beste Übereinstimmung zwischen dem Polarisationsmuster des Himmels und der in Abb. 21 gezeigten Verteilung des Empfindlichkeitsmusters des Auges liegt dann vor, wenn die Sonne tief am Horizont steht. Die Körperlängsachse entspricht dabei der Richtung zur Sonne. Damit ist nun die Orientierung nach der Sonne unglaublich einfach zu bewerkstelligen. Das Tier dreht sich in der Ebene so lange, bis alle Facettenaugen zusammen am stärksten mit dem Himmelsmuster übereinstimmen, also die beste Passung erreicht ist. Das ist dann der Fall, wenn die Gesamterregung dieser Sinneszellen maximal ist. Daß die Tiere dieses Verfahren tatsächlich anwenden, konnte durch ein geniales Kontrollexperiment bestätigt werden. Ändert man, während sich das Tier dreht, künstlich die Intensität unpolarisierten Lichtes in zu- und abnehmender Weise, so entscheidet sich das Tier für die Laufrichtung, in der zufällig gerade die höchste Lichtintensität eingestellt war.

Warum sind die Physiker nicht auf dieses einfache Prinzip gekommen? Nun, dieses Prinzip kann nicht stets genau funktionieren, da die innere Karte an die Morphologie der Augen gebunden, also fest ist, während das Polarisationsmuster des Himmels sich mit dem Sonnenstand ändert. Genau daraus ergeben sich aber charakteristische, jedoch in der Regel kleine Fehler, die Wehner in bestimmten experimentellen Situationen bei den Tieren tatsächlich beobachten konnte. Abb. 22a zeigt oben das Himmelsmuster und unten das Polarisationsmuster der Ameise. Obwohl beide nicht exakt aufeinander passen, ist doch, und das ist eben völlig ausreichend, die beste Passung dann gegeben, wenn die Ameise mit ihrer Längsachse (schwarze Li-

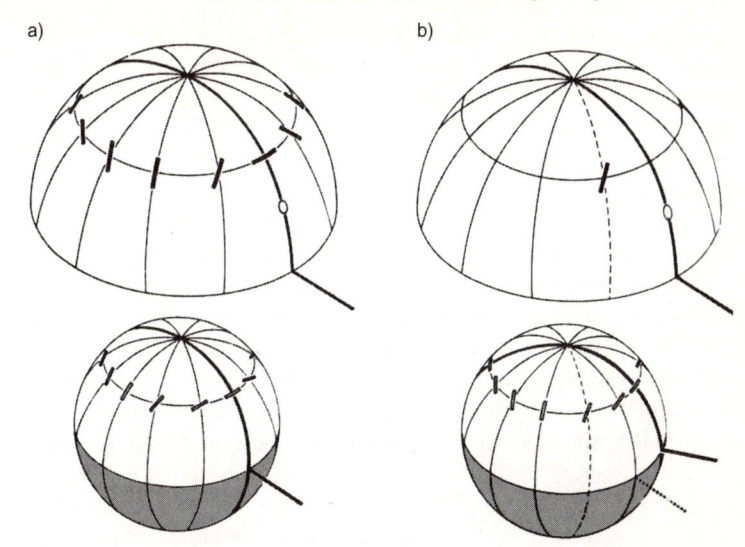

Polarisiertes Licht kann die Himmelsrichtung anzeigen 69

a) b)

Abb. 22: Vergleich der Verteilung des Polarisationsmusters des Himmelslichtes (oben) mit der Anordnung des Polarisationsmusters der Facettenaugen (unten). Der Übersichtlichkeit halber ist jeweils nur ein horizontaler Ring dargestellt. (a) Ist der ganze Himmel sichtbar, so liegt die beste Passung vor, wenn die Längsachse der Ameise (schwarze Linie, unten) mit der Richtung zur Sonne (schwarze Linie, oben) übereinstimmt. (b) Ist jedoch nur ein kleiner Ausschnitt des Himmels zu sehen (oben), so ergibt die beste Passung eine Abweichung zwischen Körperlängsachse (schwarze Linie, unten) und Richtung zur Sonne (gepunktete Linie, unten).

nie) in Richtung der Sonne ausgerichtet ist. Ist aber nur ein Ausschnitt, Abb. 22 b, zu sehen, so wird die beste Passung mit dem eingebauten festen Filter dann erreicht, wenn das Tier wie in diesem Beispiel um 30° gegen die Sonne gedreht ist. Genau einen solchen Fehler fand Wehner im Experiment.

In realen Situationen ist der Fehler jedoch viel kleiner, da über alle sichtbaren Himmelsbereiche aufsummiert wird. Wenn durchschnittlich gleich viel Himmelsausschnitte links wie rechts der Linie zur Sonne zu sehen sind, was ja im allgemeinen annähernd der Fall ist, heben sich die Fehler sogar gerade auf. Der Fehler wirkt sich auch dann nicht aus, wenn beim Hin- und beim Rücklauf, im Unterschied zum Experiment, dieselben Bedingungen herrschen, was normalerweise der Fall ist, weil die Tiere wegen der Hitze nur recht kurze Zeit unterwegs sind. Die Tiere machen dann denselben Fehler beim Hin- und Rücklauf, kommen also dennoch gut nach Hause. In dem erwähnten Experiment, um das noch einmal zu betonen, erhielt das Tier dagegen beim Hinlauf den unbehinderten Blick auf den Himmel, während es beim Rücklauf nur jeweils einen kleinen Ausschnitt zu sehen bekam.

Auch hier haben wir also wieder ein Beispiel für einen cleveren Spezialisten. Das System, das das Polarisationsmuster des Himmels detektiert, wird speziell und offenbar ausschließlich zur Bestimmung der Symmetrieebene dieses Musters verwandt. Frühere Versuche, Bienen, die ein entsprechendes Prinzip benutzen, auf unterschiedliche Polarisationsmuster zu dressieren, sind deshalb auch fehlgeschlagen, was lange verwundert hat, da Bienen sonst auf alle möglichen Parameter wie Farbe, Form, Geruch und sogar Tageszeit dressierbar sind.

Bewegungssehen

Die Bestimmung der sogenannten Azimutrichtung der Sonne ist vielen Insekten, wie wir gesehen haben, durch die Anwendung eines unerwartet einfachen Prinzips möglich. Eine sehr schwierige Aufgabe, so haben wir eingangs argumentiert, ist dagegen zu lösen, wenn man bei einem visuellen Muster Figur und Hintergrund unterscheiden will. Daß dies zumindest bei uns kein einfacher Prozeß ist, der auf eine einfache Kette linear hintereinander geordneter Verarbeitungsprozesse zurückzuführen ist, zeigt schon das Bild (Abb. 23). Wer dieses Bild zum ersten Mal sieht, hat normalerweise große Schwierigkeiten, eine Figur, nämlich das dort abgebildete Gesicht, zu erkennen. Sobald man das Gesicht jedoch einmal wahrgenommen hat, kann man sich kaum mehr in den ersten Zustand zurückversetzen. Man sieht nur noch das Gesicht, nicht das vorher wahrgenommene unregelmäßige Fleckenmuster. Dies bedeutet, daß bei der Erkennung des Objektes von der „Zentrale" Informationen, das Wissen über dieses Gesicht, eingesetzt werden. Die Information kann also nicht nur von „unten nach oben" („bottom-up") fließen, sondern es muß auch in die andere Richtung („top-down") wirkende Einflüsse geben.

Zumindest dann, wenn sich Figur, also das zu erkennende Objekt, und Hintergrund relativ zueinander bewegen, gibt es, wie man bei Stubenfliegen herausgefunden hat, auch einfachere Lösungen. Stu-

Abb. 23: Erst nach längerem Betrachten kann man das hier dargestellte Gesicht erkennen. Nachdem man es aber einmal gesehen hat, ist es nur schwer möglich, das Bild als reines Fleckenmuster zu sehen, was allerdings sofort geschieht, wenn man das Bild auf den Kopf stellt.

benfliegen können auf einem freistehenden Objekt, etwa einer auf dem Tisch präsentierten Salzstange, landen. Sie müssen also das Objekt vom Hintergrund unterscheiden können. Wie funktioniert dies? Reichardt und Mitarbeiter haben, zunächst zusammen mit B. Hassenstein an einem Rüsselkäfer, später dann an Fliegen herausgefunden, daß je zwei Elemente des Facettenauges zusammen einen Bewegungsdetektor bilden, der nach dem Prinzip der Korrelationsbestimmung feststellt, ob und wie schnell sich die Welt, gesehen durch die zwei Facetten, relativ zum Auge bewegt. Da es je einen solchen Bewegungsdetektor auch für die entgegengesetzte Richtung gibt, ist also auch die Richtungsinformation vorhanden. Man hat dies her-

72 4. *Auf daß uns nicht Hören und Sehen vergeht*

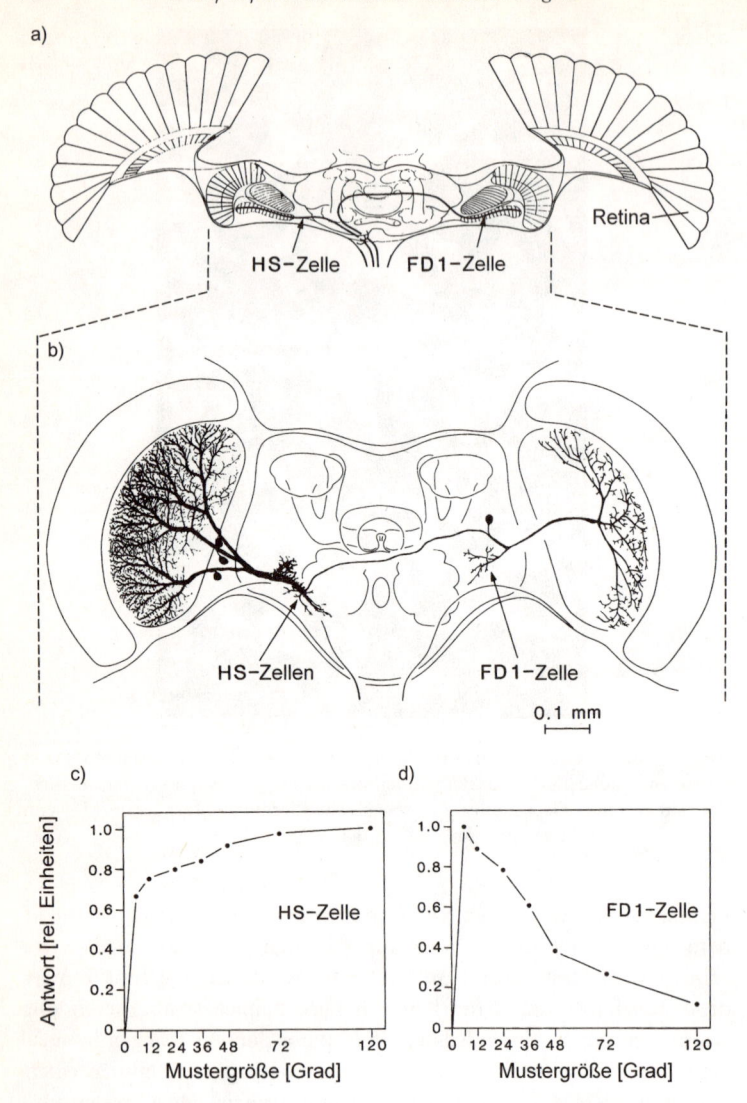

Abb. 24: (a) Horizontaler Querschnitt durch ein Fliegenauge und die anschließenden Ganglien. (b) Zeigt einen Ausschnitt mit drei HS-Zellen und einer FD1-Zelle. (c) Die Reaktion dieser beiden Zellen auf Muster verschiedener Größe.

ausgefunden, indem man das Insekt in einen mit senkrechten Streifen versehenen Zylinder setzte, der sich um das Tier drehte. In dieser Situation versucht das Tier, der Drehung des Zylinders zu folgen (die optomotorische Reaktion) und damit das Bild der Umwelt stabil zu halten. Dies hat folgenden Sinn. Wird der Körper der Fliege z. B. durch einen kurzen Windstoß nach links gedreht, dreht sich natürlich das gesehene Bildmuster entsprechend nach rechts. Folgt die Fliege dieser Drehung des Musters, so kompensiert sie auf diese Weise die Störung durch den Wind. Man könnte sich also vorstellen, daß alle Bewegungsdetektoren der Augen, die eine Drehung des Musters von links nach rechts registrieren, zusammengeschaltet sind und ihre Erregungssumme entsprechend auf die Flugmuskeln einwirkt. Wäre Kursstabilisierung die einzige Aufgabe, so wäre allein dies sicher schon eine sinnvolle Lösung. Allerdings könnte die Fliege damit keine kleineren Objekte verfolgen, die irgendwo in ihrem Gesichtsfeld auftauchen. Wie Filmaufnahmen (s. u.), aber auch raffinierte Laborexperimente (Abb. 24) zeigen, kann sie das aber sehr gut.

Nun haben Martin Egelhaaf bzw. Klaus Hausen im dritten optischen Ganglion der Fliege zwei Zelltypen gefunden, deren Eigenschaften zu jeweils diesen beiden Verhaltensweisen gut passen. Beide Zelltypen sind sehr groß und sammeln die Information über Bewegung über das ganze Auge ein (Abb. 24a, b). Die sogenannten *HS-Zellen*, insgesamt gibt es drei auf jeder Seite, werden um so stärker erregt, je größer das bewegte visuelle Feld ist (Abb. 24c). Allerdings haben sie schon bei einer Größe des Feldes von 20° etwa 80 % der Erregung erreicht, die ein 120° großes Feld auslöst. (Dieser Maximalwert ist allerdings um so kleiner, je höher die Geschwindigkeit des Musters ist.) Man hat sie deshalb auch *Großfeldneuronen* genannt und nimmt an, daß diese für die Kursstabilisierung verantwortlich sind. Eine andere Zelle reagiert dagegen besonders stark auf kleine bewegte Felder (etwa 6°). Diese Erregung nimmt immer mehr ab, je größer das bewegte Feld ist (Abb. 24d). Sie heißt deshalb auch *Kleinfeldneuron* und ist immer dann aktiv, wenn sich an einer beliebigen Stelle des Blickfeldes ein kleines Objekt bewegt. Beide Neuronen haben relativ direkte Verbindungen zur Motorik, also z. B. den Flugmuskeln, weshalb man annimmt, daß sie für die folgende Reaktion verantwortlich sind. Befestigt man eine Fliege in einem Streifenzylinder, in dem außer den Streifen noch ein unabhängig bewegbares, schmales Objekt angebracht ist (Abb. 25a), bewegt aber Objekt und

Zylinder mit derselben Geschwindigkeit (z. B. sinusförmig) hin und her, so folgt das Tier dieser Bewegung (Abb. 25 b, 1. Teil). Aufgrund der synchronen Bewegung kann die Fliege in diesem Fall das Objekt nicht getrennt vom Hintergrund wahrnehmen. Bewegt man nun aber das Objekt relativ zum Hintergrund (Abb. 25 b, 2. Teil, hier hat man lediglich die Phase verschoben), so versucht die Fliege sofort, das Objekt zu fixieren. Augenscheinlich übernimmt hier das Kleinfeldneuron die Kontrolle.

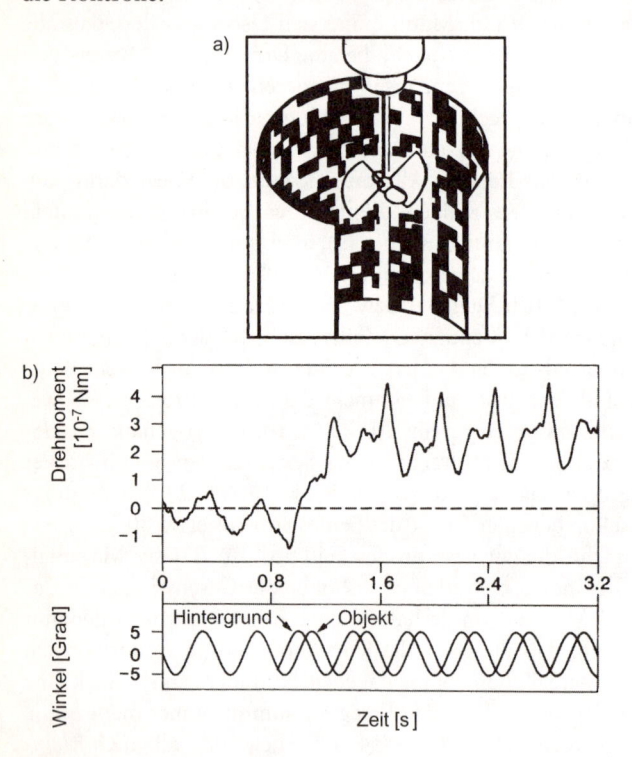

Abb. 25: Läßt man eine am Rücken an einer Halterung befestigte und damit ortsfeste Fliege in einem mit unregelmäßigem Muster versehenen Zylinder fliegen und dreht diesen rhythmisch hin und her, so versucht die Fliege, dieser Bewegung zu folgen. Dies zeigen die Kräfte (genauer Drehmomente), die über die Halterung gemessen werden (die ersten beiden Schwingungen). Bewegt man einen ähnlich gemusterten schmalen Streifen („Objekt") phasenverschoben relativ zu diesem Hintergrund, so zeigt die Fliege eine deutlich andere Reaktion. Sie kann also ein Objekt vom Hintergrund unterscheiden.

Wie aber kann ein Neuron nur auf kleine Felder reagieren, wenn es doch Erregungen aus allen Bereichen des Auges erhält? Die Lösung wurde von Egelhaaf und seinen Mitarbeitern gefunden und ist im Prinzip sehr einfach. Die Fliegen besitzen eine weitere große Zelle (VCH genannt), die ebenfalls um so stärker erregt wird, je größer das bewegte Feld ist. Allerdings steigt deren Empfindlichkeit etwas langsamer an als der erregende Einfluß der Kleinfeldzelle. Wirkt nun die Erregung der VCH-Zelle mit negativem Vorzeichen auf die Kleinfeldzelle ein, so ergibt sich als Differenz eine Empfindlichkeit, die mit zunehmender Mustergröße stark zu-, dann aber wieder, dem Empfindlichkeitsverlauf der VCH-Zelle entsprechend, abnimmt. Auf diese Weise kann also das Figur-Hintergrund-Problem für Muster, die sich relativ zum Hintergrund bewegen, gelöst werden.

Diese Lösung der Trennung der optomotorischen Reaktion (Kursstabilisierung) und der Objektfixierung in zwei getrennte Kanäle kommt nicht nur bei der Fliege, sondern auch bei vielen anderen Tieren, darunter auch bei Primaten, vor. Die neuronale Realisierung ist aber im einzelnen sicherlich verschieden. Aber selbst bei Fliegen gibt es weitere Systeme. So können männliche Stubenfliegen bewegte Ob-

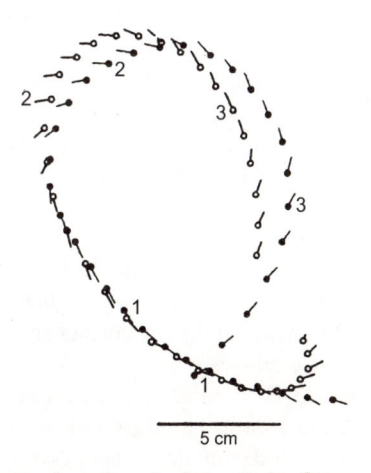

Abb. 26: Verfolgungsjagd zweier männlicher Stubenfliegen, rekonstruiert nach einer Videoaufnahme. Die Striche symbolisieren die Körperlängsachse der Tiere, der Kreis den Kopf. Der offene Kreis stellt den Verfolger dar. Die Zeit zwischen zwei Positionen beträgt 10 Millisekunden. Die Ziffern geben zwei jeweils zusammengehörige Positionen an.

jekte, zum Beispiel eine andere Stubenfliege, im schnellen Flug verfolgen (Abb. 26). Dies erfordert eine außerordentlich schnelle Informationsverarbeitung, die mit dem oben beschriebenen System vermutlich nicht möglich ist. Diese extreme Leistung, das Verfolgen anderer Fliegen im Flug, funktioniert offenbar aber nur dann, wenn sich das verfolgte Objekt klar gegen einen einheitlichen Hintergrund, z. B. den blauen Himmel, abhebt.

Perzeptron, das Minimalmodell eines Nervensystems

Bisher haben wir uns mit einigen spezialisierten Systemen beschäftigt, was den Eindruck erwecken könnte, daß ein Gehirn ausschließlich aus solchen parallelen, voneinander völlig unabhängigen Teilsystemen zusammengesetzt sei. Tatsächlich gibt es aber auch Beispiele für die Verschränkung von Informationsflüssen. Wie kann man sich vorstellen, daß trotz einer solchen Mischung der Informationen noch klar voneinander getrennte Verhaltensweisen erzeugt werden können? Zur Erläuterung wollen wir uns im folgenden nochmals auf das Beispiel des optischen Sinnes konzentrieren. Verschiedene visuelle Muster, wie das Schwarzweißbild eines Baumes, eines Hauses, eines Autos oder auch nur verschiedener Buchstaben können verschiedene Reaktionen auslösen, obwohl, auf der Ebene der Rezeptoren betrachtet, sich diese Muster möglicherweise zu einem gewissen Grad überlappen. Ein großer Teil der Rezeptoren, die beim Betrachten des Buchstabens B erregt werden, werden auch durch ein P oder ein D gereizt. Wie kann das nachgeschaltete System dennoch eine deutliche Unterscheidung treffen?

Hier ist zunächst eine sozusagen technische Bemerkung notwendig. Wie kann man die ungeheuer große Zahl möglicher Reizsituationen erfassen, die jeden Moment auf die verschiedenen Sinnesorgane eines Tieres einwirken? Hier gibt es eine nur im ersten Moment unanschaulich erscheinende Denkhilfe. Eine quantitative Beschreibung der Reizsituation könnte darin bestehen, daß man jeder Sinneszelle eine Nummer zuordnet und dann die Erregungsstärke jeder einzelnen Sinneszelle unter dieser Nummer registriert. Man erhält auf diese Weise eine Folge geordneter Zahlenwerte, die man mit dem mathematischen Begriff des *Vektors* bezeichnen kann. Ein Vektor kann als Punkt in einem mehrdimensionalen Raum interpretiert werden. Die

Zahl der Dimensionen dieses Raumes entspricht dabei der Zahl der Einzelwerte, der sogenannten *Komponenten* des Vektors. Hat man 100 Sinneszellen, so entspricht dies einem Vektor in einem 100dimensionalen Raum, eine für den Nichtmathematiker sicherlich abschreckende Vorstellung. Sie hat aber den Vorteil, daß jede erdenkliche Reizsituation als Punkt in diesem Raum abbildbar ist. Dieser Raum hat sogar den Vorteil, nach allen Seiten begrenzt zu sein, da ja die Erregbarkeit jeder Sinneszelle obere und untere Grenzen aufweist.* Entsprechend kann man natürlich auch die Ausgänge des Systems, z. B. die Erregungen der einzelnen Muskeln in einem bestimmten Zeitpunkt, als einen vieldimensionalen Vektor auffassen. Dies erlaubt die Aussage, daß ein Verhalten als Reaktion auf einen bestimmten Reiz als Übersetzung des (sensorischen) Eingangsvektors in einen (motorischen) Ausgangsvektor beschrieben werden kann.

Zurück zu unserem Problem. Stellen wir uns der Anschaulichkeit halber folgendes extrem einfache System vor, das nur sechs Sinneszellen besitzt, die jeweils nur erregt oder nicht erregt (als Zahlenwerte seien hierfür +1 bzw. –1 angenommen) sein können. Das nachgeschaltete neuronale System soll nun so gebaut sein, daß es vier verschiedene Kombinationen von Erregungszuständen der sechs Sinneszellen (also vier verschiedene Vektoren I bis IV der insgesamt 2^6 = 64 möglichen Vektoren) unterscheiden kann, d. h. diese zum Beispiel mit vier verschiedenen Verhaltensweisen A bis D, sagen wir Fressen, Trinken, Flucht und Schlafen, verknüpfen kann (Abb. 27). Diese vier Verhaltensweisen sollen durch vier motorische Einheiten repräsentiert werden. Wir wollen nun eine Annahme über die innere Verknüpfung der sechs sensorischen und der vier motorischen Einheiten und damit über den Aufbau dieses extrem simplen „Gehirns" treffen. Wir nehmen einfach an, daß jede Eingangseinheit im Prinzip mit jeder Ausgangseinheit verknüpft ist, daß aber die Stärke dieser 6×4 = 24 Verknüpfungen verschieden sein kann. Nehmen wir zur Vereinfachung der Berechnung an, daß diese Verknüpfungen nur +1 oder –1 betragen dürfen, also erregend oder hemmend sind. Nehmen wir außerdem an, daß die motorischen Ausgänge mit einer Schwelle ver-

---

* Leider fällt es uns nur leicht, in zwei- oder dreidimensionalen Räumen zu denken. Es mag deshalb sinnvoll sein, sich einen zwei- oder dreidimensionalen Raum vorzustellen. Die in der Mathematik entwickelten Methoden zum Umgang mit solchen Vektoren sind aber an keine Begrenzung der Dimension gebunden, weshalb diese Überlegungen auf beliebig große Sensorien angewandt werden können.

4. Auf daß uns nicht Hören und Sehen vergeht

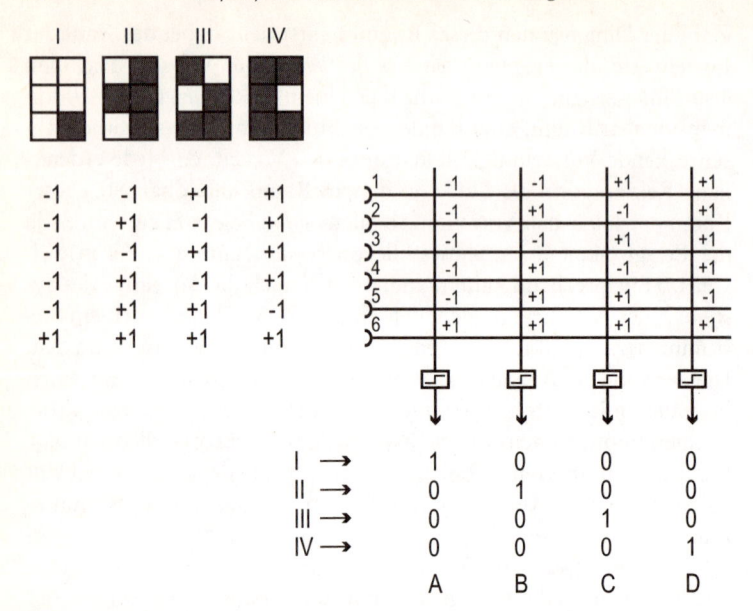

I	II	III	IV		1	-1	-1	+1	+1
-1	-1	+1	+1		2	-1	+1	-1	+1
-1	+1	-1	+1		3	-1	-1	+1	+1
-1	-1	+1	+1		4	-1	+1	-1	+1
-1	+1	-1	+1		5	-1	+1	+1	-1
-1	+1	+1	-1		6	+1	+1	+1	+1
+1	+1	+1	+1						

		A	B	C	D
I →		1	0	0	0
II →		0	1	0	0
III →		0	0	1	0
IV →		0	0	0	1

Abb. 27: Ein einfaches Netzwerk mit 6 Eingangsneuronen (links) und 4 Ausgangsneuronen. Für die letzteren ist ein Schwellenwert von 2 angenommen. Jedes der 4 verschiedenen Eingangsmuster (I – IV) löst eine andere Antwort (A – D) aus.

sehen sind, so daß Erregungsstärken kleiner als zwei nicht zu einer Aktivierung des Verhaltens, solche größer als zwei jedoch zu einer Ausführung des Verhaltens führen. In Abb. 27 sind die sechs sensorischen Eingänge links, die vier motorischen Ausgänge unten aufgetragen. Dadurch ergibt sich eine Matrix mit 4 × 6 = 24 Plätzen. Die Verknüpfungsstärken, auch *Gewichte* genannt, an den 24 möglichen Verknüpfungsstellen sind durch die Werte 1 oder –1 angegeben. Die vier betrachteten Eingangsvektoren I bis IV sind links oben in Form einer 3 × 2 Matrix (schwarz steht für Erregung 1, weiß für Erregung –1 der jeweiligen Sensorzelle) und darunter in einer linearen Anordnung neben ihrem jeweils zugehörigen Sensor dargestellt.

Dieses einfache System stellt ein sogenanntes zweischichtiges Netzwerk dar. In unserem Beispiel besteht die Eingangsschicht aus sechs, die Ausgangsschicht aus vier künstlichen Neuronen. Jedes Neuron der Eingangsschicht ist mit jedem Neuron der Ausgangsschicht verknüpft. Dieses Netzwerk wurde unabhängig voneinander von F. Rosenblatt (1958) unter dem Namen *Perzeptron* und von K. Steinbuch (1961) unter dem Namen *Lernmatrix* veröffentlicht.

Welche Eigenschaften besitzt dieses Netzwerk? Gibt man nun das Eingangsmuster Nr. I in das System und berechnet die entsprechenden Ausgänge, indem man bei jeder Ausgangseinheit alle Eingangswerte, multipliziert mit dem jeweiligen Gewicht, summiert, so erhält man zunächst als Erregungswerte 6, 0, 0 und -2. Nach Berücksichtigung der Schwellen ergibt dies als Antwort (1, 0, 0, 0). Es wird also, wenn Muster I eingegeben wird, nur das Verhalten A aktiviert.[*] Sie können leicht nachrechnen, daß entsprechend Eingangsmuster II den Ausgangsvektor (0, 1, 0, 0), also Verhalten B, Eingangsmuster III den Ausgangsvektor (0, 0, 1, 0), also Verhalten C, und Eingangsmuster IV den Ausgangsvektor (0, 0, 0, 1) ergibt, der dem Verhalten D entspricht. Trotz gewisser Überlappungen in den Eingangsmustern findet man also eine klare Trennung der Ausgangsmuster.

Doch ist das nicht alles! Stellen Sie sich vor, Sie zerstören einen Teil des Systems, indem Sie z. B. das Kabel des Sensors Nr. 6 durchtrennen. Wie reagiert unser System jetzt? Die vier Ausgangsvektoren sind immer noch (1, 0, 0, 0), (0, 1, 0, 0), (0, 0, 1, 0) und (0, 0, 0, 1). Im Verhalten des Systems merkt man also nichts davon, daß doch immerhin etwa 17 % der Kabel der Eingangsschicht zerstört wurden. Sie werden ein ähnliches Experiment bei Ihrem Fernseher vermutlich nicht probieren wollen. Das System ist also tolerant gegenüber inneren Fehlern. Doch auch gegenüber äußeren Fehlern reagiert es großzügig. Wenn Sie z. B. das erste Eingangsmuster etwas verfälschen, indem der Sensor Nr. 6 statt mit Dunkel mit Licht gereizt wird, so erhalten Sie dennoch die richtige Antwort.

Wir sehen also, daß selbst derartige höchst simple Systeme schon die Eigenschaft haben können, erstens auf verschiedene Reize aus der Umwelt mit verschiedenen Verhaltensweisen zu antworten und zweitens auf innere und äußere Fehler tolerant zu reagieren. Die letztere Eigenschaft kann man auch als *Fähigkeit zur Generalisierung* bezeichnen, da das System nicht pingelig auf jede Einzelheit achtet, sondern auch auf abweichende Reizmuster noch richtig und in gleicher

---

[*] Diese Berechnung entspricht mathematisch gesprochen der Bestimmung der Korrelation zwischen dem Eingangsvektor und dem Vektor, der durch die Gewichte gebildet wird. Je ähnlicher diese beiden Vektoren sind, desto größer ist ihre Korrelation.

Weise reagiert, solange sich die Abweichungen in einem gewissen Rahmen halten. Ein klassischer Computer besitzt diese Fähigkeit in der Regel nicht und nimmt, wie wir nur allzuoft leidvoll erfahren, den kleinsten Fehler sofort übel und stürzt ab.

Der besseren Anschaulichkeit halber haben wir das Prinzip am Beispiel der Unterscheidung optischer Muster illustriert. Natürlich ist dies aber kein spezifisches Problem nur des optischen Sinnes. Vielmehr stellt sich das Überlappungsproblem auch innerhalb der anderen Sinnesqualitäten und gilt, auf der nächst höheren Ebene, auch für komplexe Reize, die sich aus verschiedenen Reizqualitäten zusammensetzen (Sie denken vielleicht gerade an einen dunkelroten Wein mit leichtem Himbeergeschmack und Vanillegeruch).

Formenerkennen

Das eben beschriebene Beispiel des *Perzeptron* genannten Systems ist wegen der geringen Zahl der verwendeten neuronalen Einheiten (6 Sensoren, 4 Ausgänge zur Klassifikation) zwar leicht nachvollziehbar, es ist aber, abgesehen von den grundsätzlichen Eigenschaften der Fehlertoleranz, nicht unmittelbar zu erkennen, ob mit solchen neuronalen Systemen auch komplexere Aufgaben der Mustererkennung gelöst werden können. Die Erkennung eines visuellen Musters bietet eine Reihe verschiedener Herausforderungen, die von künstlichen Systemen bis heute nur zum Teil beherrscht werden. Ein schon oben erwähntes Problem ist das der Unterscheidung zwischen Figur und Hintergrund. Dies wird in dem folgenden Beispiel umgangen, indem die zu erkennenden Objekte vor einem weitgehend einheitlichen und deshalb leicht zu unterscheidenden Hintergrund gezeigt werden. Es bleiben aber genügend Probleme übrig. Wir können ein Objekt, z. B. einen Hammer, sofort als solchen erkennen, und zwar unabhängig davon, ob er, in gewissen Grenzen, groß oder klein, nah oder fern erscheint, auch weitgehend unabhängig davon, von welcher Seite wir ihn sehen. Wir können Objekte auch weitgehend unabhängig von den Beleuchtungsverhältnissen erkennen, was zunächst selbstverständlich erscheint. Untersuchungen an künstlichen Systemen zur Objekterkennung haben jedoch gezeigt, daß die von der Beleuchtung abhängigen Parameter, wie Variation der Farbe, in der Praxis große Schwierigkeiten bereiten können. Noch größere Probleme ergeben sich, wenn sich die Richtung der Beleuchtung und damit der Schattenwurf ändert oder stark variierende Lichtreflexe entstehen. Die Tatsache, daß uns die daraus herrührenden, gravierenden Bildunterschiede kaum auffallen, unterstreicht, wie wirkungsvoll unser visuelles System solche für unsere Wahrnehmung unerwünschten Änderungen kompensiert.

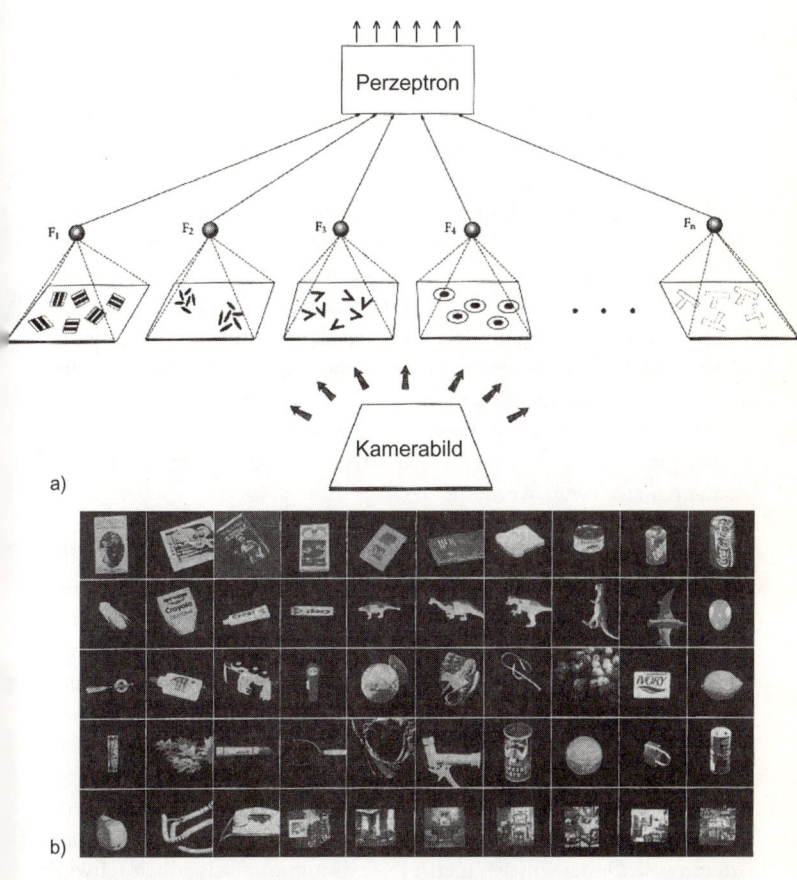

Abb. 28: (a) Schematische Darstellung des SEEMORE-Systems, bei dem insgesamt 102 parallele Filter ($F_1 - F_n$) Eingänge für das angeschlossene Perzeptron liefern, das seinerseits 100 Ausgänge besitzt, die gesehenen Muster also in 100 Klassen einteilen kann. (b) Einige der zahlreichen Objekte, mit denen SEEMORE trainiert wurde.

Das im folgenden beschriebene Netzwerk, das von seinem Schöpfer Bartlett Mel „SEEMORE" genannt wurde, besteht im Prinzip aus einem Perzeptron, dessen Eingabemerkmale von einer Anzahl vorgeschalteter „Merkmalsfilter" gewonnen werden (Abb. 28 a). Diese Merkmalsfilter sind Einheiten, die auf lokale Mustereigenschaften spezialisiert sind und die immer dann ein Ausgabesignal liefern, wenn sie das Vorkommen „ihres" Spezialmusters im Bild orten. Beispiele der in SEEMORE verwendeten Merkmale sind Helligkeitsflecken unterschiedlicher Größe, Helligkeitssektoren unterschiedlicher Richtung und Öffnungsweite, verschiedene kurze Liniensegmente sowie Farbtöne. Die Auswahl dieser Merkmale lehnt sich grob an die Eigenschaften vieler Neuronen in visuellen Gehirnarealen an. Dort trifft man auf Zellen, die ebenfalls auf bestimmte visuelle Merkmale, wie Farben, Helligkeitskanten oder Lichtflecken, selektiv antworten. Viele Neuronen, vor allem solche in „höheren" visuellen Arealen, reagieren dabei nur schwach auf den Ort, an dem „ihr" Muster im Gesichtsfeld vorkommt. Diese Eigenschaft ist ebenfalls in Mels Merkmalsfiltern nachgebildet: Sie wird dadurch erzeugt, daß jeder Merkmalsfilter das gesamte Bildfeld nach „seinem" Merkmal absucht (diese Suche braucht in Wirklichkeit nicht sequentiell organisiert zu sein; genausogut kann eine „Filterbank" aus hinreichend vielen, gleichzeitig verschiedene Bildregionen betrachtenden Unterelementen eingesetzt werden).

Mels System verwendet insgesamt 102 unterschiedliche Merkmalsfilter. Jeder davon gibt an, wie „intensiv" sein Merkmal im Bild anzutreffen ist. Das angeschlossene Perzeptron verfügt über 100 Ausgänge, kann also ebenso viele Objekttypen unterscheiden. Im Verlauf des Trainings werden dem System 100 verschiedene Objekte (darunter Haushaltsobjekte, wie Dosen und Eimer, Obst, Spielzeug, aber auch verformbare Objekte, wie Textilien oder Laub) angeboten (Abb. 28 b). Jedes Objekt wird dabei aus ein bis drei Dutzend verschiedenen Sichtrichtungen gezeigt.* In einem nachfolgenden Test werden dem System dann von jedem trainierten Objekt sechs neue Ansichten vorgelegt, aus denen es jeweils das gezeigte Objekt identifizieren soll. Dabei wurden mehrere Tests mit unterschiedlich schwierigen Bedingungen (intakte Bilder, teilweise verstümmelte Bilder,

---

* Auf die näheren technischen Einzelheiten des Lernprozesses kann hier nicht eingegangen werden. Der interessierte Leser kann hierzu in B. Mel (1997), S. 777 ff. nachschlagen.

künstlich überlagertes Rauschen) durchgeführt. Bei der Darbietung intakter Bilder konnte das System 96,7 Prozent aller Objekte korrekt klassifizieren. Wenn das System nur seine 23 auf Farbe spezialisierten Merkmalsfilter benutzen durfte, sank die Erkennungsrate auf 87 %. Wurden demgegenüber ausschließlich die anderen 79 auf Form spezialisierten Merkmalsfilter benutzt, so sank die Erkennungsrate auf knapp 80 %. Nahezu dieselbe Erkennungsrate wurde auch erreicht, wenn wieder alle Merkmalsfilter zugelassen wurden, dafür aber jeweils die Hälfte eines Bildes verdeckt wurde. Darüber hinaus betreffen die von dem System gemachten Verwechslungen häufig Objektpaare, die auch einem menschlichen Betrachter besonders ähnlich vorkommen. Angesichts des einfachen, „flachen Aufbaus" des Systems ist dies eine sehr respektable Erkennungsleistung. Da die von dem System benutzten Ressourcen gegenüber denjenigen des visuellen Systems im Gehirn noch immer winzig sind, kann man spekulieren, daß sich das System der Leistung des menschlichen Sehsystems noch wesentlich annähern lassen müßte. Allerdings fehlen dem System auch einige wichtige Eigenschaften, die für das menschliche Sehsystem eine wichtige Rolle spielen. So besitzt es keinerlei Rückkopplung von höheren zu tieferen Verarbeitungsschichten. Daher besitzt es keine Mechanismen zur Fokussierung von visueller Aufmerksamkeit, und es kann, anders als unser visuelles System beim Beispiel des „versteckten Gesichts" (Abb. 23), Gesehenes nicht zu einer anderen als der gerade vorherrschenden Struktur assoziativ neu verbinden. Dazu bedarf es rekurrenter Verbindungen, ein Thema, das wir in Kap. 8 aufgreifen werden.

An verschiedenen Beispielen im Bereich des Hörens und Sehens haben wir gelernt, daß man auch mit höchst einfachen Schaltungen bereits erstaunliche Leistungen vollbringen kann, von der Detektion außerordentlich geringer Zeitdifferenzen für das Richtungshören über das Problem der Unterscheidung zwischen Figur und Hintergrund bis hin zum Erkennen von Objekten aus ganz unterschiedlichen Ansichten. Bereits hier zeigt sich, daß für komplexe Verhaltensleistungen einschließlich Fehlertoleranz und der Fähigkeit zur Generalisierung nicht unbedingt auch komplexe Nervensysteme notwendig sind.

5. Immer gut orientiert

Fragen der Mustererkennung sind zwar sowohl in vielen Anwendungen als auch in bezug auf das Verständnis der Funktionsweise unseres Gehirns von großer Bedeutung, sie haben jedoch, wie in dem eben beschriebenen Beispiel, zunächst wenig mit der eigentlichen Verhaltenssteuerung zu tun. Da wesentliche Aspekte von Intelligenz jedoch dadurch bedingt zu sein scheinen, daß sich das System in einer realen Welt bewegen muß, wollen wir nun wieder zu Systemen zurückkehren, die, auch wenn sie sehr einfach konstruiert sind, doch tatsächliches Verhalten zeigen.

V. Braitenberg hat eine Sammlung einfacher, zum Verhalten fähiger Systeme zusammengetragen, die er Vehikel nannte, da sie sich auf Rädern fortbewegen können. Die wichtigsten Typen besitzen zwei Hinterräder, von denen jedes über einen eigenen Motor aktiv betrieben werden kann. Außerdem besitzen die Vehikel an der Vorderseite zwei Sensoren, die die Intensität eines Reizsignales, sei dies ein Lichtsignal, ein Ton oder auch ein Duftstoff, registrieren können. Diese Sensoren sind bei den verschiedenen Vehikeltypen in unterschiedlicher Weise mit den Motoren verbunden. Es ist nun interessant, das Verhalten verschiedener Typen zu beobachten, wenn sie in eine Umwelt gesetzt werden, in der sich eine entsprechende Reizquelle für „ihre" Sensoren befindet, also z. B. in einen Raum, der eine Lichtquelle enthält.

Nehmen wir an, um mit einem ganz einfachen Vehikeltyp zu beginnen, daß das Signal des linken Sensors den linken Motor, das des rechten Sensors den rechten Motor aktiviert (+-Zeichen in Typ 1, Abb. 29). Je stärker der Sensor gereizt ist, desto stärker wird also der entsprechende Motor aktiviert. Wie wird sich ein derartig gebautes Vehikel verhalten?

Man kann sich dieser Frage auf zwei verschiedene Weise nähern. Man kann zum einen, so wie wir das jetzt begonnen haben, synthetisch vorgehen, indem man das System aus den Einzelteilen konstruiert und, zunächst durch Überlegen, versucht, sein Verhalten vorherzusagen. Dies kann dann anschließend im Experiment verifiziert werden. Wenn das System nicht zu kompliziert gebaut ist, was für alle

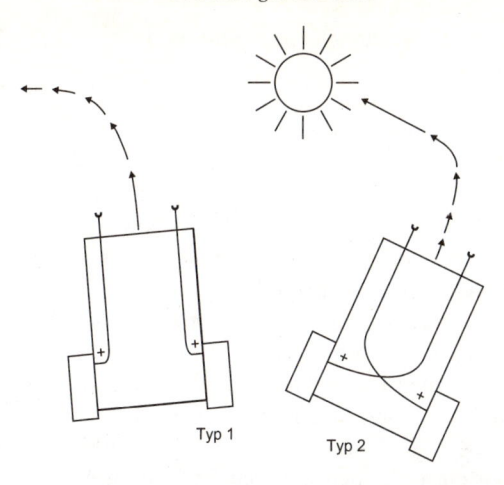

Abb. 29: Braitenberg-Vehikel Typ 1 und Typ 2.

der hier besprochenen Vehikeltypen gilt, gelingt eine solche Vorhersage relativ gut, da sich das sich ergebende Verhalten in der Regel eindeutig bestimmen läßt. Dies entspricht dem Vorgehen des Ingenieurs.

Der Biologe muß einen anderen Weg beschreiten. Er befindet sich in der Situation, das fertige Vehikel vorgesetzt zu bekommen. Er weiß nichts über den inneren Aufbau und muß nun das beobachtete Verhalten interpretieren. Dieser analytische Weg ist viel schwieriger, da die Zahl der möglichen, mit dem beobachteten Verhalten kompatiblen Lösungen sehr groß sein kann. Dieser Weg birgt deshalb die Gefahr von Überinterpretationen. Auch wenn man sich als Beobachter dessen bewußt ist, kann man sich der Neigung zu psychologischen oder animistischen Interpretationen kaum entziehen. Man kann nur schwer vermeiden, diesen Vehikeln Wünsche und Intentionen zuzuschreiben. Da der Vergleich beider Betrachtungsweisen interessant ist, wollen wir im folgenden beide parallel verwenden und dabei Überinterpretationen bewußt in Kauf nehmen.

Haben Sie sich inzwischen schon überlegt, wie sich Vehikel 1 verhalten wird? Ist die Reizquelle abgeschaltet, so bewegt sich das Vehikel nicht. Wird sie eingeschaltet und befindet sie sich auf der rechten Seite des Vehikels, wird der rechte Sensor stärker erregt und damit der rechte Motor stärker aktiviert, was bedeutet, daß sich das Vehikel nach links, also von der Reizquelle weg bewegt. Es kommt zur

Ruhe, wenn sich die Reizquelle genau hinter ihm und in großer Entfernung befindet.

Betrachten wir einen anderen, ähnlich einfachen Typ, der sich von Typ 1 lediglich dadurch unterscheidet, daß nun der linke Sensor mit dem rechten Motor und der rechte Sensor mit dem linken Motor verknüpft ist (Typ 2). Wie verhält sich dieses Vehikel? Es wird sich im Gegensatz zu Typ 1 genau zur Reizquelle hin bewegen und das um so schneller, je näher es der Quelle kommt. Handelt es sich dabei um eine Glühbirne, so wird das Vehikel diese durch den Aufprall vielleicht zerstören. Ein Betrachter, der den inneren Aufbau der Vehikel nicht kennt, würde geneigt sein zu sagen, daß offenbar beide Typen eine Abneigung gegen die Reizquelle haben, wobei Typ 1 sich eher fürchtet, während Typ 2 seine Abneigung in Form von aggressivem Verhalten ausdrückt.

Schauen wir uns nun einen weiteren Typ (Typ 3, Abb. 30) an. Hier sind die Motoren normalerweise immer eingeschaltet, aber das vom Sensor kommende Signal verlangsamt den Motor um so mehr, je stärker der Sensor erregt ist. Wie bei Typ 1 sei der linke Sensor mit dem linken, der rechte mit dem rechten Motor verbunden. In der Abbildung ist dieser hemmende Einfluß durch ein negatives Vorzeichen angedeutet. Wie verhält sich dieses System? Versuchen Sie, bevor Sie weiterlesen, erst selbst eine Antwort auf die Frage zu finden.

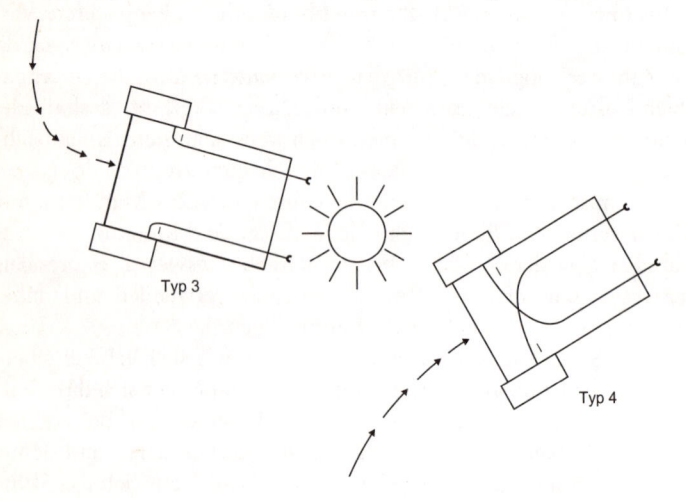

Abb. 30: Braitenberg-Vehikel Typ 3 und Typ 4.

Ohne Reizquelle bzw. in großer Entfernung von der Reizquelle fährt das System mit großer Geschwindigkeit im Prinzip geradeaus. Allerdings nur im Prinzip, denn in einem realen System wird es stets leichte Asymmetrien in der Mechanik und der Elektronik geben, so daß das Vehikel auf einer mehr oder weniger gekrümmten Bahn fährt, die durch Ungleichheiten des Untergrundes noch weiter gestört werden kann. Man kann diesen Effekt, falls gewünscht, verstärken, indem in beide Leitungen zusätzlich ein Rauschgenerator eingebaut wird. Gerät das Vehikel auf diese Weise zufällig in die Nähe der Reizquelle, so fährt es, ähnlich wie Typ 2, auf die Reizquelle zu. Je näher es allerdings zur Lampe kommt, desto langsamer wird es, und bleibt schließlich, je nach der Justierung der Verbindungen, irgendwo vor der Lampe stehen.

Betrachten wir schließlich den vierten Typ, bei dem die hemmenden Verbindungen, wie die erregenden bei Typ 2, über Kreuz geschaltet sind, so daß die Erregung des linken Sensors den rechten Motor hemmt und umgekehrt. Was passiert nun? In großer Entfernung von der Reizquelle wird auch dieses Vehikel mit hoher Geschwindigkeit herumfahren, wegen der in der realen Welt stets auftretenden Störungen in eher unregelmäßiger Weise. Je näher es dabei der Reizquelle kommt, desto langsamer wird es sich bewegen. Es wird schließlich in der Nähe der Reizquelle zur Ruhe kommen. Wie stellt es sich dabei zur Reizquelle? Während Typ 3, wie wir gesehen haben, mit „Blick" auf die Reizquelle stehenbleibt, wird unser Vehikel 4, wenn es zur Ruhe gekommen ist, genau in entgegengesetzter Richtung blicken. Eine animistische Interpretation könnte zu der Einsicht kommen, daß beide Typen an der Reizquelle „interessiert" sind. Typ 3 wird aber in „anbetender Verehrung" auf die Glühlampe blicken, während sich Typ 4 in andere Richtungen orientiert, möglicherweise, um auch andere interessante Objekte zu entdecken.

Bei einer Erweiterung der Verschaltung wird es schon schwieriger, sich auf synthetischem Weg das Verhalten des Vehikels vorzustellen. So ist es schlecht möglich, sich Vorstellungen über die Eigenschaften der in Abb. 31 dargestellten Systeme zu bilden. Machen wir die Sachen nicht ganz so kompliziert und nehmen, um die Erweiterung in Grenzen zu halten, an, daß in Abb. 31a die Verbindungen zwischen Sensor und Motor so geschaltet sind wie bei Typ 1, bei schwacher Erregung des Sensors ein entsprechend schwacher, aber positiver Einfluß auf den Motor vorliegt, während sich oberhalb einer Schwelle

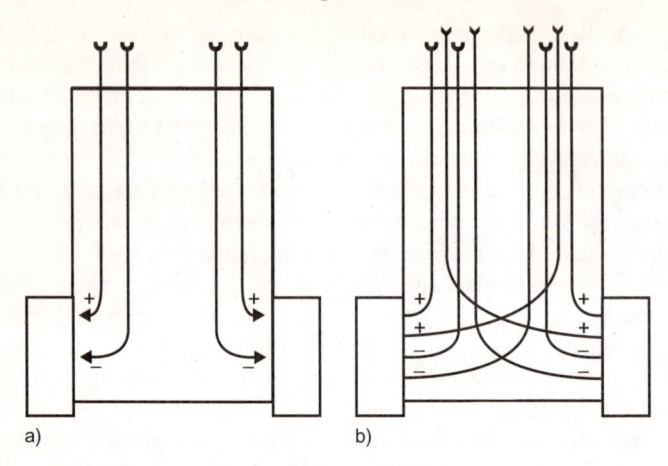

Abb. 31: Braitenberg-Vehikel, zwei einfache Erweiterungen.

die zunehmende Sensorerregung hemmend auf den Motor auswirkt. In der Nähe der Reizquelle verhält sich dieses System wie Typ 1, bei größerer Entfernung dagegen wie Typ 3. Tatsächlich wird es sich auf einem etwa kreisförmigen Korridor um die Reizquelle bewegen. Sind zwei Lampen aufgestellt, so könnte es auch eine 8-förmige Bahn fahren. Sehr schwierig wird es, sich das resultierende Verhalten vorzustellen, wenn zusätzlich noch gekreuzte Verbindungen mit anderen Arten von nichtlinearen Zusammenhängen eingebaut werden würden. Schon diese einfachen Beispiele zeigen jedoch, daß, sobald die Motorik dazukommt, erstaunlich komplexe Verhaltensweisen erzeugt werden, und dies, obwohl diese Schaltungen so einfach sind, daß man nicht einmal entfernt von einem auch nur einfachen Gehirn sprechen kann.

Zwei Versionen, nämlich Typ 1 und 2, kamen in früher besprochenen Beispielen bereits vor. Bei dem Haufensammler in Kap. 2 und bei den Animaten von B. Webb hatten wir am Rande erwähnt, daß sie Hindernisse vermeiden können. Die zugrundeliegenden Schaltungen entsprechen dem Typ 1. Gelegentlich werden auch taktile Sensoren verwendet, die als „Stoßstangen" oder als eine Art Fühler ausgebildet sind und auf diese Weise das Vorhandensein von Objekten in geringer Entfernung registrieren und entsprechend darauf reagieren können. Die künstlichen Grillen zeigten aber noch eine zweite, in diesem Falle eigentlich interessante Verhaltensweise. Sie fuhren auf eine Schallquelle zu. Dies entspricht der Schaltung des Typs 2. Auch die bei der Fliege beschriebene Kursstabilisierung und Objektfixierung beruht auf diesem Prinzip.

Anders als bei dem weiter vorne beschriebenen Bewegungssehsystem der Fliege kann man die Verschaltung aber auch nach Art des Typs 1 wählen. N. Franceschini konstruierte auf diese Weise ein Vehikel, das seine Augen dazu benutzt, Hindernisse zu vermeiden. Der Vorteil gegenüber den sonst verwandten Ultraschall- oder Infrarotsensoren besteht darin, daß diese Bewegungsdetektoren,* im Unterschied zu den Mechanosensoren, ebenfalls auf größere Distanzen reagieren können, jedoch dabei passive Elemente sind, also nicht die Reflexion eines selbst ausgesandten Signales messen. Dadurch entfällt auch die Abhängigkeit von Echoeffekten und anderen möglicherweise störenden Einflüssen. Franceschini hat für seinen Roboter ein optisches System konstruiert, das einem horizontalen Querschnitt durch das Facettenauge der Fliege entspricht (Abb. 32, siehe auch Abb. 24 a). Wie bei der Fliege wird der Winkel zwischen zwei benachbarten Facetten nach vorne und nach hinten gesetzmäßig kleiner. Dies hat den Effekt, daß eine Bewegung mit einer bestimmten Geschwindigkeit (in der Abb. 32 durch Pfeile derselben Länge dargestellt) die in verschiedene Raumrichtungen blickenden Bewegungsdetektoren jeweils gleichstark erregt. Befindet sich z. B. links vom Roboter ein Objekt, so werden, sobald sich der Roboter (oder das Objekt) bewegt, Bewegungsdetektoren der linken Seite erregt. Wie bei dem weiter vorne beschriebenen Großfeldneuron werden die Signale aller, mit analogen Schaltungen realisierten, Bewegungsdetektoren zusammengefaßt, das resultierende Summensignal nun aber wie bei Typ 1 auf die Motorik verschaltet. Daraufhin dreht sich der Roboter nach rechts, also vom Objekt weg. Steht der Roboter still und bewegt sich auch das Objekt nicht, so ist das System „blind".

Die Bewegungsgeschwindigkeit des Roboters (Pfeil R) und die Entfernung der gedachten Objekte sind in Abb. 32 genau so gewählt, daß jeweils gerade zwei Facetten betroffen sind. Befindet sich ein Objekt in wesentlich größerer Entfernung, so daß der Pfeil nur auf einer Facette abgebildet wird, so wird bei dieser Geschwindigkeit kein Be-

---

* Auf den Bau der Bewegungsdetektoren selbst soll hier nicht eingegangen werden, siehe z. B. Franceschini et al. (1992), Cruse (1996).

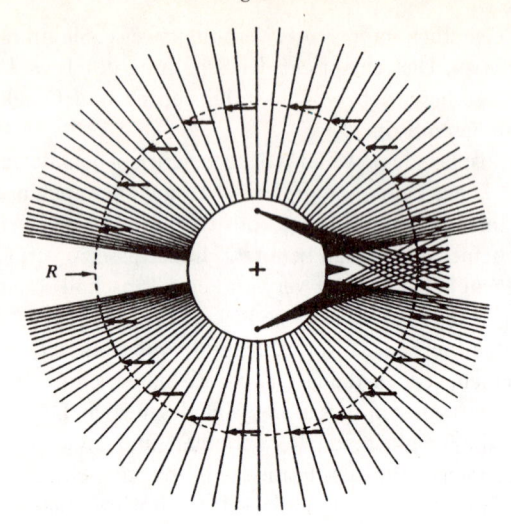

Abb. 32: Die Lage der optischen Achsen der Bewegungsdetektoren in Franceschinis Roboter. Der Pfeil R gibt die Bewegung des Roboters an, die nach links gerichteten Pfeile die Relativbewegungen von sich an dieser Stelle befindenden Objekten.

wegungssignal ausgelöst. Das System reagiert also mit einer Vermeidungsreaktion nur auf Objekte unterhalb einer gewissen Entfernung vom Roboter. Je näher aber das Objekt, desto größer ist das Bewegungssignal, und desto stärker ist also auch die Reaktion. Das System reagiert, sinnvollerweise, nur dann auf weiter entfernte Objekte, wenn sich diese entsprechend schneller bewegen. Mit diesem System ausgestattet, kann sich der Roboter in einem „Wald" von Hindernissen bewegen, ohne anzustoßen (Abb. 33 a). Die Hindernisse bestehen in diesem Fall aus dünnen vertikalen Stäben, deren Positionen durch Kreuze markiert sind. Die Kreise um diese Hindernisse sollen lediglich den Radius des Roboters illustrieren. Sein Zentrum, dessen Pfad durch mit Linien verbundene Punkte angedeutet ist, muß also außerhalb dieser Kreise bleiben, wenn der Roboter den Kontakt mit den Hindernissen vermeiden soll.

Stattet man den Roboter mit einem zusätzlichen, unabhängigen Sehsystem aus, das die Lage eines Zielpunktes erkennt und gemäß Schaltung Typ 2 (Abb. 29) versucht, sich dem Ziel zu nähern, so beobachtet man das in Abb. 33 b gezeigte Verhalten. Das Ziel ist durch

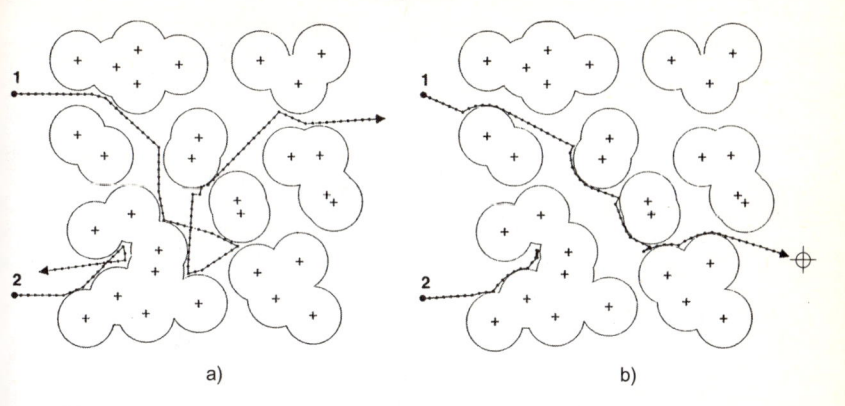

Abb. 33: (a) Zwei Fahrspuren, die zeigen, wie sich der Roboter ziellos durch einen Wald von Hindernissen (Kreuze) bewegt, ohne an diese anzustoßen. (b) Ist der Roboter zusätzlich mit einem System ausgestattet, das die Richtung eines Zieles (Kreuz) erkennen kann, so kann der Roboter das Ziel in den meisten Fällen finden (Spur 1). Gelegentlich (Spur 2) bleibt er aber auch in einer Sackgasse hängen.

ein Kreuz markiert. Durch die einfache additive Überlagerung beider Signale wird der Roboter vom Ziel „angezogen" und von den Hindernissen „abgestoßen". Das kann, wie im Fall 2 der Abb. 33 b, auch in Sackgassen führen. In diesem Falle wäre eine weitere, übergeordnete Schaltung nötig, die erkennt, daß eine Sackgasse vorliegt und dann das Zielverhalten für einige Zeit ausschaltet. Ähnlich den Haufensammlern in Kap. 2, die ihre Tätigkeit erfolgreich durchführen konnten, ohne so etwas wie ein „Konzept" von einem Haufen zu besitzen, kann also dieses System auf sehr einfache Weise mit optischen Sensoren Hindernisse vermeiden, ohne zu „wissen", was ein Hindernis ist.

Navigation

Die oben geschilderten Braitenberg-Vehikel zeigen sehr eindrucksvoll, daß schon bei einfachstem Aufbau des Systems bereits recht komplexes Verhalten erzeugt werden kann, und zwar dann, wenn dem System die Möglichkeit gegeben wird, sich in einer realen (oder simulierten) Welt zu bewegen. Auf diese Weise kann typisches Orientierungsverhalten, wie verschiedene Formen von Phototaxis – also

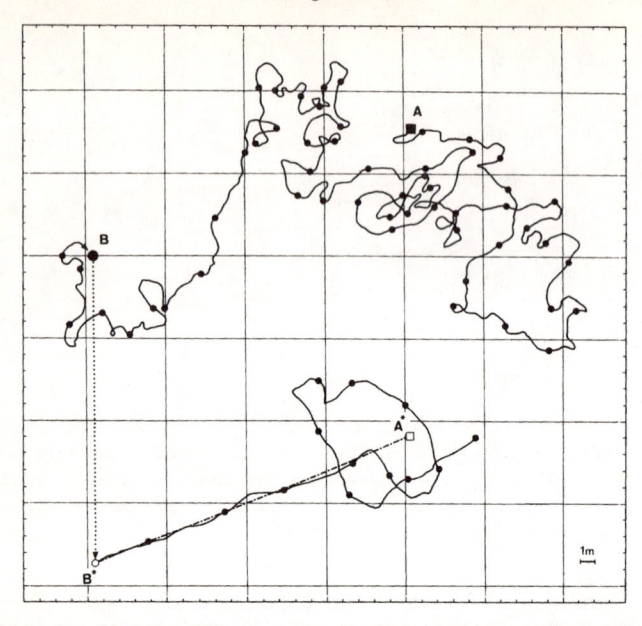

Abb. 34: Der Pfad einer Wüstenameise, die ihren Nesteingang (A) verläßt, um Nahrung zu suchen. Sobald sie eine Beute (B) gefunden hat, läuft sie auf geradem Wege zurück zum Nest. Diesen Pfad schlägt sie auch ein, wenn man sie direkt nach dem Aufnehmen der Beute um, wie hier etwa, 20 m versetzt. Sobald sie die richtige Entfernung zurückgelegt hat, versucht sie, in einem speziellen Suchlauf den Nesteingang zu finden. Die Punkte markieren einen Zeitabstand von 10 Sekunden.

die Orientierung auf eine Lichtquelle hin oder von ihr weg –, wie auch Hindernisvermeidung oder Objektverfolgen zustande kommen. Eine Kombination der beschriebenen Mechanismen ermöglicht es auch, einen bestimmten Abstand zu einer Lichtquelle oder einem Hindernis einzuhalten. Diese Fähigkeiten reichen aber nicht aus, wenn sich ein Tier in unbekanntem Gelände in dem Sinne „orientieren" will, daß es nach einer längeren Exkursion den Weg zurück zu seinem Nest findet. Dies setzt eine höhere Fähigkeit, die Fähigkeit zur sogenannten Navigation voraus.

Ein geradezu klassisches Beispiel hierfür stellen die schon mehrfach erwähnten Wüstenameisen dar (Abb. 34). Hat eine solche Ameise nach einem längeren Suchlauf ein Stück Nahrung gefunden, so nimmt sie auf dem direkten und kürzesten Weg Kurs in Richtung auf ihr Nest.

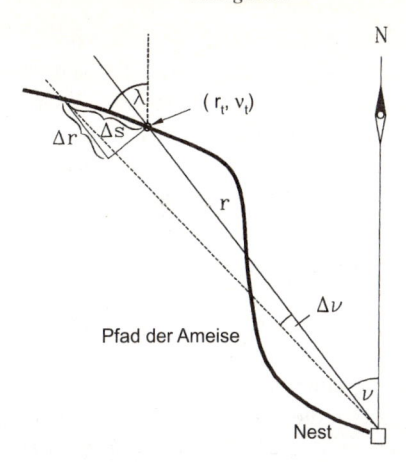

Abb. 35: Wie könnte die Ameise ihren Standort berechnen, wenn sie sich vom Ort (r_t, v_t) um den Weg Δs und den Winkel λ fortbewegt hat? Die Koordinaten des neuen Standortes erhält man durch Aufsummieren: $r_{t+1} = r_t + \Delta s \cos(\lambda - v)$ und $v_{t+1} = v_t + \Delta s \sin(\lambda - v)/r$.

Um das Nest finden zu können, muß sie sich außer der Richtung auch die Entfernung gemerkt haben. Nun gibt es zwar die Hypothese, daß die Ameise dies deshalb kann, weil sie eine Karte ihrer Umgebung im Kopf hat. Eine derartige „kognitive Karte" könnte ihr in der Tat den Heimweg liefern. Doch konnte in vielen Experimenten und in Simulationen gezeigt werden, daß es auch viel einfacher geht. Diese Untersuchungen lassen erkennen, daß die Ameise während des Suchlaufes sowohl den jeweils gelaufenen Winkel als auch die Entfernung registriert und diese Werte aufsummiert. Formal entspricht dies einer Integration. Sobald die Ameise eine Beute gefunden hat, kann sie diese beiden Größen verwenden, um den Heimweg zu finden.

Wie würde der Mathematiker das Problem lösen? Keine Sorge, mathematisch wird es hier nur ganz kurz (Abb. 35). Nehmen wir an, die Ameise weiß, daß sie sich in einem bestimmten Moment, vom Nest aus gemessen, in der Entfernung r und dem Richtungswinkel v befindet. Der Richtungswinkel kann zu einer willkürlichen Bezugsrichtung gemessen werden. In der Abb. 35 ist das Norden.* Wie könnte die

---

* Nach dem weiter vorne Gesagten wird die Ameise jedoch vermutlich eher die Richtung zur Sonne als Nullrichtung bevorzugen.

Ameise ihre neuen Koordinaten berechnen, wenn sie sich um den Weg Δs und in der Laufrichtung λ bewegt hat? Die Änderung ihrer Entfernung beträgt $\Delta r = \Delta s \cos(\lambda - v)$, die Änderung des Winkels beträgt $\Delta v = \Delta s \sin(\lambda - v)/r$. Durch Aufsummieren, also Integrieren über diese Produkte von Beginn des Ausflugs aus dem Nest an, könnte das Tier also in jedem Augenblick Entfernung und Richtung des Nestes erhalten.

Wie könnte die Berechnung dieser Produkte und die Integration vom Nervensystem durchgeführt werden? Zwar gibt es sehr wohl Vorstellungen, die auf einfachen mathematischen Formalismen beruhen, darüber, wie die Erregung zweier Nervenzellen miteinander multipliziert die Erregung einer dritten Nervenzelle ergeben könnte.* Damit kann jedoch kaum die sehr hohe Genauigkeit erreicht werden, mit der die Ameisen diese „Berechnung" durchführen können. So wird die Entfernung mit einer Genauigkeit von 1 % und die Richtung mit einer Genauigkeit von 0,5°, also etwa 0,2 % bestimmt. Wie ist dies möglich?

Für eine Erklärung wollen wir zunächst eine von G. Hartmann und R. Wehner vorgeschlagene Schaltung betrachten, mit der die Entfernung registriert werden kann. Das Prinzip kann dann auch auf den Parameter Richtung übertragen werden. Nehmen wir an, daß die Laufgeschwindigkeit in Form der Änderung des Weges Δs über der Zeit, registriert über die Beinbewegungen oder über den optischen Fluß, je nach ihrem Vorzeichen, also Vorwärtslauf oder Rückwärtslauf, über getrennte Kanäle gemessen wird. Vorwärtslauf werde durch den Sensor Δs^+, Rückwärtslauf durch den Sensor Δs^- gemessen.** Die Integration über die Summe beider Signale würde die Position bzw. die gelaufene Entfernung ergeben. Abb. 36 zeigt eine neuronale Schaltung, mit deren Hilfe diese Integration durchgeführt werden kann. Der „Integrator" wird durch eine linear angeordnete Kette von Neuronen gebildet, die von dem Sensor Δs^+ und dem Sensor Δs^- jeweils erregende Eingänge erhalten. Jedes Neuron dieser Kette hemmt seine beiden nächsten Nachbarn und bleibt, wenn es einmal überschwellig erregt ist, maximal aktiviert. Diese Erregung kann

---

* Etwa durch Verwendung logarithmischer Kennlinien, anschließender Addition und danach der Anwendung einer inversen logarithmischen Kennlinie.

** Rückwärtslauf ist für die Praxis eigentlich nicht sehr wichtig; für die Erweiterung des Systems auf die Bestimmung der Laufrichtung sind jedoch beide Vorzeichen notwendig.

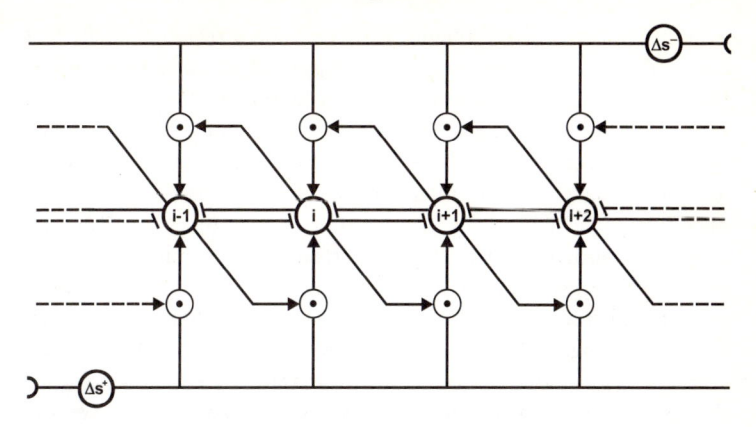

Abb. 36: Darstellung eines einfachen Netzwerkes zur Bestimmung des Integrals über die Größe Δs.

nur durch eine genügend starke Hemmung von mindestens einem Nachbarn wieder abgeschaltet werden. Außerdem kann, wie in der Abb. 36 gezeigt, der erregende Einfluß der beiden Sensoren auf jedes Neuron nur in Abhängigkeit von der Erregung des Nachbarneurons wirken. Δs⁺ kann ein Neuron nur dann erregen, wenn der linke Nachbar dieses Neurons bereits erregt ist. Dies ist in der Abbildung durch ein Multiplikationszeichen symbolisiert.

Wie funktioniert nun dieser Integrator? Nehmen wir an, daß dann, wenn die Ameise das Nest verläßt, die Erregung aller Integratorneuronen gelöscht ist und bei den ersten Schritten das erste, also in der Abb. 36 am weitesten links stehende Neuron eingeschaltet, also erregt wird. Wenn nun eine positive Geschwindigkeit gemessen wird, also Aktionspotentiale von Δs⁺ kommen, so können diese erregend auf das rechts neben dieser Zelle liegende Neuron einwirken. (Es ist dabei angenommen, daß diese Erregung die Hemmung der Nachbarzellen überwiegt.) Durch seine Erregung hemmt es den bisher erregten linken Nachbarn. Die Erregung ist also um eine Einheit nach rechts gewandert. Durch weitere Erregungen von Δs⁺ wandert auf diese Weise der Erregungspunkt immer weiter nach rechts. Auf ein Signal, das negative Geschwindigkeit registriert (Δs⁻), würde der Erregungspunkt aufgrund der entsprechenden symmetrischen Schaltungen wieder nach links wandern. Die Position der jeweils erregten

Zelle gibt also ein Maß für die zurückgelegte Strecke an, stellt also das Integral über die Geschwindigkeitssignale dar. Die Genauigkeit dieses räumlichen Integrators kann beliebig erhöht werden, indem mehr Neuronen je Entfernungseinheit zur Verfügung gestellt werden.

Man kann dieses Prinzip der Integration durch wandernde Erregungsmaxima auch sehr einfach auf die Registrierung der Richtung anwenden. Dazu muß die Neuronenkette nur zu einem Ring geschlossen werden. Die beiden Sensoren entsprechen nun der z. B. mit den Augen registrierten Drehung nach rechts (r^+) bzw. nach links (r^-). Wird der Sensor r^+ erregt, so wandert der Erregungspunkt in der einen Richtung, sagen wir im Uhrzeigersinn, um den Ring, wird der Sensor r^- erregt, so wandert das Aktivitätsmuster entsprechend gegen den Uhrzeiger. Ist zu Beginn des Auslaufes der Ameise ein Neuron, das die Nullrichtung repräsentiert, erregt, so repräsentiert zu einem späteren Zeitpunkt die jeweils erregte Position dieses Neuronenrings das Integral über alle bis dahin durchgeführten Drehungen. Damit ist gezeigt, wie in sehr einfacher Weise die Größen Laufwinkel und Laufstrecke gespeichert werden können.

Wie könnten nun aber die in der Formel genannten Größen $\sin(\lambda - \nu)$ bzw. $\cos(\lambda - \nu)$ bestimmt werden? Hartmann und Wehner schlagen hierfür eine Kombination von drei derartigen „Ringspeichern" vor, was hier nicht genauer erläutert wird. Es soll genügen zu sagen, daß hierbei ein Ring für den Winkel λ, ein zweiter für den Winkel ν und der dritte für eine Koinzidenzschaltung (C-Ring) verwendet wird, ähnlich derjenigen, die oben beim Richtungshören besprochen wurde. Auch für die Multiplikation $\Delta s \cdot f(\lambda - \nu)$ machen Hartmann und Wehner einen außerordentlich einfachen Vorschlag, der sich wie die anderen Schaltungen dadurch auszeichnet, daß die Genauigkeit durch Erhöhung der Zahl der verwandten Neurone beliebig gesteigert werden kann, da auch er auf einem ähnlichen Grundprinzip, nämlich der räumlichen Verteilung der Information beruht.

Diese Netze können nun so zusammengebaut werden, daß mit ihrer Hilfe beim Hinlauf die resultierende Entfernung und der mittlere Winkel zum Nest bestimmt werden können. Beim Rücklauf kann der C-Ring direkt zur Kontrolle der Laufrichtung verwendet werden. Die Abnahme der Zahl der erregten Neuronen bedeutet je nach Richtung eine Abweichung nach rechts oder links vom richtigen Kurs. Der Entfernungsspeicher wiederum, der während des Rücklaufes ja immer weiter geleert wird, kann zusätzlich als Signal dafür verwendet werden, daß ein neues Verhalten eingeschaltet wird. Sind nämlich nur noch die letzten Neuronen der Kette erregt, so bedeutet dies ja, daß sich das Tier in der Nähe des Nestes befindet. Die Erregung dieser Neuronen könnte das Signal dafür sein, daß ein spezifischer, aus bestimmten Spiralen bestehender Suchlauf (Abb. 34) zum Auffinden des Nesteinganges ausgelöst wird.

Dieses Modell hätte bereits seine Daseinsberechtigung, wenn es die bekannten Versuchsergebnisse auf einfache Weise und quantitativ beschreiben könnte. Noch wertvoller ist ein Modell allerdings dann, wenn es neue Resultate, insbesondere unerwartete Ergebnisse vorhersagen kann. Nun haben Wehner und Mitarbeiter in ausgiebigen Versuchen festgestellt, daß die Ameisen zwar normalerweise mit großer Genauigkeit navigieren können, daß ihnen aber unter bestimmten Bedingungen Fehler bei der Entscheidung über den einzuschlagenden Winkel unterlaufen. Im Experiment haben sie die Ameisen beim Hinlauf gezwungen, erst ein Stück s_1 geradeaus, dann ein bestimmtes Stück s_2 in einer um den Winkel α abweichenden Richtung zu laufen (Abb. 37a). Am Ende erhielten sie Nahrung. Der von den Tieren dann für den Rückweg eingeschlagene Winkel wies geringe, aber signifikante Fehler auf. Abb. 37b zeigt die in verschiedenen Versuchen gemessenen Fehlerwinkel φ. Die durchgezogenen Linien zeigen die Ergebnisse, die mit Hilfe der Simulation des hier beschriebenen Systems erhalten wurden. Die hervorragende Übereinstimmung auch mit den systematischen Abweichungen, die in den Experimenten gefunden wurden, bedeutet, daß das Modell eine gute Hypothese für die dem Navigationssystem der Ameise zugrundeliegenden Mechanismen darstellt.

Nun brauchen sich die Ameisen nicht ausschließlich auf dieses Navigationssystem zu verlassen. Vielmehr lernen sie auch, sich nach optischen Landmarken zu orientieren. Den eben erwähnten Suchlauf am Nest führen sie nur aus, wenn ihnen keine Landmarken zur Verfügung stehen. Sobald sie jedoch gelernt haben, daß der Nesteingang durch natürliche oder künstliche Objekte markiert ist, richten sie sich nach diesen Marken. Dabei suchen sie den Ort auf, dessen Horizontbild am besten mit dem des gelernten Bildes übereinstimmt. Sie verwenden, wie Kontrollversuche zeigen, hierbei die obere Hälfte der Retina. Das Bild ist dabei fest an die Retina gebunden und kann nicht vom vorderen auf den hinteren Teil des Auges oder umgekehrt übertragen werden (Abb. 38). Die Ameisen können solche gelernten Bil-

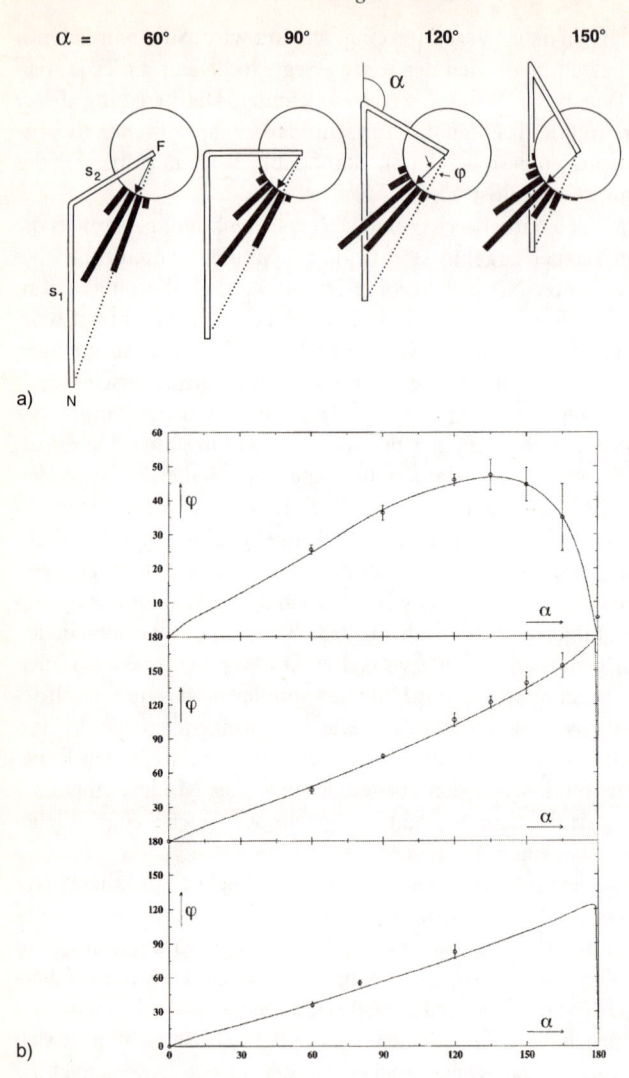

Abb. 37: (a) Die Ergebnisse für vier verschiedene Experimente mit jeweils vier verschiedenen Winkelwerten für α. Der Winkel φ gibt die Abweichung des Mittelwertes der Meßergebnisse (schwarze Säulen) vom Idealwert an. N gibt die Position des Nestes, F die der Futterstelle an. (b) Die in drei experimentellen Serien (verschiedene Längen der Wege s_1 und s_2) erhaltenen Fehlerwinkel (Punkte) und die durch die Simulation vorhergesagten Werte (durchgezogene Kurven).

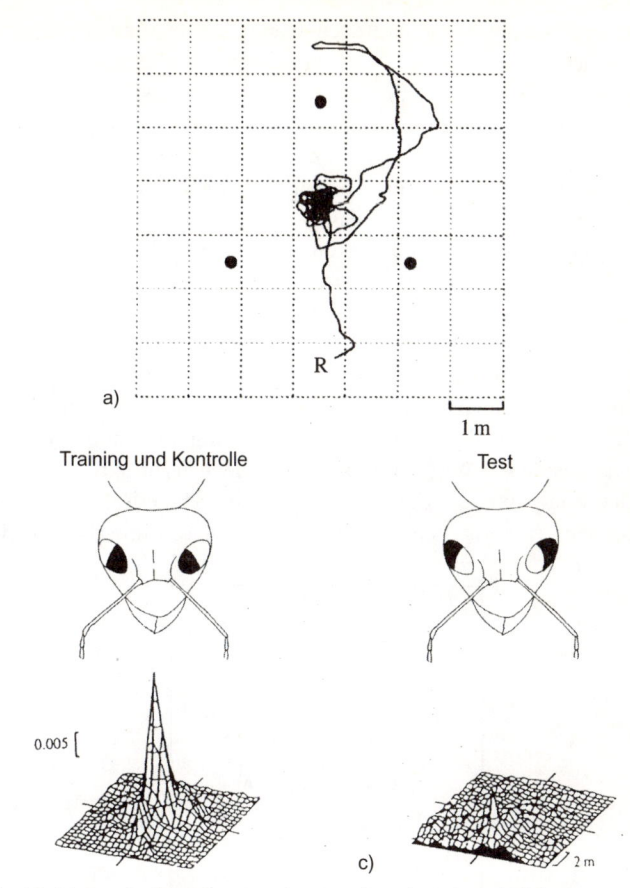

Abb. 38: (a) Das Suchmuster einer Ameise, die gelernt hat, daß der Nesteingang durch die drei in gleichem Abstand vom Eingang aufgestellten Objekte (schwarze Punkte) markiert ist. Die Aufenthaltshäufigkeit der Ameisen (b), wenn, wie beim Training (a), der hintere Teil der Augen bzw. (c), wenn beim Test der vordere Teil der Augen abgedeckt war.

der aber auch während des Rücklaufes verwenden. Setzt man eine Ameise, die am Ende des Rücklaufes kurz vor dem Nest abgefangen wurde, in größerer Entfernung, aber ihr immer noch bekannter Gegend wieder ab, so beginnt sie zunächst einen Suchlauf, da sie ja „glaubt", sich in der Nähe des Nestes zu befinden. Plötzlich schaltet die Ameise jedoch um und beginnt, sich auf dem bekannten Weg nach

Hause zu bewegen. Diese Läufe scheinen nur wenig ungenauer als die Läufe, bei denen sie ihr Navigationssystem verwenden können (Abb. 39). Man hat den Eindruck, daß die Ameise in Form eines „Aha-Erlebnisses" irgendwann den Ort wiedererkennt und von da an den gelernten Heimweg zum Nest nimmt. Welche Mechanismen diesem „Aha-Erlebnis" zugrunde liegen, ist unbekannt. Damit ist klar, daß Wüstenameisen für ihre Navigation sowohl ein Integrationssystem als auch optische Landmarken verwenden. In keinem Fall konnten jedoch bisher Hinweise dafür gefunden werden, die Existenz sogenannter kognitiver Karten annehmen zu müssen. Unter einer kognitiven Karte versteht man, daß das Tier die Information über seine Umwelt in seinem Gedächtnis ähnlich organisiert wie auf einer gezeichneten Landkarte abgespeichert hat. Wenn es eine solche kognitive Karte gäbe, sollte ein Tier eine Abkürzung auch finden können, ohne daß es diesen Weg früher schon kennengelernt hat.

Noch komplexere, an die Fähigkeiten von Säugetieren erinnernde Leistungen zeigen manche Springspinnen. Diese räuberischen Tiere

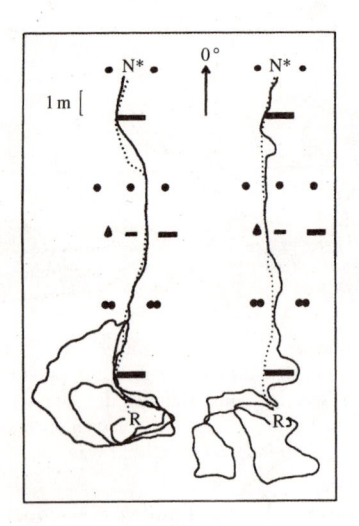

Abb. 39: Die Ameise hat gelernt, den Weg zum Nest (N) zu finden, wobei sie sich an verschiedenen Objekten (hier durch Balken, Punkte und Dreiecke symbolisiert) optisch orientiert (gepunktete Linie). Setzt man die Ameise, kurz bevor sie ihr Nest erreicht hat, an den Anfangspunkt (R) zurück, so führt sie zunächst einen Suchlauf durch, schaltet aber irgendwann um und richtet sich nun beim Heimweg nach den optischen Marken (durchgezogene Linie).

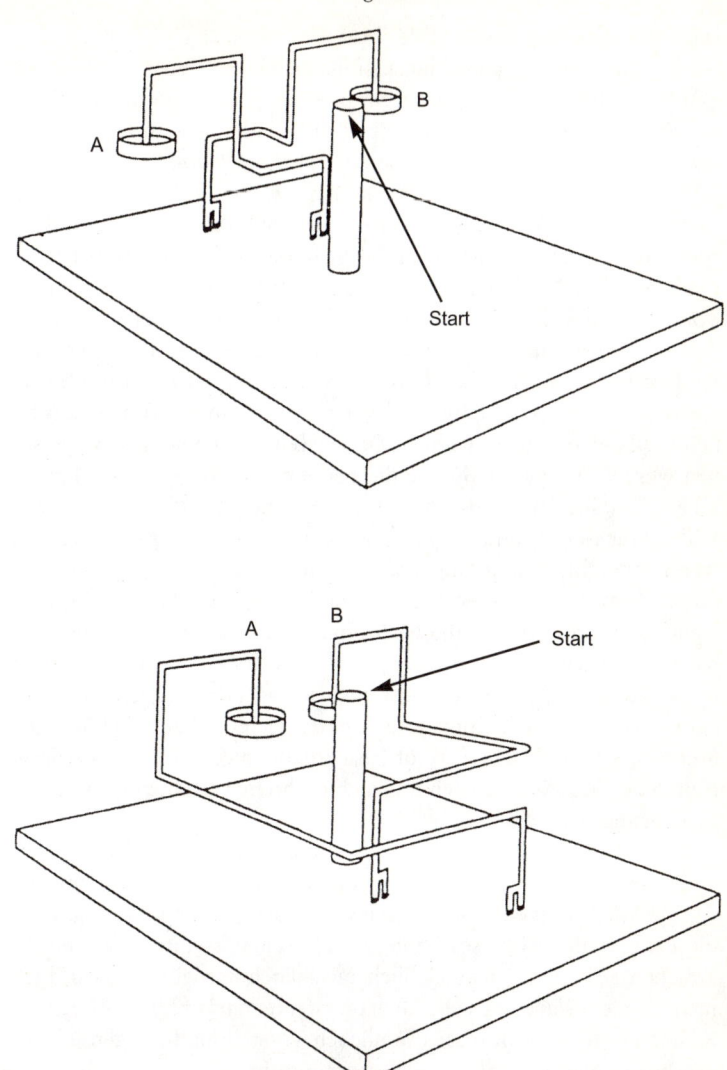

Abb. 40: Zwei Versuchsanordnungen, mit denen die Fähigkeit einer Springspinne getestet wurde, räumliche Vorstellungen zu entwickeln. In einen der beiden kleinen Teller (A bzw. B) wurde ein Beutetier gegeben. Anschließend wurde die Spinne auf die Säule gesetzt (Start). Dann konnte beobachtet werden, wie oft die Spinnen den richtigen bzw. falschen Weg einschlugen.

entdecken ihre Beute mit Hilfe ihrer sehr gut ausgebildeten Augen. Da sie im freien Gelände jagen, müssen sie, um zu der Beute zu gelangen, unter Umständen recht komplizierte Umwege machen. M. Tarsitano und R. Jackson haben diese Fähigkeit im Labor getestet, indem sie eine Springspinne der Gattung *Portia* auf eine Plattform am oberen Ende eines runden Holzstabes gesetzt haben (Abb. 40, Start). Von dieser Plattform konnte das Tier zwei künstliche Äste betrachten, die jeweils recht unterschiedliche Form hatten (Abb. 40a, b). Am Ende jeden Astes war ein kleiner Teller befestigt. Vor Beginn des Experimentes wurde in einen dieser beiden Teller ein Beutetier gelegt, und es wurde beobachtet, ob die Spinne die von ihrer Plattform aus zu sehende Beute finden konnte. Dazu mußte sie zunächst den Holzstab abwärts klettern, um dann vom Boden aus einen der beiden Äste zu wählen. Da die Teller mit einem Rand versehen waren, konnte die Spinne die Beute nur zu Beginn ihres Laufes sehen. Erstaunlicherweise haben die Spinnen in 70 bis 80% der Wahlen die richtige Entscheidung getroffen. Dies taten sie auch dann, wenn der richtige Weg länger war als die Alternative oder wenn die Spinne, um den richtigen Weg zu wählen, sich zunächst nach links wenden mußte, obwohl die Richtung, in der sich die Beute befand, nach rechts zeigte (Abb. 40a). Vielleicht noch unerwarteter war diese Reaktion, wenn der zunächst einzuschlagende Weg genau entgegengesetzt zu der Richtung verlief, in der sich die Beute befand. Die Spinnen können sich also offensichtlich eine recht komplizierte räumliche Situation merken und sich in ihrem Verhalten nach dieser Erinnerung richten.

Bei den Läufen, bei denen sich die Spinne falsch entschieden hatte, wurde ein großer Prozentsatz abgebrochen, nachdem die Spinne den Ast ein Stück weit entlanggelaufen war, wobei, daran sei erinnert, sie die Beute während dieses Laufens nicht sehen konnte. Die Spinnen schienen sich ihrer ja tatsächlich falschen Entscheidung also auch nicht so recht sicher zu sein. Auch dies deutet darauf hin, daß sich die Spinnen sozusagen in ihrer räumlichen Vorstellung bewegen und irgendwann merken, daß etwas nicht stimmt.

6. Warum Tiere sich bewegen können: Ohne Bewegung läuft gar nichts

Am Beispiel der Orientierung von Tieren und Animaten haben wir gesehen, daß ein System, das die Möglichkeit zur Interaktion mit der Umwelt besitzt, selbst bei recht einfacher Sensorik ein unerwartet komplexes Verhalten zeigen kann. Natürlich wird das Verhaltensrepertoire um so reicher, je raffinierter die Sensorik und insbesondere die anschließende Verarbeitung der Information wird, wie dies schon bei der Navigation der Ameisen deutlich wurde. Auf der Ausgangsseite, also den Aktuatoren haben wir uns bisher auf zwei Motoren beschränkt, die je ein Rad antreiben. Auch das Navigationssystem der Ameisen haben wir so behandelt, daß es an einen solchen, von der Motorik her sehr einfachen Roboter angeschlossen werden könnte. Nun sind die Aktuatoren, die „Motoren", die wir bei Tieren tatsächlich vorfinden, natürlich wesentlich komplizierter gebaut und vor allem auch strukturell in zum Teil sehr komplexer Weise angeordnet. Die Kontrolle der Muskeln, die Grundlage jeden Verhaltens, wirft daher eine Reihe von Problemen auf. Insbesondere wird hierbei die Bedeutung einer zentralen Frage leicht übersehen: Die Zahl der Freiheitsgrade, d. h. der Handlungsmöglichkeiten, die dem System zur Verfügung stehen, ist meist größer als die, die nötig wären, um die jeweils gestellte Aufgabe zu lösen. Die Aufgabe ist in diesem Falle, wie man sagt, *unterbestimmt*.

Dies bedeutet, daß das System, das die Verhaltensweisen kontrolliert, zwischen verschiedenen Alternativen auswählen muß. Es muß also in einem gewissen Grade autonom handeln. Wenn man von den üblicherweise stark einschränkenden Laboruntersuchungen absieht, bei denen z. B. der Druck auf eine Taste oder die Reflexbewegung in einem Gelenk betrachtet wird, so ist diese Situation bei nahezu allen natürlicherweise vorkommenden, selbst ganz einfachen Verhaltensweisen gegeben. Schon die Aufgabe, ein Objekt, z. B. eine Tasse, zu ergreifen, läßt etliche und recht verschiedene Endstellungen des Armes zu, ganz abgesehen von den verschiedenen Bewegungsverläufen, die zwischen der Startstellung und dem Ziel möglich sind. Noch deutlicher ist die Unterbestimmtheit der Aufgabe, die ein Vogel beim Bau seines Nestes lösen muß. Das Ziel liegt im Prinzip fest. Wie es aber im konkreten Einzelfall erreicht wird, in der Anpassung an die vielleicht vorhandene Astgabel, das jeweils zur Verfügung stehende Nistmaterial, kann natürlich nicht von vornherein festliegen, sondern muß in der jeweiligen Situation entschieden werden. Der Vogel oder abstrakt gesagt, das System muß also eine gewisse „motorische Intelligenz" besitzen. Dies macht die Untersuchung solcher Systeme einerseits sehr reizvoll. Andererseits ist es natürlich schwierig, ein derartiges System experimentell zu untersuchen, da der Experimentator, eben gerade wegen dieser Autonomie, meist keinen direkten Einfluß auf das Verhalten hat.

Neuronale Kontrolle von Bewegung

Untersuchungen an Fröschen haben eine Möglichkeit gezeigt, wie das Problem der Kontrolle überzähliger Freiheitsgrade vereinfacht werden kann. E. Bizzi und seine Mitarbeiter haben das Problem am Beispiel der Kontrolle der Bewegung des Hinterbeines eines Frosches untersucht. Sie haben dazu das Rückenmark elektrisch gereizt und dann die Kraft gemessen, die der Fuß auf einen Kraftmesser ausübt, wenn das Bein in verschiedene Positionen im Raum gebracht wird. Auf diese Weise kann man ein „Kraftfeld" bestimmen, bei dem jedem Raumpunkt ein Vektor zugeordnet ist, der anzeigt, in welche Richtung die Kraft zeigt. Trotz der Reizung an vielen verschiedenen Stellen des Rückenmarkes fanden die Autoren nur vier verschiedene Kraftfelder. Diese sind in Abb. 41 in einer zweidimensionalen Darstellung gezeigt. Alle Kraftfelder konvergieren in einem „Gleichgewichtspunkt". Das bedeutet, daß das frei gelassene Bein von einer beliebigen Startposition aus an diesem Punkt zur Ruhe käme (das entspricht einer Hypothese, die Bernstein in ähnlicher Form für das Einzelgelenk formuliert hatte).

Da experimentell ausgeschlossen werden kann, daß hier sensorische Bahnen oder direkt Motoneuronen (oder absteigende Fasern des Rückenmarks) aktiviert wurden, muß man annehmen, daß es vier Gruppen von Interneuronen im Rückenmark gibt, durch deren Erregung diese Kraftfelder erzeugt werden. Durch gleichzeitige Reizung von zwei dieser neuronalen Bereiche konnte ein Kraftfeld erzeugt

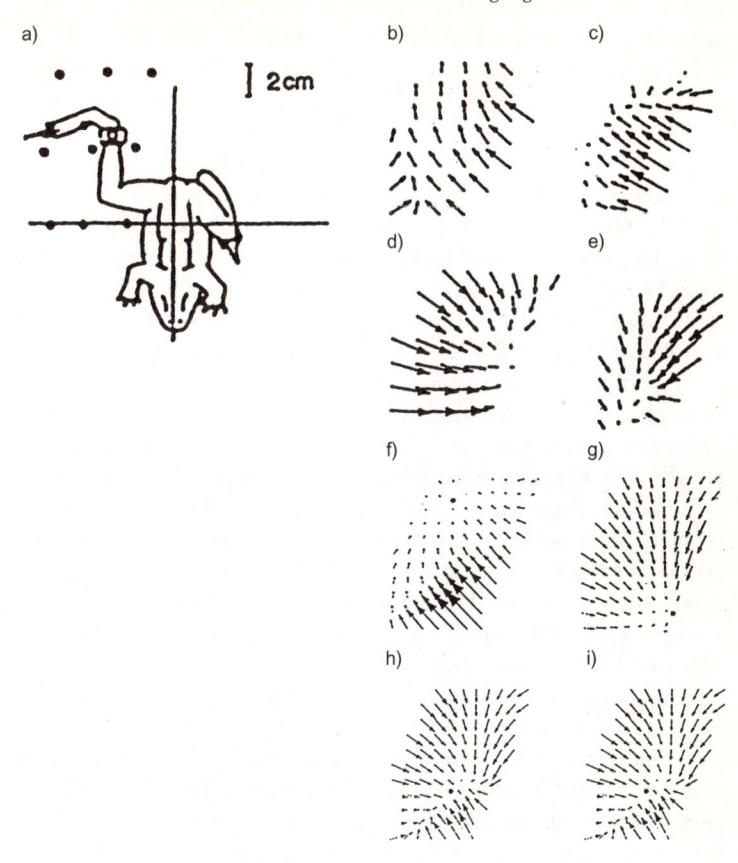

Abb. 41: Vier am Frosch (a) gemessene Kraftfelder (b – e). Die Kraftvektoren liegen in dem durch die Punkte (a) bezeichneten Feld. Jedes Kraftfeld wurde bei Reizung einer anderen Stelle des Rückenmarkes erhalten. In einem weiteren Experiment hat man zunächst, wie oben, zwei getrennte Kraftfelder (f, g) gemessen und anschließend beide Reizorte zugleich gereizt. Das resultierende Kraftfeld (h) stimmt sehr gut mit der mathematischen Summe (i) der beiden Felder f und g überein.

werden, das die vektorielle Summe der beiden einzelnen Kraftfelder darstellt. Das heißt, daß durch eine entsprechende Kombination der Erregung aller vier Kraftfelder beliebige Positionen im Arbeitsraum des Beines angefahren werden können. Durch entsprechende Variation der zeitlichen Ansteuerung können darüber hinaus ganz verschiedene Bewegungslinien, entlang denen sich der Fuß durch den Raum bewegt, erzeugt werden. Die Ansteuerung einer größeren Zahl von Freiheitsgraden ist damit auf die Kontrolle von vier Parametern zurückgeführt, wobei diese vier Parameter durch vier räumlich getrennte neuronale Module realisiert zu sein scheinen.

Interessanterweise findet man im Motorkortex von Affen verwandte, wenn auch nicht identische Prinzipien. Es wurde auch hier gefunden, daß nicht die Ansteuerung der einzelnen Muskeln kontrolliert wird, sondern daß die Neuronen direkt die Bewegungsrichtung (und Geschwindigkeit) der Hand im Raum kodieren. In dem von A. P. Georgopoulos untersuchten Bereich des Kortex sind also nicht einzelne Gelenke, und damit schon gar nicht die einzelnen Muskeln (oder gar Motoneuronen) repräsentiert, sondern die Koordinaten des Arbeitsraums. Diese Kodierung ist, wie auch beim Frosch, nur abhängig von der Position der Hand bzw. des Fußes im Raum, aber unabhängig von der räumlichen Stellung der einzelnen Gelenke. Unterschiedlich ist die Art der Repräsentation. Im Motorkortex des Affen werden nicht wenige getrennte Module gefunden, sondern die in eine beliebige Raumrichtung zeigenden Vektoren werden durch die unterschiedlich gewichtete Erregung einer großen Zahl von Neuronen kodiert. Dabei hat jedes einzelne Neuron eine Vorzugsrichtung. Die Neuronen, deren Vorzugsrichtung mit der Raumrichtung übereinstimmen, in der die Bewegung durchgeführt werden soll, sind stärker erregt als die anderen. Die Richtung wird also durch eine ganze Population von Neuronen unterschiedlicher Erregung dargestellt. Dabei scheint keine Richtung bevorzugt vorzukommen. Hier liegt also möglicherweise ein Prinzip zugrunde, das dem bei den Ameisen vermuteten Ringspeicher ähnlich ist.

Gibt man den Affen die Aufgabe, sich zunächst eine bestimmte Bewegungsrichtung vorzustellen, und dann diese um einen durch ein optisches Signal angegebenen Winkel „in Gedanken" zu drehen, so kann man diese „mentale Drehung" in Form der entsprechenden Änderung der Erregung der Neuronenpopulation direkt elektrophysiologisch verfolgen. Besteht die Aufgabe jedoch in einer Änderung um einen vorher bekannten festen Winkel, so ändert sich die mittlere Richtung der Population schlagartig, d. h. ohne eine kontinuierliche Drehung. Die hier erfaßten Nervenzellen stellen daher möglicherweise die neuronale Grundlage unserer Fähigkeit dar, sich etwas vorstellen zu können. Wir werden auf diese Frage in Kap. 12 zurückkommen.

Das Redundanzproblem am Beispiel laufender Insekten

Das Problem der Redundanz stellt sich noch deutlicher, wenn z. B. ein Insekt laufen will und dabei die Bewegungen seiner sechs Beine mit jeweils drei Gelenken, also insgesamt 18 Gelenken kontrollieren soll. Diese 18 Gelenkbewegungen müssen sinnvoll aufeinander abgestimmt sein, und dies in einer Umwelt, deren Eigenschaften sich in jedem Augenblick drastisch ändern können. Das System muß also einerseits adaptiv auf diese Störungen reagieren und trotz der unvorhersehbaren Störungen ein Ziel, wie z. B. im einfachsten Falle das aufrechte Geradeauslaufen, verfolgen können.

Entsprechende Probleme treten, wie erwähnt, auch bei menschlichen Arm- und Beinbewegungen auf. Sie sind uns aber kaum bewußt, weil wir normalerweise nicht über die Bewegungen nachzudenken brauchen. Sie laufen „von selbst" ab und erscheinen deshalb „problemlos". Wie schwierig die Probleme aber doch sind, wird spätestens dann deutlich, wenn man versucht, einen entsprechenden Roboter zu bauen; und sei es auch nur ein Roboter, der lediglich über einen horizontalen, nur moderat unregelmäßigen Untergrund laufen soll. Trotz weltweiter Anstrengungen gibt es diesen Roboter bis heute noch nicht annähernd in einer Perfektion, wie man sie bei Tieren, selbst den einfachen Insekten findet.

Die Ergebnisse einer großen Zahl verhaltensphysiologischer und elektrophysiologischer Untersuchungen legen nahe, daß die Flexibilität des Systems, das das Laufen der Insekten kontrolliert, darauf beruht, daß die Kontrollstrukturen weitgehend dezentralisiert sind. Mit der Betrachtung dezentralisierter Systeme, also von Systemen, die aus verschiedenen, mehr oder weniger unabhängigen Modulen aufgebaut sind, ergibt sich allerdings ein neues Problem, nämlich die Frage, wie die einzelnen Module sinnvoll koordiniert werden. Dies Problem brauchte bisher nicht berücksichtigt zu werden, da wir immer nur einzelne Handlungselemente, „Agenten", betrachtet haben, die jeweils eine Spezialaufgabe zu lösen hatten. Beim Studium der Kontrolle von Laufbewegungen läßt sich aber die Frage der Koordination verschiedener Module nicht mehr umgehen.

Schauen wir uns zunächst die einzelnen Module an. Schon seit den frühen Untersuchungen z. B. von v. Holst (1943) ist bekannt, daß sowohl bei Wirbeltieren als auch bei Gliederfüßlern, also z. B. bei In-

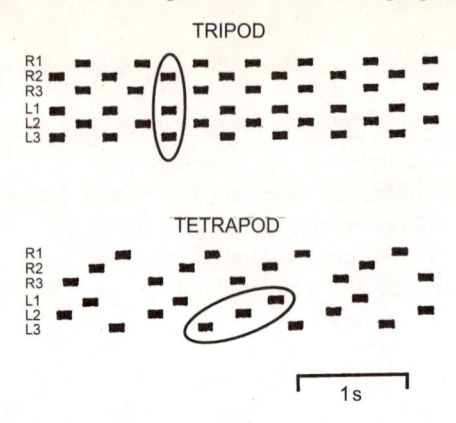

108   6. Warum Tiere sich bewegen können: Ohne Bewegung läuft gar nichts

TRIPOD

TETRAPOD

1 s

Abb. 42: Das Schrittmuster eines tripoden und eines tetrapoden Laufes, aufgetragen über der Zeit (Abszisse). Die schwarzen Balken markieren die Schwingbewegungen der Beine. Die Beine sind von vorne nach hinten numeriert. R steht für rechtes, L für linkes Bein. Beim tripoden Gang schwingen stets drei Beine zur gleichen Zeit (s. Markierung). Beim tetrapoden Gang scheint eine Welle von Schwingbewegungen (Markierung) von hinten nach vorne über den Körper zu laufen.

sekten und Krebsen, jedes Bein sein eigenes Kontrollsystem besitzt. Die einzelnen Beine können in ihrem eigenen Rhythmus schwingen. Das Bein und sein neuronales Kontrollsystem verhält sich dabei wie ein Kippschwinger: Das Bein bewegt sich während der Stemmbewegung, in der es sich am Boden befindet – beim Vorwärtslauf –, nach hinten, bis eine bestimmte Schwelle erreicht ist. Der hintere Umkehrpunkt ist zunächst durch die Position des Beines bestimmt. Dort wird von der Stemmbewegung auf die Schwingbewegung umgeschaltet. Während der Schwingbewegung wird das Bein vom Boden abgehoben und es schwingt nach vorne, um eine neue Stemmbewegung beginnen zu können. Woher weiß man, daß die einzelnen Beine unabhängige Kontrollsysteme besitzen? V. Holst konnte zeigen, daß die Beine je nach den Bedingungen mehr oder weniger schwach aneinander gekoppelt sind, was sich in einem Verhalten ausdrückt, das er mit relativer Koordination bezeichnet hat. Obwohl die Beine also grundsätzlich unabhängig voneinander kontrolliert werden, beobachtet man bei normal laufendem und nicht zu stark gestörtem Tier eine recht genau festgelegte Schrittfolge. Als insektentypische Gang-

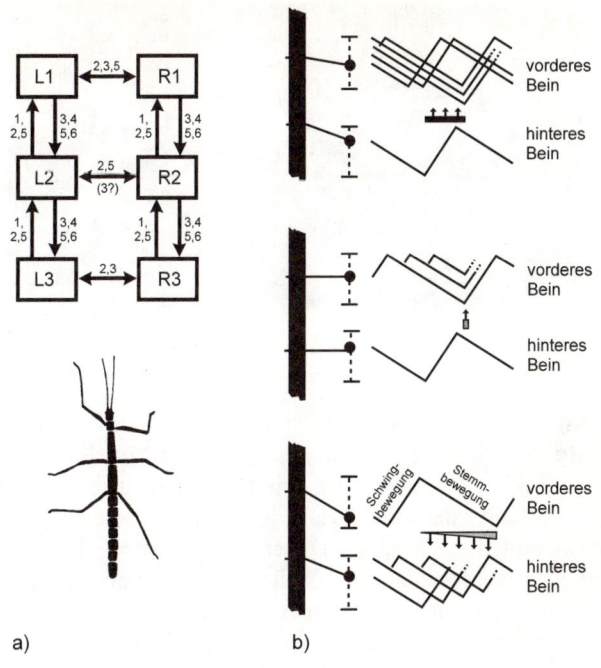

Abb. 43: (a) Vier verschiedene Koordinationsmechanismen: 1. Solange das hintere Bein eine Schwingbewegung ausführt, darf das vordere Bein keine Schwingbewegung beginnen. 2. Wenn das hintere Bein mit der Stemmbewegung beginnt, wird die Wahrscheinlichkeit erhöht, daß das vordere Bein eine Schwingbewegung beginnt. 3. Je weiter sich das vordere Bein nach hinten bewegt, desto höher wird die Wahrscheinlichkeit, daß das hintere Bein eine Schwingbewegung beginnt. Mechanismus 4 beeinflußt den vorderen Umkehrpunkt eines Beines so, daß dieser der Position des nächstvorderen Beines folgt (Zielbewegung). Mechanismus 5 bewirkt, daß auch im Nachbarbein eine stärkere Kraft hervorgerufen wird, wenn das Bein selbst eine erhöhte Kraft erzeugt. Mechanismus 6 löst einen kleinen Zwischenschritt aus, wenn das Bein auf das nächstvordere Bein getreten ist. Einige Mechanismen wirken, wie angedeutet, entsprechend zwischen kontralateralen Beinen. (b) Illustriert die Wirkungsweise der Mechanismen 1, 2 und 3 etwas genauer. Es sind jeweils zwei ipsilateral benachbarte Beine in Aufsicht dargestellt, rechts daneben verschiedene Bewegungsspuren (Abszisse: Zeit, Ordinate: Position des Fußpunktes relativ zum Körper). Eine nach oben verlaufende Spur bedeutet eine Schwingbewegung, nach unten eine Stemmbewegung. Für das Bein, das die Information sendet, ist jeweils nur ein Schritt gezeigt. Für das empfangende Bein sind, um die Wirkungsweise illustrieren zu können, mehrere Phasenlagen dargestellt. Die Dauer und Intensität der Wirkung ist durch Balken verschiedener Breite angedeutet.

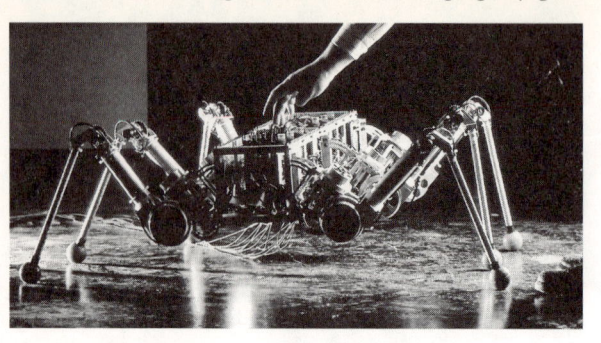

Abb. 44: Die TUM-Laufmaschine von F. Pfeiffer.

art wird meist der tripode Gang beschrieben – Vorder- und Hinterbein einer Seite schwingen gleichzeitig mit dem Mittelbein der anderen Seite (Abb. 42 oben). Sehr häufig findet man, insbesondere beim langsamen Lauf oder unter Belastung, auch den sogenannten tetrapoden Gang (Abb. 42 unten). Dieser tetrapode Gang kann dadurch beschrieben werden, daß eine Welle von Schwingbewegungen von hinten nach vorne über den Körper zu laufen scheint.

Wie kann diese Koordination zustande kommen und auch, trotz Störungen, beibehalten werden? Untersuchungen an Stabheuschrecken und Flußkrebsen haben gezeigt, daß es relativ einfache Regeln gibt, die jeweils zwischen je zwei benachbarten Beinen wirken. Für Stabheuschrecken werden hier insgesamt sechs verschiedene Mechanismen beschrieben, die in Abb. 43 schematisch dargestellt sind. Die Wirkungsweisen der Mechanismen 1 bis 3 sind in Abb. 43 b etwas genauer erläutert.

Es stellt sich nun natürlich die Frage, ob diese aus Verhaltensstudien gewonnenen Erkenntnisse tatsächlich ausreichen, um das bei Insekten beobachtete Laufverhalten zu erklären. Obwohl diese Regeln, nach denen die sechs Agenten gekoppelt sind, für sich genommen jeweils sehr einfach sind, ist es doch kaum möglich, sich das Verhalten des Gesamtsystems vorzustellen. Man hat hier gar keine andere Wahl, als das System entweder in Form eines Roboters tatsächlich zu bauen oder es wenigstens im Computer zu simulieren, um dann das Verhalten dieses künstlichen Systems mit dem des biologischen Systems zu vergleichen. Die im folgenden beschriebenen Computersimulationen, die auf dem *Walknet* genannten künstlichen neuronalen

Netz basieren, zeigen, daß diese in den Experimenten gefundenen Mechanismen in der Tat ausreichen, auch gegenüber Störungen stabile Läufe der tripoden und der tetrapoden Gangart zu erzeugen. Dies bedeutet, daß die Gangarten also nicht explizit berechnet werden, sondern sich als emergente Eigenschaften aus dem Zusammenwirken dieser lokalen Regeln ergeben. Ein Teil der im Walknet verwandten Prinzipien wurde auch bereits in der von F. Pfeiffer (Abb. 44) gebauten sechsbeinigen Laufmaschine getestet.

Die Kontrolle der quasirhythmischen Bewegung des Einzelbeins

Bevor diese Simulation erläutert wird, die, um dem biologischen System einigermaßen nahezukommen, in Form eines künstlichen neuronalen Netzes erstellt wurde, müssen wir uns das Bein noch etwas genauer anschauen. Ein Insektenbein hat typischerweise drei Gelenke, das Subcoxal-Gelenk (α-Gelenk), durch welches das Bein mit dem Körper verbunden ist, das Coxa-Trochanter-Gelenk (β-Gelenk) und das Femur-Tibia-Gelenk (γ-Gelenk) (Abb. 45). Die Bewegung eines Beines kann, wie gesagt, in zwei einander abwechselnde Phasen zerlegt werden, die ganz verschiedene Aufgaben und Eigenschaften besitzen, nämlich die Stemm- und die Schwingbewegung. Als einen möglichen, für das Umschalten zwischen beiden Verhaltenszuständen verantwortlichen Mechanismus hat T. G. Brown schon 1911 ein einfaches System vorgeschlagen, das man als eines der ersten künstlichen neuronalen Netze bezeichnen könnte, nämlich zwei sich gegenseitig hemmend beeinflussende Neuronen. Es gibt jedoch eine alternative Schaltung, die deutlich stabiler gegenüber Störungen ist als das inhibitorische Modell. Das wesentliche Merkmal besteht in einer positiven Rückkopplung, die sowohl innerhalb des Stemmsystems als auch des Schwingsystems auftritt (Abb. 46, Selektornetz). Um das unbegrenzte Wachstum eines Systems mit positiver Rückkopplung zu verhindern, sind die Neuronen mit Sättigungskennlinien ausgestattet.

Dieses Selektornetz, auf das wir später, wenn wir über Motivation reden, nochmals zurückkommen müssen, entscheidet darüber, welche der beiden alternativen Verhaltensweisen, Schwing- oder Stemmbewegung, ausgeführt werden kann. Für deren genaue Realisierung sind im Modell zwei weitere „Agenten" verantwortlich, das Schwing-

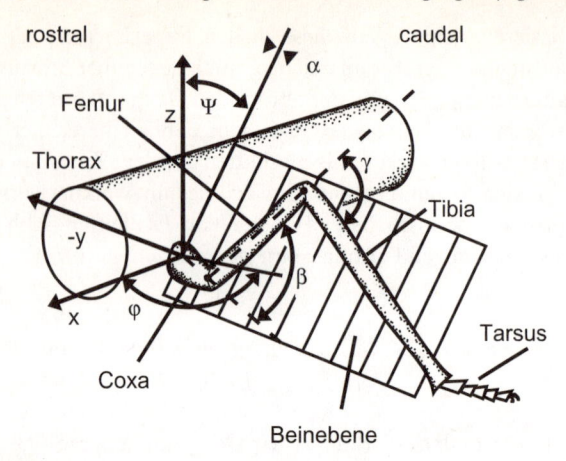

Abb. 45: Schematische Darstellung der Beingeometrie. Die Beinebene, definiert durch die Längsachsen von Femur und Tibia, kann sich um die zentrale Achse drehen. Die Lage dieser zentralen Drehachse wird durch die Winkel φ und ψ definiert. Das Bein kann in drei Gelenken, dem Subcoxal-Gelenk (α), dem Coxa-Trochanter-Gelenk (β) und dem Femur-Tibia-Gelenk (γ) bewegt werden.

netz und das Stemmnetz. Das für die Kontrolle der einzelnen Beine zuständige System ist also selbst wiederum aus einzelnen Modulen aufgebaut. Da das Bein während der Schwingbewegung mechanisch nicht mit den anderen Beinen gekoppelt ist, scheint die Steuerung der Schwingbewegung das einfachere Problem zu sein. Sie soll deshalb zuerst betrachtet werden.

Die Schwingbewegung kann mit Hilfe eines extrem einfachen Netzes erzeugt werden

Als Voraussetzung für die Simulation der Kontrolle der Schwingbewegung wurden zunächst Winkelverläufe und Trajektorien des Fußpunktes der Beine von laufenden Stabheuschrecken untersucht. Auf dieser Basis wurden künstliche neuronale Netze trainiert, die diese Ergebnisse simulieren. Dabei konnte ein extrem einfaches Netz gefunden werden, das diese Aufgabe, nämlich die raum-zeitliche Koordination der drei Beingelenke, lösen kann. Das Netz besitzt nur zwei Schichten und ähnelt dem in Kap. 4 beschriebenen Perzeptron. Obwohl das Netz festverdrahtete Verbindungen besitzt, kann es, wie

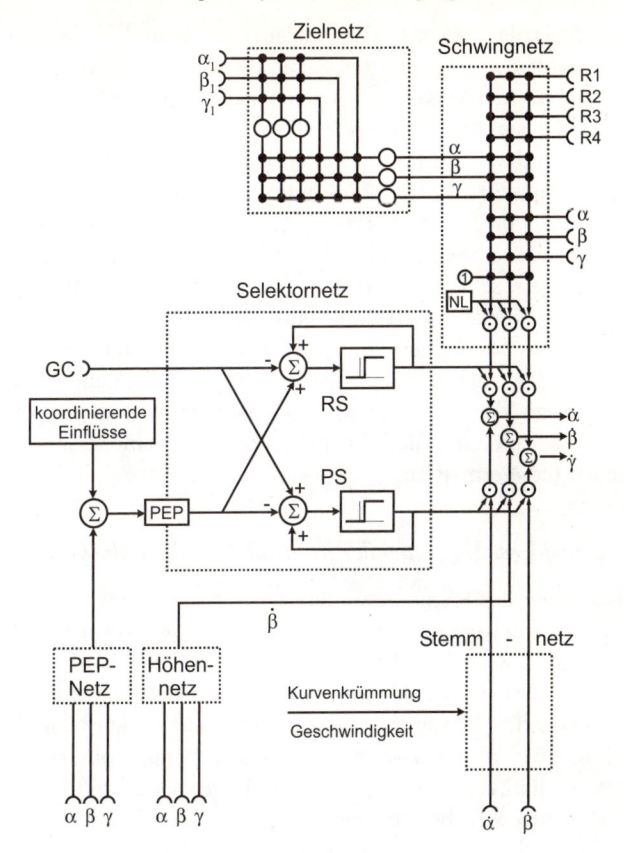

Abb. 46: Das künstliche neuronale Netz, das die Bewegung eines Beines kontrolliert. Das Netz hat die Aufgabe, die Änderung der drei Gelenkwinkel α, β und γ zu bestimmen (Ausgänge $\dot\alpha$, $\dot\beta$ und $\dot\gamma$, rechte Seite). Die wichtigsten Komponenten des Netzes sind das Schwingnetz und das Stemmnetz, die jeweils für die Kontrolle der Bewegung während der Schwing- bzw. Stemmbewegung zuständig sind, und das Selektornetz, das entscheidet, welches der beiden Netze Zugriff auf die Motorik hat. Die Kurvenkrümmung und die Laufgeschwindigkeit werden durch globale Parameter festgelegt. Das Zielnetz liefert Information über die Position des nächstvorderen Beines (s. Zielbewegung, Abb. 43). Das Selektornetz erhält Information darüber, ob das Bein Bodenkontakt (GC) hat und wie weit es von dem hinteren Umkehrpunkt (PEP) entfernt ist (PEP-Netz). Der letztere Wert wird mit den Koordinationseinflüssen 1–3 verrechnet. Das Höhennetz kontrolliert den β-Winkel. R1 bis R4 stellen Sensoren für verschiedene Vermeidungsreflexe dar.

wir sehen werden, Schritte verschiedener Länge und, notwendig für den Kurvenlauf, verschiedener Richtung ausführen. Man braucht also nicht, was der klassischen Ingenieurslösung entspräche, für jede Situation die Verläufe der einzelnen Gelenkwinkel vorher zu berechnen. Diese einfache Lösung ist deshalb möglich, weil das Netz keine explizite Trajektorie berechnet, sondern, auf der Basis der aktuellen Sensorwerte, nur den jeweils nächsten Bewegungsabschnitt erzeugt. Diese Struktur hat zugleich den Vorteil, daß sich das System gegenüber Störungen sehr robust verhält. Man kann dieses Netz sogar in sehr einfacher Weise um verschiedene bei den Tieren zu beobachtende Vermeidungsreflexe erweitern: Stößt das Bein während der Schwingbewegung gegen ein Hindernis, was über Sinnesorgane (Abb. 46, z. B. R1) registriert wird, so wird das Bein kurzzeitig nach hinten bewegt und setzt dann die Schwingbewegung auf einer etwas höhergelegenen Bahn erneut an.

Welche Probleme treten bei der Kontrolle der Stemmbewegung auf?

Die Kontrolle der Stemmbewegung scheint schwieriger zu sein, da nicht nur die Bewegungen der drei Beingelenke so kontrolliert werden müssen, daß, wie bei der Schwingbewegung, eine bestimmte Trajektorie eingehalten wird, sondern es müssen darüber hinaus diese Gelenke mit den Bewegungen der anderen am Boden befindlichen Beine, maximal also mit 15 anderen Gelenken, sinnvoll koordiniert werden, so daß zum Beispiel keine unnötigen Querkräfte über den Körper wirken. Hierbei tauchen eine Reihe von Problemen auf. Die Aufgabe ist schon deshalb grundsätzlich ein nichtlineares* Problem, da es sich hier um Drehbewegungen handelt. Sie wird aber noch zusätzlich dadurch kompliziert, daß die Drehgelenke im Raum nicht senkrecht zueinander, sondern schiefwinklig angeordnet sind (Abb. 45). Eine weitere Nichtlinearität ist dadurch gegeben, daß die Zahl und die Kombination der jeweils am Boden befindlichen Beine dauernd wechselt. Beim Geradeauslauf könnte man vielleicht noch vereinfachend davon ausgehen, daß die Trajektorien der Beinendpunkte durch Geraden parallel zur Körperlängsachse gegeben sind.

---

* Ein linearer Zusammenhang zwischen zwei Größen x und y liegt dann vor, wenn y durch die einfache Beziehung $y = a\,x + b$ aus x berechnet werden kann. Alle anderen denkbaren Beziehungen, etwa $y = x^2$ oder $y = sin\,(x)$ sind nichtlinear.

Spätestens beim Kurvenlauf kommt jedoch hinzu, daß sich jedes Bein entlang einer anderen Trajektorie mit dazu noch unterschiedlicher Geschwindigkeit bewegen muß. Alle diese Schwierigkeiten überlagert noch das eingangs genannte Problem, daß bei einem System mit einer großen Zahl von Freiheitsgraden auch eine große Zahl von möglichen Lösungen denkbar ist. Das Kontrollsystem muß daher, etwa aufgrund von Optimalitätskriterien, eine dieser Lösungen auswählen. Für alle diese Probleme gibt es im Prinzip ingenieursmäßige Lösungen. Diese setzen aber einen hohen Rechenaufwand voraus, und es ist nicht leicht einsichtig, wie sie mit dezentralen Systemen behandelt werden könnten, die dazu noch, wenn sie aus tatsächlichen Nervenzellen bestehen, sehr viel ungenauer als elektronische Systeme sind und eine um viele Größenordnungen niedrigere Rechengeschwindigkeit besitzen.

Es gibt aber noch weitere, und schwierigere, Probleme. Eine noch vergleichsweise einfache Situation liegt vor, wenn das Tier auf nachgiebigem Untergrund, etwa einem weichen Blatt, läuft. Hierbei ist die Geschwindigkeit der Bewegung nicht kontrollierbar, da sie auch von den Eigenschaften des Untergrundes abhängt. Völlig unlösbar für einen zentralen Rechner wird die Aufgabe, wenn sich die Geometrie des Systems ändert. Dies kann deshalb leicht passieren, weil die Gelenke nicht sehr starr sind und sich deshalb die Lage der Drehachsen unter geänderten Belastungssituationen, z. B. bei unterschiedlicher Darmfüllung oder Laufen unter verschiedenen Winkeln zur Schwerkraft, deutlich ändern kann. Änderungen der Geometrie können auch durch Wachstumsvorgänge hervorgerufen werden oder, sehr abrupt, durch die Einwirkung eines Räubers, etwa eines Vogels, der einen Teil des Beines abfrißt. Trotz der offensichtlichen Schwierigkeiten und der scheinbaren Unlösbarkeit dieser Probleme werden sie aber von Insekten mit ihrem vergleichsweise einfachen Nervensystem gelöst. Dies ist um so erstaunlicher, wenn man die erwähnten Nachteile neuronaler gegenüber elektronischer Systeme bedenkt. Es muß also eine Lösung geben, die einfach genug ist, um dies trotz der schlechteren Voraussetzungen schaffen zu können.

Lokale positive Rückkopplung, eine mögliche Lösung?

Schon die sogenannten ökologischen Psychologen, wie J. J. Gibson (1979), hatten betont, daß die Lösungen nicht immer explizit berechnet werden müssen, sondern daß sie u. U. bereits durch die physikalischen Eigenschaften vorgegeben sein könnten. Dies gilt auch für unser Problem. Man stelle sich vor, daß ein Insekt mit allen sechs Beinen am Boden steht. Nun soll ein beliebig ausgewähltes Gelenk um einen kleinen Winkelbetrag aktiv bewegt werden. Um dies möglich zu machen, müssen auch alle anderen Gelenke um den jeweils richtigen und für jedes Gelenk anderen Betrag geändert werden. Wie erhält man die Werte für die 17 anderen Gelenke? Man muß sie gar nicht explizit berechnen. Wenn nämlich diese Gelenke elastisch sind, was z. B. wegen der Muskeleigenschaften gegeben ist, so bewegen sich diese anderen Gelenke aufgrund der mechanischen Kopplung über den Körper und den Untergrund passiv an die richtige Position. Über die Sinnesorgane in den einzelnen Gelenken könnte also die Information erhalten werden, ohne daß im Zentralnervensystem explizit „gerechnet" werden muß. Diese Rechnung wird sozusagen durch die Mechanik besorgt.

Eine passive Bewegung ist jedoch natürlich nicht das eigentliche Ziel. Um eine aktive Bewegung der Beine zu erreichen, muß die in jedem Gelenk gemessene Positionsänderung in eine aktive Bewegung dieses Gelenkes umgesetzt werden. Dies entspricht, mit anderen Worten, einer positiven Rückkopplung auf der Ebene des einzelnen Gelenkes. Nun wurde in der Tat für das Femur-Tibia-Gelenk von Ulrich Bässler schon 1976 eine Reflexumkehr beschrieben und später ausführlich untersucht, die als positive Rückkopplung interpretiert werden kann. Es war deshalb naheliegend, zu untersuchen, ob eine positive Rückkopplung tatsächlich eine Lösung der beschriebenen Probleme darstellt. Hierzu wurde eine Modellrechnung durchgeführt. Zunächst mußte das Problem gelöst werden, daß positive Rückkopplung ohne weitere Maßnahmen zu einem immer stärkeren und unbegrenzten Ansteigen des Positionswertes führt. Eine einfache Begrenzung durch eine Sättigungskennlinie kann hier keine Lösung sein, da so nur eine bestimmte und stets konstante Bewegungsgeschwindigkeit erzeugt werden könnte. Wenn aber in den Rückkopplungskreis ein phasisches Element oder, technisch gesprochen, ein Hochpaßfilter (s. Kap. 4) eingefügt wird, indem z. B. nicht die Position, sondern die Bewegungsgeschwindigkeit gemessen wird, so erhält man ein System, das auch bei positiver Rückkopplung eine beliebige Geschwindigkeit stabil halten kann.

Nicht alle Probleme sind damit gelöst. Würde man diese hochpaßgefilterte positive Rückkopplung bei allen Gelenken einführen, könnte das System aufgrund der Wirkung der Schwerkraft oder anderer Störungen keine konstante Körperhöhe einhalten. Deshalb wurde folgende Lösung gewählt. Die sechs Coxa-Trochanter-(ß)-Gelenke, die im wesentlichen für die Höhenkontrolle zuständig sind, wurden mit Hilfe einer klassischen negativen Rückkopplung kontrolliert, während alle anderen 12 Gelenke über die hochpaßgefilterte positive Rückkopplung kontrolliert werden.

Lokale positive Rückkopplung löst manche Probleme

Abb. 47 zeigt, zunächst für den Geradeauslauf, daß dieses System in der Tat funktionsfähig ist. Der Bewegungsablauf entspricht dem, den man bei Insekten findet. Wie sieht die Situation beim Kurvenlauf aus? Zur Steuerung eines Kurvenlaufes wird bei den bislang üblichen Robotersystemen zunächst der zu laufende Kurvenradius als expliziter Zahlenwert vorgegeben. Mit Hilfe dieses Wertes werden dann in einem zentralen System die Trajektorien der einzelnen Beine und anschließend die der jeweiligen Gelenke berechnet. Auch die hier vorgeschlagene Alternative benötigt natürlich eine Angabe über die Krümmung der zu laufenden Kurve. Dieser Wert muß aber nicht dem Kurvenradius entsprechen. Der Wert wirkt lediglich als Verstärkungsfaktor auf die Rückkopplungsschleifen der Subcoxal-Gelenke ein, weshalb er in jedem Moment beliebig geändert werden kann. Alle anderen Berechnungen entfallen. Wie Abb. 47b zeigt, ist Kurvenlauf mit dieser einfachen Lösung tatsächlich möglich. Auch Störungen, wie das kurzzeitige Festhalten eines Beines, das Laufen über ein Hindernis oder das plötzliche Abschneiden eines Beinsegmentes, werden ohne erkennbare Probleme bewältigt.

Durch die Einführung der lokalen hochpaßgefilterten Rückkopplung in 12 der 18 Gelenke wurde ein Kontrollsystem für die Stemmbewegung gefunden, das vermutlich nicht mehr weiter vereinfacht werden kann, da es bis auf die Ebene des Einzelgelenkes dezentralisiert ist. Das hat den angenehmen Nebeneffekt, daß sich dadurch natürlich auch die für die Verarbeitung notwendige Zeit verkürzt, also die effektive Rechengeschwindigkeit erhöht. Vor allem aber ermöglicht diese radikale Vereinfachung und die damit verknüpfte Einbindung der physikalischen Eigenschaften die Lösung aller oben

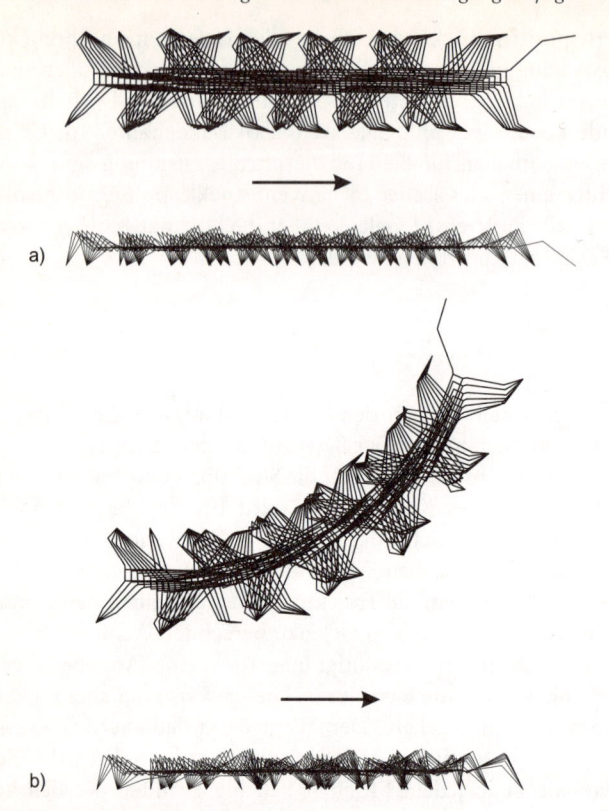

118 6. Warum Tiere sich bewegen können: Ohne Bewegung läuft gar nichts

Abb. 47: Simulation eines Geradeauslaufes (a) und eines Kurvenlaufes (b). Die Bewegung erfolgt von links nach rechts. Es sind nur die Beine dargestellt, die sich in einer Stemmbewegung befinden. Die untere Spur zeigt die Seitenansicht, die obere die Aufsicht.

genannten, zunächst außerordentlich schwierig erscheinenden Probleme.

Eher zufällig wurde dabei eine weitere Eigenschaft dieses Systems entdeckt. Bringt man das Laufsystem durch simulierte Gewalteinwirkung zum Umfallen – dies ist möglich, indem man drei Beine während des Laufens so lange am Boden festhält, bis es stürzt –, so richtet es sich von selbst wieder auf und läuft weiter. Dies geschieht selbst dann, wenn man durch langes Festhalten der Beine erreicht hat, daß Körper und Beine eine sehr verquere Stellung einnehmen

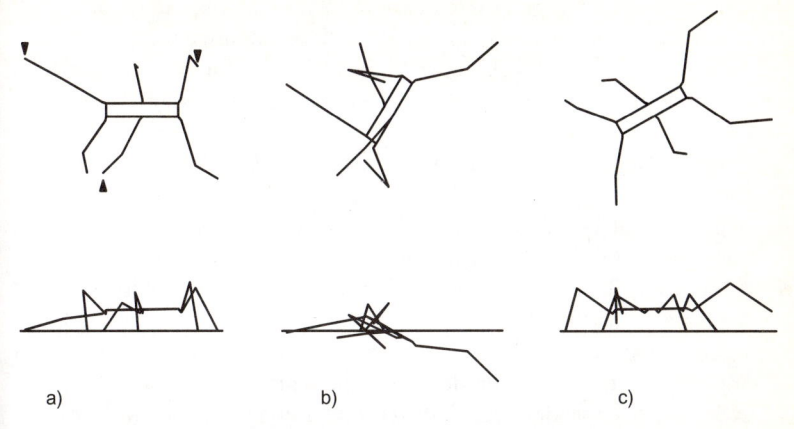

Abb. 48: Das Laufmodell kann sich selbständig aufrichten. Drei Bilder aus einer Laufsequenz. (a) Der Sechsbeiner im normalen Lauf. Durch Festhalten von drei Beinen (Dreiecke) wird er zum Umfallen gebracht. (b) Zeigt eine verquere Körperstellung. Nach einer Zeit, die etwa 1–2 Schritten entspricht, hat sich der Sechsbeiner wieder aufgerichtet (c) und läuft normal weiter. Wie in Abb. 47 zeigt die untere Darstellung die Seitenansicht, die obere die Aufsicht. Laufrichtung von links nach rechts.

(Abb. 48). Dies bedeutet, daß kein gesonderter „Aufrichteagent" notwendig zu sein scheint, sondern daß diese Fähigkeit bereits ein Nebenprodukt dieses Laufsystems sein könnte.

Körperintelligenz [*]

Führt man sich zusammenfassend nochmals die Probleme vor Augen, die von einem Laufsystem gelöst werden müssen, so ist man leicht geneigt, anzunehmen, daß zur Lösung dieser Probleme ein relativ hoher Grad an motorischer Intelligenz vorausgesetzt werden muß. Wir haben nun aber gesehen, daß das hierfür nötige System weder kompliziert noch zentralisiert sein muß. Es ist im Gegenteil so, daß die am schwierigsten erscheinende Aufgabe, nämlich die Koordination der Gelenke während der Stemmbewegung, durch die strukturell einfachsten Teilsysteme gelöst wird. Diese Vereinfachung ist möglich,

---

[*] Diesen Begriff übernehmen wir von Thomas Metzinger.

weil an Stelle einer abstrakten expliziten Berechnung die physikalischen Eigenschaften des Systems und der Umwelt ausgenutzt werden. Es wird kein inneres Weltmodell aufgebaut, sondern, wie R. Brooks (1991) sagt, die „Welt selbst als ihr eigenes bestes Modell" verwendet.

Dieser Gedanke kommt an mehreren Stellen des Modells zum Tragen. Die quasirhythmischen Beinbewegungen werden nicht durch einen endogenen neuronalen Oszillator erzeugt, sondern ergeben sich aus der Interaktion des neuromuskulären Kontrollsystems mit der Außenwelt. Bei der Generierung der Schwingbewegung wird keine explizite Trajektorie berechnet. Statt dessen werden momentane Bewegungsänderungen auf der Basis der aktuellen sensorischen Signale erzeugt. Bei der Kontrolle der Stemmbewegung ist die Diskrepanz zwischen Komplexität der Aufgabe und Einfachheit der Kontrollstruktur besonders deutlich.

Die Simulation zeigt außerdem, daß einfache, lokal wirkende Regeln unerwartete, also emergente Eigenschaften auf der Ebene des Gesamtsystems bewirken können. Die lokalen Koordinationsmechanismen (Abb. 43) erzeugen geordneten tripoden oder tetrapoden Lauf, der gegenüber Störungen sehr stabil ist. Das aus einer Kombination von lokaler negativer und positiver Rückkopplung bestehende Gesamtsystem sorgt dafür, daß sich das System nach einem Sturz von selbst wieder aufrichtet.

Was ist nun das Substrat, an dem die Eigenschaft, intelligent zu sein, festzumachen ist? Wenn man diese Frage unbefangen zu beantworten versucht, denkt man natürlich spontan an das Gehirn und vielleicht noch die Sinnesorgane. Tatsächlich zeigen diese Ergebnisse, daß in dieser Hinsicht eine Trennung zwischen Gehirn, oder allgemeiner dem Nervensysten und dem übrigen Körper nicht durchzuführen ist. In vielen Fällen tragen die physikalischen Eigenschaften des Körpers wesentlich dazu bei, dem Gesamtsystem intelligentes Verhalten zu ermöglichen. Manche Autoren (Th. Metzinger) sprechen deshalb gelegentlich von *Körperintelligenz*. Man könnte auch von einem geschickten Zusammenspiel zwischen Nervensystem und dem übrigen Körper, wie auch der Umwelt, reden. Die Fähigkeit zur Intelligenz ergibt sich danach nicht nur aus der Interaktion zwischen den Neuronen, sondern auch aus der Interaktion des Nervensystems mit der Umwelt. Auch die Muskeln selbst stellen intelligente Lösungen dar: In erster Linie besteht ihre Funktion natürlich darin, Kräfte zu entwickeln und Bewegungen zu erzeugen. Bei Robotern werden hierfür häufig Elektromotoren eingesetzt. Im Unterschied zu diesen haben Muskeln aber auch die Eigenschaft, elastisch zu sein. Das macht zwar ihre Berechnung sehr unangenehm, hat aber für die Praxis zwei wichtige Vorteile. Zum einen kann damit die Wirkung von harten Stößen gegen unerwartete Hindernisse abgemildert werden. Zum anderen kann in diesen „Muskelfedern" z. B. bei rhythmischem Laufen Energie gespeichert werden, die nicht vernichtet werden muß, sondern im nächsten Schritt wieder zur Verfügung steht.

Während das *Walknet*-Modell zeigt, daß sich rhythmische Aktivitäten aus dem Zusammenwirken von Zentralnervensystem und Umwelt entwickeln können, ist als alternative Möglichkeit natürlich auch denkbar, daß der Rhythmus innerhalb des Zentralnervensystems erzeugt wird. Dies hat zwar den Nachteil, daß sich Umwelteinflüsse nicht direkt, sondern erst nach Verrechnung mit den Aktivitäten des zentralen Mustergenerators auf das Verhalten auswirken können. Dieses Prinzip hat jedoch zwei Vorteile. Unter bestimmten Umständen können die sensorischen Meldungen fehlen, und zwar entweder, weil die Sensoren ungenau oder zerstört sind, oder aber weil, bei sehr schnell ablaufenden Verhaltensweisen, bei einer bestimmten Nervenleitungsgeschwindigkeit die Zeit nicht ausreicht, um das Signal rechtzeitig in das Zentralnervensystem zurückzumelden. Mit Hilfe eines zentralen Mustergenerators kann das Verhalten bei fehlender Sensorik wenigstens in etwa durchgeführt werden.

Der zweite Vorteil könnte darin liegen, daß das System zwar im Prinzip, wie im *Walknet* beschrieben, von den Signalen der Sinnesorgane abhängt, daß aber die Empfindlichkeit der Sinnesorgane vom augenblicklichen Erregungszustand dieses zentralen Oszillators abhängt. Dadurch kann die Reaktion auf eine versehentliche Reizung zu einem ganz falschen Zeitpunkt unterdrückt werden. Solche zentralen Systeme können also vor allem dann von Vorteil sein, wenn die Umwelt, wie etwa beim Schwimmen, relativ gleichförmig ist, also nicht mit unvorhersagbaren Störungen gerechnet werden muß.

Rhythmuserzeugung beim Neunauge

Wie könnte ein solcher zentraler Oszillator gebaut sein? In einigen Fällen konnten solche Systeme bis auf die neuronalen Grundlagen untersucht werden. Stets hat sich gezeigt, daß die biologischen Lösungen erheblich komplizierter als die denkbaren Minimallösungen sind. Für den Fall eines besonders gut untersuchten Beispiels, für das System, das die rhythmischen Schwimmbewegungen des Neunauges erzeugt, soll das kurz erläutert werden.

Die rhythmische Aktivität kann bereits von sehr kleinen Abschnitten des Rückenmarks erzeugt werden. Wir haben also eine größere Zahl segmental organisierter Oszillatoren vorliegen, die jeweils paarweise, also auf der rechten und der linken Körperseite in identischer Form vorkommen. Jeder Oszillator besteht aus einer Gruppe von erregenden Interneuronen (E) und aus zwei Arten von hemmenden Interneuronen (L und I). Die I-Interneuronen wirken auf Neuronen innerhalb des Oszillators einer Körperseite, und zwar auf die L-Interneuronen, die ihrerseits auf die Neuronen des jeweils gegenüberliegenden Oszillators einwirken. Schließlich gibt es natürlich auch noch Motoneuronen, die die Muskulatur der jeweiligen Körperseite ansteuern, sowie zwei Arten von Sensoren, die die Dehnung der Körperseite registrieren. Ein Typ erregt die Neuronen des auf derselben Seite gelegenen Oszillators, der andere Typ hemmt die des gegenüberliegenden Oszillators. Die Verschaltung ist in der Abbildung in schematischer Form dargestellt. Wie kommen in diesem System oszillatorische Aktivitäten zustande? Die Situation ist relativ unübersichtlich, da mindestens drei verschiedene Prozesse bereits für sich genommen in der Lage sind, Oszillationen zu erzeugen. Die gegenseitige Hemmung über die I-Interneuronen entspricht dem schon erwähnten Brown-Oszillator: Wenn die beteiligten Neuronen hochpaßartig adaptieren, besitzt das Gesamtsystem die Eigenschaft, regelmäßig zu schwingen. Die Wirkungen der Sensorik allein könnten dies aber auch leisten. Das Prinzip ist nicht unähnlich dem beim Walknet beschriebenen Mechanismus. Durch die Kontraktion der Muskulatur der linken Körperseite werden die Streckrezeptoren der rechten Seite erregt. Die kontralateral verschalteten Rezeptoren (SRI) hemmen den Oszillator der linken Seite, was wiederum zur Erschlaffung dieser Muskeln führt, während gleichzeitig der rechte Oszillator durch die SRE-Fasern erregt wird. Auf diese Weise kommt also ebenfalls ein Rhythmus zustande. Zusätzlich haben einzelne Interneuronen endogen rhythmische Eigenschaften, können also einen rhythmischen Erregungsverlauf auch ohne äußerere Einflüsse erzeugen.

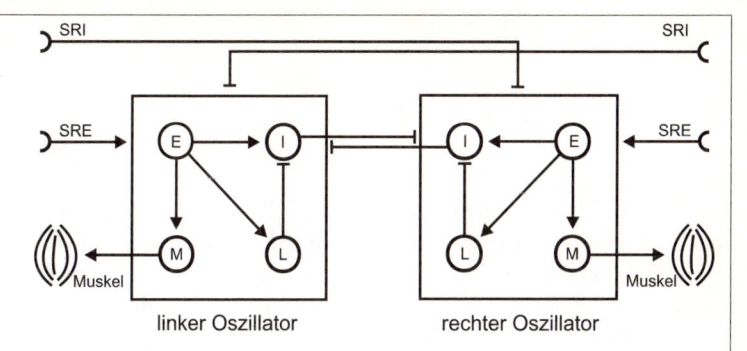

Zwei Oszillatoren, die die rhythmischen Schwimmbewegungen in einem Körpersegment des Neunauges kontrollieren. Die Interneuronen E wirken erregend auf die Motoneuronen M und damit auf die Muskulatur ein. Außerdem erregen sie die inhibitorischen Neuronen I und L. Während die I-Neuronen die Neuronen des im selben Körpersegment, aber auf der gegenüberliegenden Körperseite liegenden Oszillators hemmen, wirken die L-Neuronen hemmend auf die I-Neuronen desselben Oszillators. Die beiden Streckrezeptoren SRI und SRE werden bei Dehnung der Körperseite erregt. Die SREs erregen dann den Oszillator derselben Körperseite, die SRIs hemmen den gegenüberliegenden Oszillator. Verbindungen zwischen den Oszillatoren benachbarter Körpersegmente sind nicht dargestellt.

Wie kann man verstehen, ob das Zusammenwirken dieser verschiedenen Systeme ein sinnvolles Ganzes ergibt? Dies ist ohne weitere Hilfsmittel kaum möglich, insbesondere, da man die verschiedenen Verknüpfungen der Interneuronen untereinander noch berücksichtigen muß. Die E-Neuronen erregen die Motoneuronen und alle inhibitorischen (I und L) Neuronen. Die Einflüsse von außen, also die sensorischen Eingänge und kontralateralen Inhibitionen, wirken ebenfalls auf die gesamte Gruppe aller Neuronen des Oszillators. Die einzig sinnvolle Möglichkeit besteht daher auch hier wieder in einer Simulation des Systems. S. Grillner und Mitarbeiter konnten zeigen, daß bei Simulation auch weiterer, hier nicht erwähnter physiologischer Details sowie der Einwirkungen vom Gehirn rhythmische Schwimmbewegungen in den auch in der Biologie vorkommenden Geschwindigkeitsbereichen erzeugt werden können. Nach relativ geringfügigen Erweiterungen können auch Kurven nach rechts und links sowie nach oben und unten geschwommen werden. Selbst Vorwärts- und Rückwärtsschwimmen ist damit möglich. Man kann also davon ausgehen, daß in diesem Modell die wesentlichen Details erfaßt sind.

7. Motivationen als Entscheidungshelfer

Erinnern wir uns: Zur Bewegung der sechs Beine während des Laufens mußten die Aktivitäten mehrerer parallel arbeitender Agenten miteinander koordiniert werden. Ein anderes, wesentlich einfacheres Problem liegt dann vor, wenn die Agenten in einer bestimmten, zeitlich festgelegten Reihenfolge aktiv werden sollen. Dies kann dann erreicht werden, wenn ein Verhaltensagent durch seine Aktivität eine neue Situation für die Sensorik erzeugt, durch welche dann ein weiterer Agent zur Aktivität angeregt wird. Dessen Aktivität könnte entsprechend bewirken, daß ein dritter Agent angesprochen wird. Wegen dieser so entstehenden Reaktionskette spricht man gelegentlich auch von einem *Kettenreflex*.

Ein gut untersuchtes Beispiel hierfür stellt der Beutefang des Rückenschwimmers, einer räuberisch lebenden Wasserwanze, dar. Findet sich in der Nähe des Rückenschwimmers an der Wasseroberfläche ein zappelndes Insekt, so wird durch den Vibrationsreiz das Annähern des Rückenschwimmers ausgelöst. Optische Reize spielen hierbei keine Rolle. Hat er sich jedoch bis auf etwa zwei Zentimeter genähert, so löst nun das optische Signal die nächste Verhaltensweise, nämlich ruckartiges Anschwimmen und Ergreifen der Beute aus. Das Ergreifen führt zu einem mechanischer Reiz, aufgrund dessen das Beuteobjekt festgehalten wird. Gibt man im Experiment eine Attrappe, die aus zu hartem Material besteht, z. B. ein Holzkügelchen, so wird das Objekt nur kurz festgehalten, die Verhaltenskette bricht an dieser Stelle ab. Nach dem Ergreifen der Beute wird durch den dann wirkenden chemischen Reiz das anschließende Anstechen der Beute ausgelöst. Auch dies konnte durch Attrappenversuche, z. B. mit in Fleischsaft getränkten Wattestückchen, nachgewiesen werden. Enthält das Wattekügelchen keinen Fleischsaft, so findet das Anstechen nicht statt. Die einzelnen Verhaltensagenten werden also durch die sich aus dem Vorgängerverhalten jeweils ergebenden neuen Reize in die richtige, d. h. biologisch sinnvolle zeitliche Folge gebracht.

Ein anderes Problem liegt dann vor, wenn mehrere Agenten zugleich adäquat gereizt werden. In manchen Fällen können die von beiden Agenten ausgelösten Aktivitäten einfach summiert werden. Dies war der Fall bei Franceschinis Roboter, bei dem sowohl das System für die Hindernisvermeidung als auch das System, dessen Aufgabe im Aufsuchen des Zieles bestand, gemeinsam auf die Motoren einwirkten. Wenn jedoch zwei Agenten alternative, sich gegenseitig ausschließende Tätigkeiten, wie etwa Angriff und Flucht kontrollieren, muß eine Entscheidung getroffen werden, welcher dieser Agenten im Moment Zugriff auf die Motorik erhält.

Sozusagen im kleinen hatten wir das Problem ja auch schon bei der Kontrolle der Beinbewegungen zu lösen. Das Bein mußte sich zwischen zwei Agenten, dem Schwingnetz und dem Stemmnetz, entscheiden. Ähnlich der von Minsky vorgeschlagenen Architektur ist dabei jeder Agent als „Fachidiot" dauernd und nur mit seiner Tätigkeit beschäftigt, während das übergeordnete Selektornetz entscheidet, welcher der beiden Agenten tatsächlich die Motorik beeinflussen kann. Kann das Prinzip auch auf die Situation erweitert werden, daß zwischen sehr viel mehr als nur zwei Agenten entschieden werden muß?

Zwar könnte man dieses Problem durch eine einfache, unten noch genauer zu erläuternde Schaltung, ein sogenanntes WTA-Netzwerk (aus dem Englischen: winner-take-all) lösen. Dieses Netzwerk sorgt dafür, daß bei einer beliebigen Zahl von parallelen Kanälen nur der mit der jeweils höchsten Erregung gewinnt, also daß nur dieser Kanal schließlich die Erregung 1, alle anderen aber die Erregung 0 aufweisen. Dies setzt aber voraus, daß es schon Agenten gibt, die eine unterschiedlich starke Erregung aufweisen. Wie jedoch kommt es dazu? Dies liegt zum einen natürlich an der unterschiedlichen Stärke der Reize, die die verschiedenen Agenten erhalten, könnte weiterhin aber auch an einer festgelegten Gewichtung der einzelnen Agenten liegen, in dem Sinne, daß z.B. der Agent für Nahrungsaufnahme für diesen Vergleich stets stärker gewichtet wird als etwa der Agent für Spielverhalten. Nun wissen wir aber, daß diese Gewichtungen tatsächlich nicht streng festliegen müssen, sondern auch von verschiedenen inneren Bedingungen abhängen können. Wenn man satt ist, ist der Agent für Nahrungsaufnahme relativ niedrig gewichtet, und wir haben eine geringe Bereitschaft oder „Motivation" für dieses Verhalten. Dies bedeutet, daß wir trotz gleicher Reizbedingungen unterschiedlich stark reagieren. Es ist auch denkbar, daß es Verhaltensweisen gibt, deren Motivation von einer „absoluten Zeit", etwa von der

Tageszeit, oder auch von einer „relativen Zeit", etwa der Zeit, seit der dieses Verhalten das letzte Mal durchgeführt wurde, abhängt. Die Stärke der Motivation für ein bestimmtes Verhalten könnte demnach bei der Auswahl zwischen verschiedenen Verhaltensagenten eine wichtige Rolle spielen, indem sie eine gemeinsame „Währung" darstellt, mit deren Hilfe die verschiedenen Verhaltensweisen verglichen werden könnten.

Wäre es denn denkbar, einen Automaten mit solchen Motivationen zu versehen? Ein gewisses Verständnisproblem kann darin liegen, daß wir Menschen Motivationen sehr häufig mit einem subjektiven Erleben begleiten und deshalb geneigt sein könnten, beides gleichzusetzen. Wir werden auf dieses Problem im letzten Kapitel zurückkommen und wollen hier, um diesem Problem aus dem Wege zu gehen, Motivation für ein Verhalten ganz operational als eine Größe verstehen, die angibt, wie stark eine bestimmte Verhaltensweise bei physikalisch gleichem Reiz aktiviert wird, also als eine Art Verstärkungsfaktor zwischen Reizintensität und Verhaltensaktivierung.* Für diese Größe hat K. Lorenz ein sehr anschauliches Modell vorgeschlagen, das gelegentlich *psychohydraulisches* oder *Wasserklosett-Modell* genannt wird (Abb. 49). Die Höhe des Wasserstandes im Spülkasten entspricht der Motivationsstärke, die Größe des Gewichtes der Reizstärke. Das Verhalten wird um so intensiver ausgeführt – der Wasserstrahl fließt um so stärker –, je höher die Motivation und je stärker der Reiz ist. Dies entspricht formal einer multiplikativen Verknüpfung. Ist aber die Motivation hoch genug, so kann ein Verhalten auch ohne Reiz ausgelöst werden. Ein hoher Wasserdruck könnte das Ventil auch ohne zusätzliches Gewicht aufschieben. Lorenz hat hierfür den Begriff *Leerlaufverhalten* geprägt. In diesem Fall wird die Reaktionsstärke eher durch eine additive Verknüpfung beschrieben. Eine adäquate Beschreibung wird daher sowohl additive als auch multiplikative Anteile von Reiz und Motivationsstärke enthalten.

Auf welche Weise wird die Motivationsstärke beeinflußt? Im einfachsten Fall könnte sie stets konstant sein. Sie könnte auch von in-

---

* Es sollte an dieser Stelle aber darauf hingewiesen werden, daß in der Humanpsychologie ein wesentlich komplexerer Motivationsbegriff benutzt wird. Motivation ist dort, vereinfacht gesagt, die Stärke des Wunsches multipliziert mit den vermuteten Chancen der Verwirklichung der angestrebten Verhaltensweise; motivation = desire × belief.

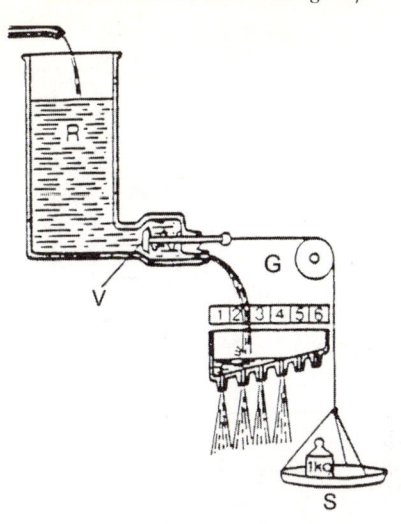

Abb. 49: Das psychohydraulische Modell von K. Lorenz. R = Wasserreservoir, V = Ventil, S = Reiz, G = Reaktionsstärke.

neren Zuständen z. B. einem circadianen Rhythmusgeber oder einem physiologischen Zustand abhängen, z. B. die Motivation „Hunger" vom Blutzuckerspiegel, der über innere Sensoren gemessen wird. Die Motivationsstärke könnte auch, wie im speziellen Fall des Lorenzmodells angenommen, mit der Zeit zunehmen, die vergangen ist, seit das Verhalten zum letzten Mal ausgeführt worden war, und sie könnte, auch dies eine Annahme des Lorenzmodells, abnehmen, nachdem das Verhalten ausgelöst wurde.

Eine Verhaltenskette könnte, wie oben beschrieben, durch eine Verknüpfung der Agenten über die Außenwelt entstehen. Sie könnte aber auch dadurch zustande kommen, daß die einzelnen Agenten intern so miteinander verknüpft sind, daß auch ohne äußeren Reiz nach Ablauf eines Verhaltens der nächste Agent aktiviert wird. Dies könnte dadurch geschehen, daß durch die Aktivierung eines Agenten die Schwelle für das auslösende Signal des zweiten Agenten gesenkt oder daß dessen Motivation erhöht wird.

Eine Kombination dieser Möglichkeiten stellt das einfache, aber in seinen Eigenschaften sehr eindrucksvolle Modell von P. Maes dar. In einer von ihr kreierten künstlichen Welt bewegen sich insektenähnliche Gebilde zwischen Hindernissen, anderen Artgenossen, Futter-

128   7. Motivationen als Entscheidungshelfer

──▶ Aktivierung des Folgeverhaltens, wenn adäquater Reiz vorhanden
- ─▶ Aktivierung des Vorgängerverhaltens, wenn *kein* adäquater Reiz vorhanden
──┤ Inhibitorischer Einfluß

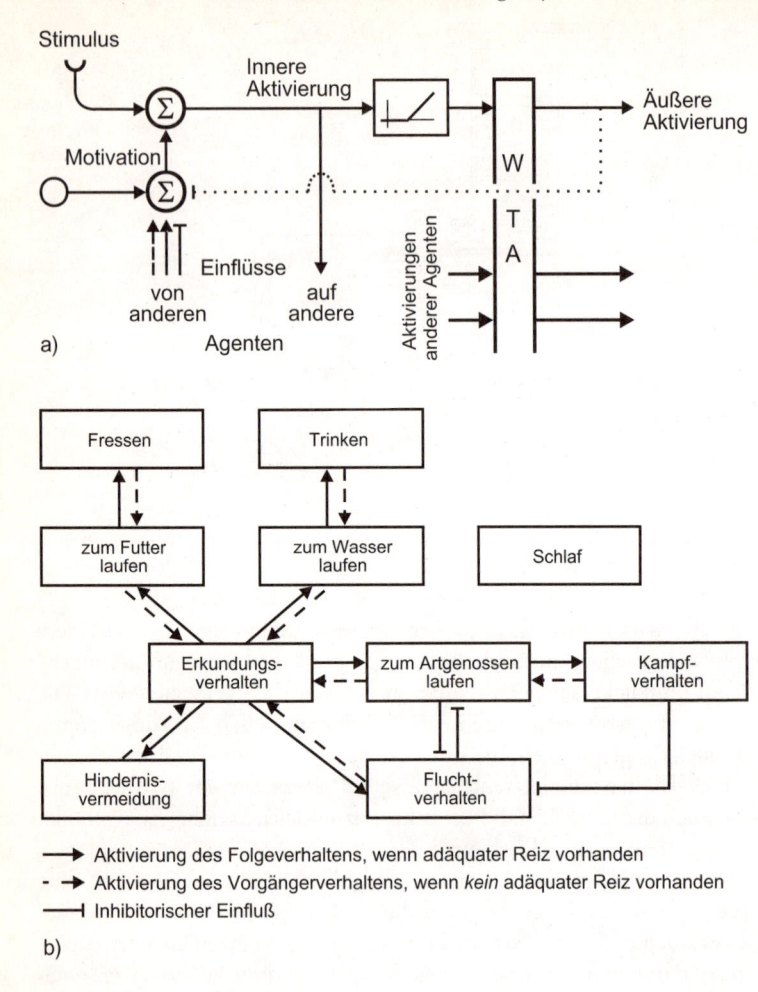

Abb. 50: Das aus 10 Agenten bestehende Verhaltensmodell von P. Maes. (a) Die innere Aktivierung jedes einzelnen Agenten ergibt sich aus der Stärke des Reizes sowie der Stärke der Motivation. Diese kann von endogenen Größen und von Einflüssen anderer Agenten abhängen sowie davon, ob das zugehörige Verhalten gerade ausgeführt wurde (punktierte Linie). Alle Aktivierungen durchlaufen ein WTA-Netz. (b) Die Einflüsse der inneren Aktivierung auf die Motivationen anderer Agenten.

7. Motivationen als Entscheidungshelfer

plätzen und kleinen Wasserpfützen. Das Verhalten dieser Kreaturen wird durch einen Satz von Verhaltensagenten kontrolliert. Jeder einzelne Agent wird durch seine innere Aktivierung beschrieben. Die Netze, die das Verhalten im einzelnen steuern, sind der Übersichtlichkeit halber nicht dargestellt. Man könnte dabei an ein System wie das in Abb. 46 beschriebene Schwingnetz denken. Die innere Aktivierung entspräche dabei dem Ausgang des Selektornetzes. Wie kommen die inneren Aktivierungen nun zustande? Wie beim Lorenzmodell gibt es zwei Größen, die Reizintensität und die Stärke der Motivation, die hier additiv miteinander verknüpft werden (Abb. 50 a). Ihre Summe wird *innere Aktivierung* genannt. Das Modell enthält zehn Agenten. In Abb. 50 b sind sie durch die Bezeichnung für ihr jeweiliges Verhalten charakterisiert. Für manche Agenten ist die Motivationsstärke als konstant angenommen. Bei anderen Agenten wird die Motivation wie im Lorenzmodell gesenkt, wenn das Verhalten tatsächlich ausgeführt wird (unterbrochene Linie in Abb. 50 a).

Die einzelnen, parallel angeordneten Verhaltensagenten sind auf zwei Ebenen miteinander verknüpft. Die untere Ebene verwendet die innere Aktivierung der verschiedenen Agenten. Diese wird in eine WTA-Schaltung (s. Kap. 8) gegeben, die dafür sorgt, daß nur eine Verhaltensweise, und zwar jeweils die mit der stärksten inneren Aktivierung, zur Ausführung kommt.

Auf der darüberliegenden Ebene können die einzelnen Agenten die Motivationen bestimmter anderer Agenten und damit deren Chancen beeinflussen, diesen abschließenden Wettbewerb zu gewinnen. Diese Beeinflussung, die hemmend oder erregend sein kann, ist um so stärker, je höher die innere Aktivierung des beeinflussenden Agenten ist. Diese Verknüpfungen gelten nicht für alle Agenten in gleicher Weise, wodurch eine versteckte Hierarchie eingeführt wird. Erregende Einflüsse sind in Abb. 50 b als Pfeile, hemmende Einflüsse mit einem stumpfen Ende dargestellt. So hemmt z. B. eine hohe innere Aktivierung des Kampfverhaltens die Motivation und damit auch die innere Aktivierung des Fluchtverhaltens. Die erregenden Verknüpfungen sind so ausgewählt, daß sie sinnvolle Zeitbeziehungen zwischen zwei Verhaltensweisen unterstützen können. Wird ein bestimmtes Verhalten, z. B. „suche Futter", mit hoher Intensität ausgeführt, so wird dabei auch die innere Aktivierung des Folgeverhaltens, in diesem Falle „Fressen" erhöht. Dadurch erhöht sich zugleich die Wahrscheinlichkeit, daß sich dieses Verhalten nach Erreichen des Futters gegen die anderen Verhaltensweisen im WTA-Netz durchsetzt und ausgeführt wird. Einflüsse, die Folgeverhalten aktivieren, sind als durchgezogene Pfeile dargestellt. Besitzt ein Verhaltensagent eine hohe innere Aktivierung, was auf eine hohe Motivation hindeutet, fehlt aber der auslösende Reiz, so wird das Vorgängerverhalten aktiviert. Diese Einflüsse sind durch unterbrochene Pfeile dargestellt. So wird bei hoher innerer Aktivierung von „Fressen" auf diese Weise der Agent „suche Fressen" aktiviert, so daß dieses, in dieser Situation sinnvolle, Verhalten eine höhere Chance bekommt, ausgeführt zu werden. Dieser Agent könnte wiederum, falls er nicht erfolgreich ist, die Motivation seines Vorgängers, nämlich „Erkundungsverhalten", erhöhen.

Dieses Modell, obwohl sehr einfach, zeigt eine Reihe interessanter Analogien zum Verhalten von Tieren. Die Verhaltensweise des Gesamtsystems hängt sowohl von dem inneren Zustand, den Motivationen, ab als auch von dem Zustand der Außenwelt. Je nach innerem Zustand kann es also auf dieselbe Reizsituation unterschiedlich reagieren. Es verhält sich „opportunistisch". So kann es, obwohl eigentlich sein Hunger größer ist als der Durst, Trinkverhalten zeigen, wenn gerade Wasser vorhanden ist. Ein System, bei dem ausschließlich die Motivation, nicht aber die aktuelle Reizsituation für die Auswahl der Verhaltensweise entscheidend wäre, würde in diesem Zustand nur nach Futter suchen. Das System kann auch Übersprungsverhalten zeigen. Wenn etwa Kampf und Angst sowohl groß als auch gleich stark sind und sich deshalb durch die wechselseitige Hemmung gegenseitig stark unterdrücken, kann ein drittes Verhalten die Entscheidung des WTA-Netzes gewinnen. Das System zeigt, wie dies auch bei Tieren zu finden ist, die Eigenschaft, daß die Aufmerksamkeit für einen bestimmten Reiz variieren kann. Bei starker Motivation für eine Verhaltensweise können andere, wiewohl wichtige, Agenten unterdrückt werden. So ist es möglich, daß das Modell bei sehr großem Hunger das Verhalten „Hindernisvermeidung" nicht zum Zug kommen läßt und es in seinem Drange gegen das Hindernis läuft, was es normalerweise nicht tun würde. Es „konzentriert" sich sozusagen zu stark auf nur ein Problem und vernachlässigt deshalb die Bearbeitung anderer Probleme. Durch die erregenden Einflüsse auf das Folgeverhalten besitzt das System die vorteilhafte Eigenschaft der Antizipation. Das Hinlaufen zu einem Artgenossen erhöht bereits die Kampfbereitschaft, noch bevor also der auslösende Reiz wahrgenommen wird. Anders gesagt: Beim Hinlaufen zum Futter kann einem schon der Speichel im Munde zusammenlaufen, auch bevor man das Futter selbst sieht. Auch Lorenz' Annahme, daß die Motivation für ein bestimmtes Verhalten kontinuierlich zunimmt, solange dieses Verhalten nicht ausgeführt wird, könnte in das System, zumindest für einige ausgewählte Verhaltensweisen, eingebaut werden. Das System kann dann auch Leerlaufverhalten zeigen.

Trotz einfachsten Aufbaues, die detaillierte Struktur der Agenten haben wir hier stark vereinfacht (doch können, wie gesagt, die Agenten des Laufmodells [Abb. 46] als Veranschaulichung dienen), findet sich in diesem Modell, das das Auswählen zwischen verschiedenen Verhaltensweisen beschreibt, bereits eine große Zahl von Eigenschaften von Tieren wieder, die relativ komplexes Verhalten zeigen.

Die Bedeutung der Motivation stellt M. Cabanac so dar, daß jede Reizsituation nicht nur durch die jeweiligen, über die Sensorik erfaßten physikalischen Werte beschrieben wird, sondern daß dazu noch ein, für jeden Verhaltensagenten möglicherweise verschiedener Wert (Parameter) hinzukommt, den er mit *Freudefaktor* (pleasure) bezeichnet. Zusammengenommen ergibt sich aus diesen Parametern für jeden Agenten ein Wert, aufgrund dessen eigentlich ganz unvergleichbare Agenten wie „Kampf", „Hunger" oder „Schlaf" miteinander verglichen werden können, um so eine Entscheidung zu ermöglichen. Wir erhalten sozusagen eine gemeinsame Währung, die es erlaubt, die sprichwörtlichen Äpfel und Birnen doch miteinander vergleichen zu können.

Wir haben bisher relativ einfache Motivationszustände, wie Hunger oder Durst, betrachtet. Wie steht es mit den komplexeren Zuständen, die wir Emotionen nennen? Auch sie werden als Systeme interpretiert, die helfen, zwischen verschiedenen Verhaltensweisen entscheiden zu können. Um die funktionale und die subjektive Komponente voneinander trennen zu können, wird die letztere häufig mit *Gefühl* bezeichnet. Die Einteilung der Emotionen bzw. Gefühle hängt sehr von den kulturellen Rahmenbedingungen ab, so daß eine systematische Einteilung schwierig ist. Recht deutlich erkennbar zeigen sich bei kleinen Kindern die Kategorien Freude, Ärger, Trauer und Angst. Man kann deshalb vermuten, daß diese die grundlegenden Emotionen darstellen. Diese Annahme wird dadurch unterstützt, daß man am Gesichtsausdruck von Personen neben diesen vier Emotionen sehr deutlich noch zwei weitere, nämlich Überraschung und Ekel, ablesen kann. Bei Erwachsenen kommen u. a. hinzu: Wut, Neugierde, Sorge, Panik und Scham.

Aubé und Senteni gehen davon aus, daß man alle Motivationszustände in zwei große Gruppen aufteilen kann, die sie mit *Bedürfnissen* (needs) wie Hunger oder Durst (H. Schmitz nennt das *leibliche Regungen*) und mit Emotionen, die von den subjektiv erlebten Gefühlen begleitet werden, bezeichnen. Der biologische Sinn der Bedürfnisse besteht nach Aubé und Senteni darin, daß, wie an Hand des Maes-Modells besprochen, die Aktivität des Individuums in bezug auf direkt, d. h. ohne die Hilfe anderer Artgenossen, konsumierbare Ressourcen kontrolliert werden kann. Emotionen hingegen spielen eine Rolle, wenn entsprechende Informationen zwischen verschiedenen Individuen ausgetauscht werden müssen, um Ressourcen ausnutzen zu können, die nur unter Mithilfe anderer Individuen erreichbar sind. Der hierfür notwendige Informationsaustausch ist natürlich keineswegs an die Sprache gebunden, sondern kann auch auf andere Weise stattfinden. Denken Sie nur an die Mimik des Menschen oder an die Warnrufe von Vögeln.

Während man sich sehr wohl vorstellen kann, daß Motivationen – die Bedürfnisse nach Aubè und Senteni – im Sinne der besprochenen einfachen Beispiele wie etwa dem Model von Maes durchaus in künstlichen Systemen dargestellt werden können, ist die Möglichkeit der Realisierung von Emotionen wegen ihrer Komplexität, ganz abgesehen vom Problem des Erlebnisaspektes (siehe Kap. 14), zur Zeit nicht erkennbar.

8. Kann ein Automat Entscheidungen treffen?

Bisher haben wir uns fast ausschließlich mit Systemen befaßt, bei denen die Informationen in einer Richtung, nämlich von der Registrierung der Sinneseindrücke zur Steuerung der Bewegung fließen: Die Reize werden von den sensorischen Systemen aufgenommen, von dort an die zentralen Systeme weitergegeben, und diese erzeugen letztlich die Kommandos für die motorischen Systeme. Dieser in eine Richtung laufende Informationsfluß ist zwar gedanklich am einfachsten nachzuvollziehen, entspricht aber sicherlich nur in seltenen Fällen der Wirklichkeit. Bereits das eben besprochene System, bei dem die Agenten sich auf einer inneren Ebene gegenseitig beeinflussen, stellt bei genauer Betrachtung ein Netz dar, bei dem die Information auch in umgekehrter Richtung fließt.

Noch deutlicher zeigt sich die Notwendigkeit solcher sogenannter *rekurrenter* Verbindungen bei der Betrachtung des Gesichtes in Abb. 23. Das Gesicht wird dann, wenn man es schon kennt, sofort wahrgenommen. Die gespeicherte Information wirkt sich also ganz wesentlich auf den Erkennungsprozeß aus. Daß solche rekurrenten Verbindungen offenbar sehr wichtig sind, kann man auch der folgenden Tatsache entnehmen. Ein bestimmter Abschnitt des Gehirns, das sogenannte Geniculatum laterale, stellt die, nach der Retina, zweite Verarbeitungsstufe unseres visuellen Systems dar. Nun kommen erstaunlicherweise etwa 90 % der in das Geniculatum einlaufenden Nervenleitungen nicht etwa von der Retina, sondern umgekehrt über rekurrente Leitungen von höheren Stationen des Gehirns.

Was könnten die Funktionen solcher rekurrenter Verbindungen sein? An Krebsen konnte gezeigt werden, daß mit Hilfe solcher rekurrenter Verbindungen bestimmte Signale selektiv unterdrückt werden können. Welche Signale sind dies? Das motorische System, das die Beinbewegungen kontrolliert, weist sogenannte *Widerstandsreflexe* auf. Wird bei einem stehenden Tier durch eine äußere Störung ein Gelenk bewegt, so arbeitet dieser Widerstandsreflex gegen diese Störung an. Dies entspricht dem klassischen Kniesehnenreflex. Man spricht dabei auch von einem *Regelsystem mit negativer Rückkopp-*

8. Kann ein Automat Entscheidungen treffen?

lung. Will das Tier bei einer aktiven Bewegung jedoch, wie oben beschrieben, eine positive Rückkopplung einsetzen, so wird die Meldung des Sinnesorganes, das den Widerstandsreflex auslösen würde, über ein von der Zentrale kommendes Signal gehemmt. Diese Hemmung wirkt, wie F. Clarac zeigen konnte, präsynaptisch. Das heißt, daß das von der Zentrale kommende Signal die von dem Sinnesorgan kommenden Signale, die z. B. den Gelenkwinkel registrieren, hemmt, und zwar noch bevor diese über die entsprechenden Synapsen auf die Motoneurone einwirken können.

Bei Krebsen wurde noch eine ganz andere Art von Rückwirkung gefunden. Es wurde bei Sinnesorganen, die eine größere Zahl von Sinneszellen besitzen, beobachtet, daß die von den einzelnen Sinneszellen ableitenden Fasern, noch bevor sie Kontakt zu weiteren Nervenzellen haben, untereinander elektrisch verbunden sind. Über diese Querverbindungen können sich die einzelnen Nervenleitungen gegenseitig erregen. Wie wirkt sich dies aus? Sobald die erste dieser Sinneszellen erregt wurde, kann ihr Aktionspotential über diese Verbindungssstelle die Leitungen der anderen Sinneszellen erregen. Das bewirkt einmal eine Verstärkung dieses Signales, da sich nun alle auf diese Weise erregten Sinneszellen gleichzeitig auf die Zentrale auswirken. Dies ist allerdings noch keine rekurrente Wirkung. Da Nervenfasern, im Unterschied zu den meisten Synapsen, das Signal in beiden Richtungen leiten können, laufen die indirekt ausgelösten Aktionspotentiale außerdem in der „falschen" Richtung nach außen.

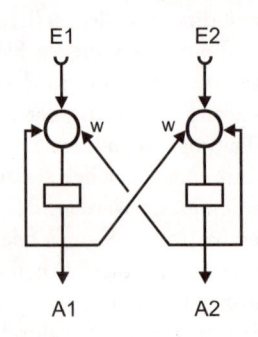

Abb. 51: Ein einfaches, aus nur zwei Neuronen bestehendes rekurrentes Netz. Die Eingangserregungen E1 und E2 ergeben zusammen mit den rekurrenten Signalen die Werte der Ausgangsgrößen A1 und A2. Der Ausgabewert des linken Neurons berechnet sich nach $A1_{t+1} = A1_t - w\, A2_t + E1$.

Dabei begegnen sie den etwas später ausgelösten Potentialen der anderen Sinneszellen und löschen diese beim Zusammentreffen aus. Durch diese rekurrente Hemmung wird nur der Beginn der Erregung, dieser aber wegen der erwähnten Verstärkung mit hoher Intensität, nach oben gemeldet.

Ein zweites wichtiges, bereits angesprochenes Problem kann durch rekurrente Systeme gelöst werden, nämlich eine Entscheidung zwischen mehreren, verschieden stark aktivierten Agenten zu treffen (Abb. 51). Wir wollen hier den einfachen Fall von zwei konkurrierenden Agenten mit der Erregung E1 und E2 betrachten. Diese Aktivierungen werden als Eingangssignale E1 bzw. E2 in das schon angesprochene WTA-Netz gegeben. Das ist eine einfache Schaltung, bei der rekurrente Verknüpfungen jeder Einheit alle anderen Konkurrenten hemmend beeinflussen, also zu unterdrücken versuchen. Die Ausgangsgrößen A1 und A2 sind dabei beschränkt, z. B. auf Werte zwischen −1 und 1.

Bei einem rekurrenten System läuft die Information mehrfach im Kreise. Führt man die einfache Rechnung entsprechend mehrfach hintereinander durch, so zeigt sich, daß sich das System im Fall einer hinreichend starken wechselseitigen Hemmung am Ende stets für einen von zwei möglichen Zuständen, nämlich A1 = 1; A2 = −1 oder A1 = −1; A2 = 1 entscheidet, selbst wenn der Unterschied zwischen E1 und E2 sehr gering ist. Dieses Prinzip funktioniert auch bei mehr als zwei Einheiten. Stets erhält die stärkste den gesamten „Gewinn", alle anderen gehen leer aus. Diese Eigenschaft hat dem System die englische Bezeichnung *WTA* (winner take all) eingebracht.

Rekurrente Netze können auf diese Weise kleine Unterschiede verstärken. Dies kann zur Kontrastverstärkung genutzt werden oder, wie in unserem Fall, eine Entscheidung zwischen Agenten garantieren. Mit diesem Prinzip kann aber sogar dann eine Entscheidung getroffen werden, wenn die Situation mehrdeutig ist.

Ein bekanntes, von dem Schweizer Necker im Jahre 1834 publiziertes Beispiel einer mehrdeutigen sensorischen Situation bietet der *Neckerwürfel* (Abb. 52a). Dieses an sich zweidimensionale Bild wird vom Betrachter in einer von zwei möglichen dreidimensionalen, also räumlichen Interpretationen gesehen. Man glaubt, entweder von links unten oder von rechts oben auf den Würfel zu blicken. (Bei längerem Betrachten springt interessanterweise der eine Zustand nach einigen Sekunden in den jeweils anderen um.) Unser Gehirn ent-

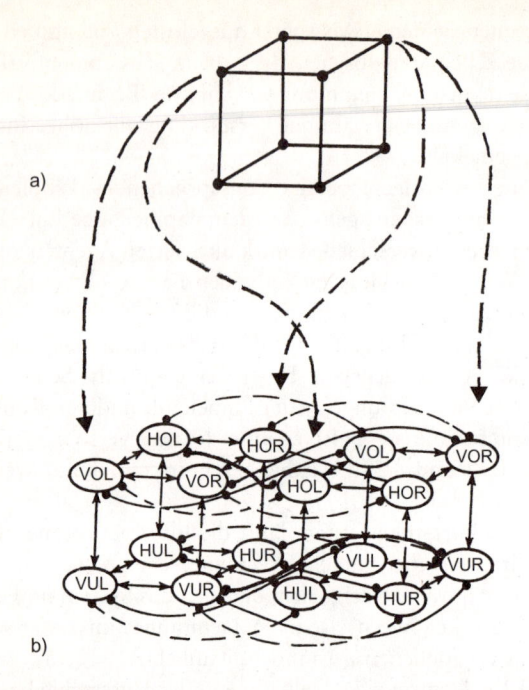

Abb. 52: Der Neckerwürfel (a) und ein aus 16 Einheiten bestehendes rekurrentes Netzwerk (b). Jede der Einheiten steht für eine der beiden möglichen Interpretationen jeder Ecke des Würfels, z. B. bedeutet VUL: vordere untere linke Ecke und HOR: hintere obere rechte Ecke. Erregende Verbindungen zwischen diesen Einheiten sind durch Pfeile, hemmende Verbindungen durch Punkte symbolisiert. Das Netz kann zwei stabile Zustände annehmen, die je einer der beiden räumlichen Interpretationen des Neckerwürfels entsprechen.

scheidet sich also für eine von zwei gleichberechtigten räumlichen Interpretationen. Man muß sich allerdings darüber im klaren sein, daß noch andere Interpretationen, z. B. die des platten, zweidimensionalen Bildes, denkbar wären. Oder etwa die linke untere Ecke könnte als ein Ausschnitt eines von rechts oben gesehenen Würfels und die linke obere Ecke als die eines von links unten gesehenen Würfels interpretiert werden usw. Wir schaffen es aber nur mit großer Mühe, von einer der beiden räumlichen Interpretationen wegzukommen. Wie kann man sich vorstellen, daß ein deterministisches System mit solchen mehrdeutigen Situationen zurechtkommen kann? Ist es denn denkbar, daß sich ein einfaches, festverdrahtetes System in einer zweideutigen und absolut symmetrischen, also eigentlich nicht entscheidbaren Situation trotzdem klar für eine von beiden Möglichkeiten entscheidet?

Dies ist kein grundsätzliches Problem. Schon ein einfaches rückgekoppeltes künstliches neuronales Netz besitzt eine solche Eigenschaft. Wie ist dieses Netz aufgebaut? Jede der acht Ecken des Würfels kann auf zwei Arten interpretiert werden, z. B. kann der in der zweidimensionalen Darstellung linke untere Eckpunkt die hintere oder die vordere untere Ecke darstellen. Für die acht Ecken gibt es insgesamt also 16 Interpretationen. J. Feldman hat deshalb ein rückgekoppeltes Netzwerk konstruiert, das 16 Einheiten enthält, wobei jede Einheit für eine dieser 16 Interpretationen steht. Ist eine Einheit aktiviert, so bedeutet dies, daß diese Interpretation akzeptiert ist. Nun gibt es drei Arten von Verbindungen zwischen diesen Einheiten. Für jede Ecke des Würfels darf zur selben Zeit nur eine Interpretation möglich sein. Eine Ecke kann nicht gleichzeitig vordere und hintere untere Ecke darstellen. Um dies zu erreichen, sind jeweils die beiden Einheiten, die je zwei Interpretationen derselben Ecke darstellen, so verschaltet, daß sie sich gegenseitig hemmen (in der Abb. 52 dargestellt durch unterbrochene Linien mit Punkten an den Enden). Die zweite Art der Verknüpfung ergibt sich daraus, daß dieselbe Interpretation, z. B. linke untere Ecke, nicht zweimal in dem Bild vorkommen sollte. Deshalb müssen sich auch jeweils die zwei Einheiten, die dieselbe Interpretation tragen, gegenseitig hemmen (durchgezogene Linien mit Punkten). Schließlich sollten sich solche Einheiten, die eine lokal konsistente Interpretation bieten, gegenseitig unterstützen. Dazu sind in jeder der beiden richtigen Interpretationen jeweils zwei benachbarte Einheiten so verknüpft, daß sie sich gegenseitig erregen (Pfeile). Startet man dieses Netzwerk mit einer beliebigen Anfangserregung, so findet man nach einiger Zeit (die von der Stärke der Verknüpfungen abhängt), daß entweder die acht Einheiten der einen oder die der anderen Interpretation maximal erregt sind, während die jeweils anderen Einheiten geringe Erregung zeigen. Es hat sich also eine der beiden möglichen Interpretation durchgesetzt.* Diese Entscheidung hängt von der zufälligen Verteilung der Anfangserregungen ab. Im biologischen Experiment kann der Zufall

---

* Die erwähnte Zeitabhängigkeit soll hier nicht betrachtet werden.

darin bestehen, daß man zuerst auf die linke untere Ecke blickt und dann das Bild von dieser Stelle ausgehend stabilisiert wird.

Das System hat sich also von einem symmetrischen Anfangszustand ausgehend für eine der – in diesem Falle zwei – möglichen Lösungen entschieden. Es hat hierbei, wie man gelegentlich sagt, ein „Symmetriebruch" stattgefunden. Solche Symmetriebrüche kann man auch beobachten, wenn man Verhalten in sozialen Systemen – wie etwa Ameisenstaaten – untersucht. Dies ist nicht nur insofern interessant, als wir auf diese Weise verstehen können, wie Individuen in einer Gruppe zusammenarbeiten können. Man kann vielmehr auch, wie wir das bisher schon getan haben, das Zentralnervensystem eines Tieres als eine Sammlung kooperierender und konkurrierender Agenten betrachten und die vergleichsweise einfach zu untersuchenden Kooperationsmechanismen sozialer Tiere auf die innerhalb eines Gehirns stattfindende Kooperation der neuronalen Agenten anzuwenden versuchen.

Unsere Waldameisen beuten, im Unterschied zu den früher behandelten Wüstenameisen, typischerweise nahrungsreiche Futterquellen

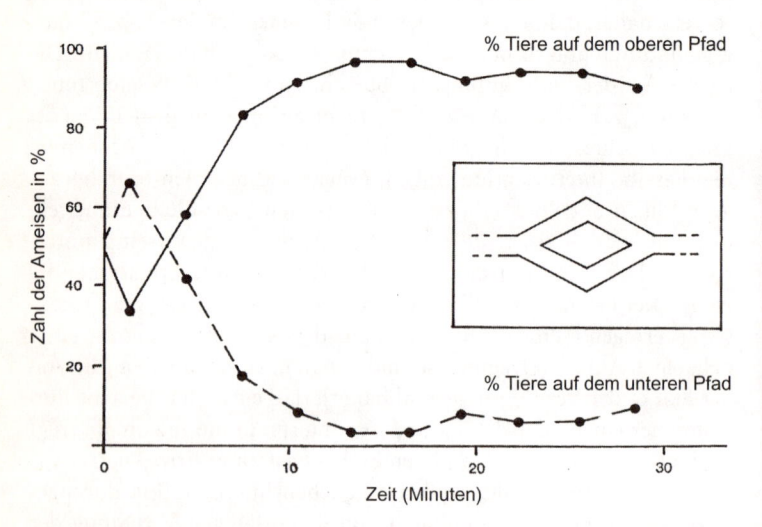

Abb. 53: Ameisen entscheiden sich an der Aufzweigungsstelle zunächst zufällig für den im Bild oberen (durchgezogene Linien) oder unteren (unterbrochene Linien) Pfad. Nach kurzer Zeit haben sich jedoch fast alle Tiere für eine der beiden Möglichkeiten „entschieden". In unserem Beispiel ist das der obere Pfad.

aus. Daher lohnt es sich, eine Ameisenstraße, also einen Pfad vom Nest zur Futterquelle und zurück anzulegen, auf dem sich viele Individuen bewegen. Dieser Pfad wird durch Duftsubstanzen markiert, die die Ameisen beim Rücklauf von einer ertragreichen Futterquelle am Boden anbringen. Mit der Zeit verdunstet dieser Duftstoff, so daß die Markierung verschwindet, wenn die Futterquelle versiegt ist. Bietet man im Experiment den Ameisen einen Pfad, der eine symmetrische Verzweigungsstelle enthält (Abb. 53), so daß zwei verschiedene, aber gleichlange Pfade möglich sind, so wählt jede Ameise zu Beginn des Experimentes zufällig und mit gleicher Wahrscheinlichkeit den in der Abbildung unteren bzw. oberen Pfad. Nach einiger Zeit haben sich jedoch alle Ameisen auf einen der beiden Pfade festgelegt. Wer aber hat den Ameisen gesagt, daß sie sich für einen der Pfade entscheiden sollen? Und für welchen? Wer ist für diesen Symmetriebruch verantwortlich? Die Lösung ist ganz einfach. Die Ameisen verteilen sich zunächst, wie gesagt, etwa gleichmäßig auf den oberen bzw. den unteren Pfad. Aber eben nur in etwa. Durch zufällige Schwankungen wird einer der beiden Pfade gelegentlich etwas häufiger besucht. Dadurch wird dieser etwas stärker beduftet. Dies lockt wieder mehr Ameisen auf diesen Pfad, wodurch er noch mehr beduftet wird. Dies setzt sich fort, bis der Unterschied so groß ist, daß schließlich alle Ameisen nur noch diesen Pfad benutzen.

Während wir beim WTA-System eine Entscheidung dadurch erhielten, daß die auf die anderen Agenten rückwirkenden Einflüsse hemmender Natur waren, was oft mit *negativer Rückkopplung* bezeichnet wird, haben wir hier den Fall, daß die Entscheidung nur durch eine *positive Rückkopplung* erzwungen wird. Wenn sich einige Ameisen häufiger für den oberen Pfad entscheiden, werden sich beim nächsten Mal noch mehr Ameisen für diesen Pfad entscheiden. Das Prinzip kann man, wie gesagt, auch auf Agenten innerhalb eines Gehirns anwenden. Die positive Rückkopplung des beim Laufsystem verwandten Selektornetzes ist ein Beispiel hierfür.

Rekurrente Systeme können aber auch zu komplexeren „Sozialstrukturen" führen als der, daß einer gewinnt und alle anderen in die Gruppe der Verlierer geschickt werden. Hierzu wollen wir noch ein Strukturierungsbeispiel sozialer Systeme betrachten. Soziale Wespen der Art *Polistes dominulus* bilden einen Staat von etwa 20 Tieren, der sich aus einer Königin, einer Reihe von Nestarbeiterinnen und einer Zahl von Sammlerinnen, die Nahrung außerhalb des Nestes suchen, zusammensetzt. Alle diese Tiere sind Weibchen, die, etwas anders als bei Honigbienen, im Prinzip jeden dieser Berufe annehmen könnten. Wie bildet sich dann die beobachtete Sozialstruktur heraus? Wer bestimmt, daß es nur eine Königin gibt und welches Individuum dafür ausgewählt wird? Wie wird festgelegt, wer Nestarbeiterin und wer Sammlerin wird?

G. Therolaz konnte zeigen, daß hierbei zwei unterschiedliche Arten von Interaktionen wichtig sind. Zum einen gibt es stets, wenn sich zwei Tiere im Nest begegnen, einen kurzem Kampf oder auch nur den Ansatz hierzu, der mit der Drohgebärde des einen und der Unterordnung des anderen endet. Beim Gewinner nimmt eine innere Größe, nennen wir sie „Selbstbewußtsein", zu, wodurch die Wahrscheinlichkeit, den nächsten Kampf zu gewinnen und damit den Gegner zu unterdrücken, ebenfalls zunimmt. Hier haben wir wieder das WTA-Prinzip vorliegen, von dem wir bereits wissen, daß es dazu führt, daß schließlich einer gewinnt und alle anderen Mitglieder der Gruppe unterdrückt werden.

Die zweite Interaktion betrifft das Zusammentreffen von hungrigen Larven mit den erwachsenen Tieren. Je häufiger eine Arbeiterin mit den hungrigen Larven in Kontakt kommt, desto stärker wird ihre Neigung, auszufliegen und Nahrung zu sammeln. Wie kommt es nun dazu, daß sich die Arbeiterinnen in zwei Gruppen aufspalten? Hierzu muß noch gesagt werden, daß sich die Larven nahe des Nestzentrums befinden, während die Waben am Rande des Nestes keine Larven, sondern Futter enthalten und hier auch neue Waben gebaut werden. Für alle von der Königin unterdrückten Arbeiterinnen gibt es nun offenbar zwei stabile Möglichkeiten. Entweder sie haben zufälligerweise schon zu Beginn mehrere Begegnungen mit der Königin, haben deshalb einige Kämpfe verloren und daher ein sehr geringes „Selbstbewußtsein". Sie meiden deshalb die Königin so gut es geht und halten sich möglichst weit entfernt von ihr eher am Rande des Nestes auf. Dies hat zur Folge, daß sie auch nur wenig Kontakt mit den Larven bekommen. Andere Arbeiterinnen, die nur aus Zufall zunächst weniger Begegnungen mit der Königin hatten, halten sich zunächst noch häufiger im Bereich der Larven auf. Der Kontakt mit den Larven stimuliert sie zum Ausfliegen, was wiederum bewirkt, daß sie weniger Kontakt mit der Königin haben. Sie werden also auch weiterhin weniger unterdrückt, wodurch sich ihr „Selbstbewußtsein" einigermaßen hält und sie so auch weiterhin Kontakt mit Larven bekommen. Das erinnert an die Situation mancher Ehepaare, deren Ehe sich vor allem deshalb stabil hält, weil sich beide Partner nur wenig sehen.

Diese verbale Beschreibung mag zwar plausibel klingen, ist aber sicher nicht so zwingend, daß man von der Richtigkeit dieser Überlegungen absolut überzeugt sein muß. Von der Richtigkeit haben sich Therolaz und Mitarbeiter auch selbst nur durch den Einsatz einer entsprechenden Computersimulation überzeugen lassen, die, wie in Abb. 54 gezeigt, genau diese Aufteilung der zunächst identischen Individuen in drei Klassen ergab. Die Übereinstimmung zwischen Modell und Beobachtung des Verhaltens der Tiere konnte auch in zwei wichtigen Punkten bestätigt werden. Erhöht man im Experiment oder in der Simulation die Zahl der Larven, so entscheiden sich mehr bisherige Nestarbeiterinnen dazu, zum Futtersammeln auszufliegen, was nebenbei auch biologisch sinnvoll ist. Entfernt man in einem anderen Experiment die Königin, so setzt sich, gemäß dem WTA-Prinzip, sehr schnell die nächststärkere Arbeiterin durch und nimmt nun die Position der Königin ein. Das System ist also außerordentlich anpassungsfähig. Auch dieses Beispiel für eine effektive Selbstorganisation könnte auf Gruppen von Robotern und möglicherweise auch auf Agenten innerhalb des Zentralnervensystems angewandt werden.

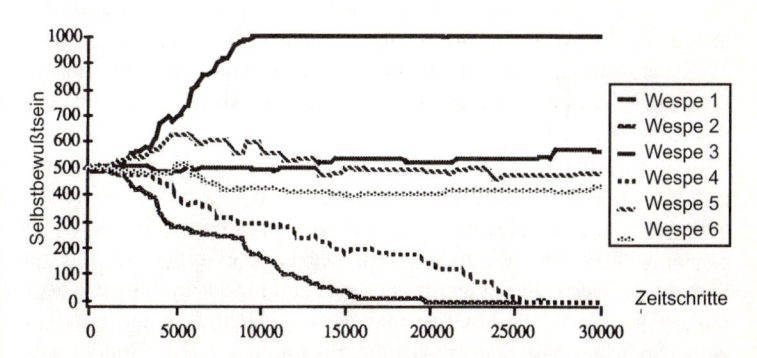

Abb. 54: Das Ergebnis einer Simulation der Stärke des „Selbstbewußtseins" von 6 Wespen. Im Laufe der Zeit (Abszisse) entwickelt ein Individuum den maximal möglichen Wert von 1000 und wird dadurch zur Königin. Drei andere bleiben etwa bei dem anfänglich für alle angesetzten Wert von etwa 500 (Sammlerinnen), während sich zwei Individuen mit extrem niedrigen Werten zu Nestarbeiterinnen entwickeln.

9. Was man alles weiß – das Gedächtnis

Ein intelligentes System sollte natürlich ein Gedächtnis besitzen. Das heißt, es sollte die Fähigkeit haben, Informationen aufrufen zu können, die nicht direkt durch die aktuelle Reizsituation gegeben sind. Solche Informationen können durch Lernen erworben worden sein, aber dies ist keineswegs die einzige Möglichkeit. Die Information kann ja auch angeborenermaßen vorhanden sein. Man spricht dann vom Artgedächtnis, das im Laufe der Evolution erworben, also nur in diesem übertragenen Sinne „gelernt" wurde. Praktisch alle bisher beschriebenen Verhaltensweisen und „Verhaltensagenten" stellen Teile von Artgedächtnissen dar, ohne daß wir allerdings diesen Begriff verwandt hätten. Die futtersuchende Ameise hat ein Gedächtnis dafür, wie man einen Suchlauf durchführt und ebenso eines dafür, wie man den geraden Weg zum Nest einschlagen kann. Das in Kap. 6 beschriebene Laufsystem Walknet besitzt u. a. ein Gedächtnis für Schwingbewegung und für Stemmbewegung, und das separat für jedes Bein. Ein besonders einfaches Beispiel stellt unser Perzeptron (Abb. 27) dar, bei dem vier verschiedene Verhaltensweisen durch unterschiedliche Reizsituationen aufgerufen werden können. In ganz extremer, schon fast bis zur Unkenntlichkeit vereinfachter Form besitzt auch jedes Braitenberg-Vehikel (Kap. 5, Abb. 29, 30) ein Gedächtnis. Hier trifft allerdings die oben genannte Definition – Aufrufen von Information, die nicht direkt durch die aktuelle Reizsituation gegeben ist – nur noch bei viel gutem Willen zu. Wie bei diesen künstlichen Systemen werden natürlich auch in den biologischen Systemen die Gedächtnisinhalte durch jeweils geeignete externe oder interne Signale aktiviert. Dies gilt ganz entsprechend für das System, das normalerweise gemeint ist, wenn man von Gedächtnis redet, nämlich dem „Speicher" für gelernte Gedächtnisinhalte, also das Individualgedächtnis. Wer Klavierspielen oder Fahrradfahren gelernt hat, also die entsprechenden Verhaltensagenten aufgebaut hat, kann diese auf entsprechende Signale hin aktivieren.

Wenn man spontan nach Beispielen für Gedächtnisleistungen gefragt wird, würde einem zunächst vermutlich keines dieser Beispiele in den Sinn kommen. Eher fällt einem ein, daß man sich an ein lang zurückliegendes Ereignis erinnern kann. Oder daß man sich Faktenwissen angeeignet hat und angeben kann, was ein Stuhl ist, ohne daß man sich erinnern kann, bei welcher Gelegenheit man das erlernte. Um die verschiedenen Aspekte von Gedächtnisleistungen besser unterscheiden und ansprechen zu können, hat man verschiedene Begriffe eingeführt.* Das reine Faktenwissen wird als *semantisches Gedächtnis* bezeichnet. Diesen Aspekt des Gedächtnisses kann man z. B. dadurch testen, daß die Versuchsperson einen ihr gezeigten Stuhl oder die Zeichnung eines Stuhles als Stuhl identifizieren muß. Wenn die Gedächtnisinhalte dagegen an ein Ereignis im Laufe des eigenen Lebens geknüpft sind, spricht man von *episodischem Gedächtnis*. Die Verwendung dieser beiden Begriffe sollte aber nicht zu der Annahme verleiten, daß es sich hier um zwei getrennte Systeme handeln muß. Eher stellen sie die Beschreibung der beiden Extremfälle eines Kontinuums dar.

Beiden Gedächtnistypen ist gemeinsam, daß die Gedächtnisinhalte mit Worten erklärt werden können. Man spricht hier deshalb vom begrifflichen oder deklarativen Gedächtnis. Andere, häufig verwendete Begriffe hierfür (explizites Gedächtnis, Was-Gedächtnis) sind in Abb. 55 zusammengestellt. Die oben genannten Beispiele wie Fahrradfahren, Klavierspielen und Navigieren ordnet man im Unterschied dazu dem sogenannten *prozeduralen Gedächtnis* zu, da der Gedächtnisinhalt hier im Beherrschen einer bestimmten Verhaltensprozedur besteht. Das prozedurale Gedächtnis ist daher zuständig für das „Wie" einer Sache und heißt deswegen auch implizites, nichtdeklaratives oder Wie-Gedächtnis. Die Definitionen sind nicht ganz genau identisch und hängen im Detail auch etwas vom Autor ab. Ein Hinweis, daß es sich beim deklarativen und prozeduralen Gedächtnis um zwei separate Systeme handeln könnte, ergibt sich daraus, daß bei Patienten mit Gedächtnisverlust (retrograde Amnesie, s. u.) meistens das deklarative Gedächtnis, aber nur selten das prozedurale Gedächtnis betroffen ist.

Vielen ist sicher auch eine andere Art der Unterteilung geläufig, die sich auf die Zeitdauer der gespeicherten Information bezieht

---

* Dies ist sicher nicht zu umgehen. Man muß sich aber darüber im klaren sein, daß die jeweilige Begriffswahl möglicherweise, ohne daß man dies zunächst merkt, auf die falsche Fährte führt und damit den wissenschaftlichen Fortschritt nicht unbeträchtlich behindern kann.

9. Was man alles weiß – das Gedächtnis

Gedächtnistypen

klassische Einteilung (nur Individualgedächtnis)	
prozedurales Gedächtnis = Wie-Gedächtnis = implizites Gedächtnis = habituelles Gedächtnis = nichtdeklaratives Ged.	deklaratives Gedächtnis = Was-Gedächtnis = explizites Gedächtnis = episodisches + semantisches Ged.

Einteilung nach Fuster (1995)			
Artgedächtnis	:		:
:	motorisches Gedächtnis		:
:	:	perzeptuelles Gedächtnis	
Individualgedächtnis	:		:

Abb. 55: Eine Zusammenstellung der wichtigsten zur Klassifikation verschiedener Aspekte von Gedächtnis verwandten Begriffe, wobei hier die statischen Eigenschaften im Vordergrund stehen. Der untere Teil der Tabelle zeigt eine von Fuster vorgeschlagene Einteilung, bei der Art- und Individualgedächtnis jeweils zusammengefaßt sind. Der fließende Übergang zwischen Art- und Individualgedächtnis drückt sich auch darin aus, daß das prozedurale Gedächtnis stärker dem Artgedächtnis, das deklarative Gedächtnis stärker dem Individualgedächtnis entspricht.

(Abb. 56). Die kürzeste Dauer hat das sogenannte *ikonische* oder *Ultrakurzzeitgedächtnis*. Hier werden Sinneseindrücke für weniger als eine Sekunde festgehalten. Dies stellt sozusagen ein Nachklingen der Aktivierung der Sinneszellen und der ersten Schritte der anschließenden Weiterverarbeitung dar. Es kann durch die sogenannte *Rückwärtsmaskierung* gestört werden. Das heißt, ein nachfolgender Stimulus kann den Inhalt des Ultrakurzzeitgedächtnisses „überschreiben" und damit die Erinnerung an den ersten Stimulus auslö-

	Kurzzeitgedächtnis (short term memory)		Langzeitgedächtnis (long term memory)
Ultrakurzzeitged. (iconic memory) < 1 sec	Sekundenged. (immediate, = recent mem.) < 10 sec	Minutenged. < 20 Min.	Stunden bis Jahre

Abb. 56: Eine Einteilung des Gedächtnisses nach zeitlichen Kriterien.

schen. Das Kurzzeitgedächtnis wurde früher in Sekunden und Minutengedächtnis unterteilt. Heute versteht man darunter meist das Sekundengedächtnis. Seine Speicherdauer beträgt ca. zehn Sekunden, sein Umfang ist begrenzt. Seine Wirkung kann man dann deutlich erleben, wenn etwa eine Uhr die Stunde geschlagen hat, ohne daß man die Schläge bewußt mitgezählt hat, und man anschließend versucht, die Zahl der Schläge aus dem Gedächtnis zu rekapitulieren. Bei fünf und weniger Schlägen hat man keine Probleme. Bei zehn und mehr schafft man es nicht mehr. Die Grenze liegt etwa bei sieben. Der Vorschlag, darüber hinaus ein Minutengedächtnis zu definieren, ergab sich aus dem Befund, daß nach einer Gehirnerschütterung häufig die Ereignisse, die einige Minuten vor dem Unfall abliefen, nicht mehr erinnert werden können (sog. retrograde Amnesie). Die Wirkung des Jahre anhaltenden Langzeitgedächtnisses kennt jeder. Zwar wird oft gesagt, daß der Speicherumfang des Langzeitgedächtnisses unbegrenzt sei, doch ist dies nicht nachgewiesen.

Es sollen hier noch zwei weitere Begriffe erwähnt werden, nämlich der sehr verbreitete Begriff des *Arbeitsgedächtnisses* sowie der weniger geläufige Begriff des *aktiven Gedächtnisses*. Beide sind sehr nahe miteinander verwandt. Auf den Unterschied soll deshalb hier nicht weiter eingegangen werden. Das Arbeitsgedächtnis ist im Prinzip das Kurzzeitgedächtnis, wobei allerdings das Maß der Speicherdauer nicht im Vordergrund steht. Der Begriff wird verwandt, um den Kurzzeitspeicher zu bezeichnen, den man bei vielen kognitiven Aufgaben wie Lesen oder Problemlösen, also z. B. dem Lösen von Rechenaufgaben, braucht. Das sind Aufgaben, die nicht so automatisiert gelöst werden können wie etwa eine Aufgabe des kleinen Einmaleins, sondern bei denen man sich Zwischenergebnisse merken muß. Die Dauer der Zwischenspeicherung kann durch Konzentration auf das Problem beeinflußt werden. Insofern bezeichnet der Begriff Arbeitsgedächtnis nicht genau dasselbe wie der Begriff Kurzzeitgedächtnis.

Die zentralen Fragen, die man gerne beantwortet hätte, sind unter anderem, wie und wo neue Speicherinhalte angelegt werden, also wie das Lernen überhaupt vonstatten geht; zweitens, wie und wo die Inhalte im Speicher gefunden und aktiviert werden. Wir wollen uns zunächst nur mit der zweiten Frage befassen und die mit dem Lernen zusammenhängenden Problem später behandeln.

Im Unterschied zur bisherigen Vorgehensweise in diesem Buch, bei der wir stets nach möglichst einfachen Beispielen gesucht haben, wol-

9. Was man alles weiß – das Gedächtnis

len wir hier vom vermutlich kompliziertesten Fall, nämlich dem Gedächtnis des Menschen ausgehen. Dies hat zwei Gründe. Zum einen sind die Untersuchungen am Menschen, auch aus methodischen Gründen, am intensivsten betrieben worden, daher ist hier der Wissensstand besonders gut. Zum anderen zeigt sich hier aber auch, insbesondere beim späteren Vergleich mit Simulationen, wie groß die Wissenslücken bezüglich des Verständnisses der zugrundeliegenden Mechanismen noch sind.

Wir wollen zunächst mit einem klassischen Experiment beginnen. Wenn man einer Gruppe von Versuchspersonen in gleichmäßigem Takt von etwa einer Sekunde hintereinander 40 Wörter vorliest und die Versuchspersonen gleich anschließend bittet, sich die Wörter zu notieren, an die sie sich erinnern können, so erhält man ein Ergebnis, wie es in Abb. 57 dargestellt ist. Neben einer gewissen erhöhten Wahrscheinlichkeit, daß die ersten drei bis fünf Wörter häufiger gemerkt wurden, ein Befund, den wir nicht weiter behandeln wollen, findet man stets, daß die letzten fünf bis neun Wörter bevorzugt erinnert werden. Dies wird so interpretiert, daß das Kurzzeitgedächtnis etwa sieben (+/– 2) Einheiten speichern kann, was übrigens, so wird gelegentlich argumentiert, der Grund für die in verschiedenen Zusammenhängen auffällige Bevorzugung der Zahl Sieben sein könnte. Man kann das Experiment etwas abändern, indem man irgendwo in

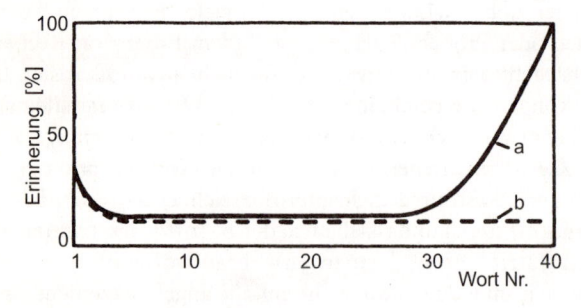

Abb. 57: Die Wirkung des Kurzzeitgedächtnisses. Auf der Abszisse sind die 40 Worte in der Reihenfolge aufgetragen, in der sie den Versuchspersonen vorgelesen wurden. Die Ordinate gibt der Anzahl der Versuchspersonen an, die sich an das jeweilige Wort erinnern konnten. (a) Die erinnerten Wörter wurden sofort nach dem Ende des Vorlesens notiert. (b) Zwischen dem Ende des Vorlesens und dem Notieren der Wörter wurde ein mit der Lösung von Kopfrechenaufgaben ausgefüllter Zeitraum von 30 Sekunden eingeschoben.

der Mitte der Wortreihe ein emotional belegtes Wort verwendet. Wie zu erwarten, wird dieses Wort ebenfalls besonders häufig erinnert, und zwar auf Kosten eines der anderen letzten Wörter.

Aus diesen und anderen Ergebnissen hat man auf einen Kurzzeitspeicher geschlossen und die Vorstellung entwickelt, daß es sich beim Kurzzeit- und Langzeitgedächtnis um zwei hintereinandergeschaltete Systeme handle, bei denen die Information erst in den Kurzzeitspeicher gelangen muß, um von dort in den Langzeitspeicher überführt werden zu können. Damit könnte man erklären, daß der weitaus größte Teil der von uns wahrgenommenen Information nicht in den Langzeitspeicher überführt wird.

Dieses Zweistufenmodell wird aber heute aus verschiedenen Gründen nicht mehr akzeptiert. Schon in unserem Experiment waren die beiden Speichertypen nicht voneinander zu trennen. Die im Experiment verwandten Begriffe lagen, da es sich um bekannte Worte handelte, ja als solche schon im Langzeitspeicher vor. (Um eine Trennung zu erreichen, hätte man das Experiment mit sinnlosen Silben durchführen müssen.) Der Langzeitspeicher war also ebenfalls beteiligt. Diese Beteiligung zeigt sich insbesondere auch darin, daß bestimmte Worte mit größerer Wahrscheinlichkeit erinnert werden, etwa weil sie wegen ihrer emotionalen Belegung früher einmal in irgendeiner Weise besonders „intensiv" im Langzeitspeicher abgelegt wurden. Als wichtiges Argument für das Zweistufenmodell wurde angeführt, daß viele Patienten, die aufgrund der Zerstörung bestimmter Teile des Gehirns kein Kurzzeitgedächtnis mehr besitzen, auch kein neues Langzeitgedächtnis mehr bilden können, während Informationen, die sie vor dem Unglück gespeichert haben, noch vorhanden sind, der Langzeitspeicher als solcher also noch intakt ist. Nun gibt es aber auch Patienten, bei denen der Kurzzeitspeicher zerstört ist, aber dennoch neue Informationen im Langzeitspeicher abgelegt werden können.*
Der Kurzzeitspeicher kann also keine in jedem Falle notwendige Vorstufe sein.

Heute geht man davon aus, daß es sich beim Kurzzeit- und Langzeitspeicher um ein und dasselbe System handelt. Beim Inhalt des Kurzzeitgedächtnisses kann es sich entweder um den kurzzeitig aktivierten Inhalt des Langzeitgedächtnisses handeln, oder aber um neue Gedächtnisinhalte, die nicht stark genug fixiert werden, um zu spä-

---

* s. z. B. Gaffan (1997).

terer Zeit wieder abgerufen werden zu können. Die Chancen, dauerhaft fixiert zu werden, hängen z. B. von der Intensität des Stimulus, seiner Bedeutung für das Individuum und der Häufigkeit der Wiederholung ab. Nach dieser Vorstellung gibt es also nicht zwei z. B. räumlich getrennte Systeme, eines für das Kurzzeit- und ein anderes für das Langzeitgedächtnis. Vielmehr ist die Unterscheidung lediglich in der Dynamik der Aktivierung der jeweiligen Gedächtnisinhalte zu suchen. Um diese zu verdeutlichen, wird der Kurzzeitspeicher, das Arbeitsgedächtnis, auch *aktives Gedächtnis* genannt, da hier die jeweils gerade aktivierten Gedächtnisinhalte vorliegen. Das Langzeitgedächtnis wird dann folgerichtig als *inaktives Gedächtnis* bezeichnet. Diese Zweiteilung sollte aber nicht den Blick dafür verstellen, daß es sicherlich graduelle Unterschiede in der Aktivierung gibt.

Computer besitzen Speicherplätze für Informationen, meist sogar außerordentlich viele. Es liegt deshalb nahe, Computerspeicher als Analoga für biologische Gedächtnisse zu verwenden. Dies kann allerdings in einem wichtigen Punkt leicht zu einer falschen Vorstellung führen. Beim klassischen Computer sind die Orte der Informationsverarbeitung und die Orte der Speicherung räumlich getrennt. Die Speicherplätze haben deshalb Adressen, mit deren Hilfe auf ihren Inhalt zugegriffen werden kann. Wir haben bei der Besprechung eines einfachen – künstlichen – neuronalen Netzes, des Perzeptrons (Abb. 23), aber auch bei *Aplysia* (Abb. 14) gesehen, daß in neuronalen Systemen die Speicherung der Informationen aber nicht von den Orten der Informationsverarbeitung getrennt ist. Es wäre deshalb irreführend, den Ort des Gedächtnisses im Gehirn an einer anderen Stelle zu suchen als an den Orten, an denen die Information verarbeitet wird, also die Prozesse ablaufen, die das Verhalten kontrollieren. Speicherplatz und Aktivierungssystem sind hier also identisch. Dies ist bei prozeduralen Gedächtnissen, die das Laufen kontrollieren (z. B. Walknet, Kap. 6), sehr deutlich zu erkennen. Es gilt aber ebenso für den sensorischen Bereich. Die Verarbeitung visueller Information, klassischerweise der Sinnesphysiologie zugeordnet, könnte daher ebenso als Bestandteil der Gedächtnisphysiologie angesehen werden. Nach dieser vielleicht etwas radikalen Sichtweise ist das Gedächtnis über den gesamten Kortex verteilt und umfaßt die subkortikalen Bereiche bis hin zum Rückenmark. Man könnte, diese Betrachtungsweise konsequent fortsetzend, sogar noch über das neuronale System hinausgehen und nicht nur das Immunsystem, sondern auch Änderungen der Muskeleigenschaften o. ä. als zum Gedächtnis gehörig ansehen. Wir wollen hier jedoch nicht soweit gehen und uns auf das neuronale System beschränken.

Jedes Individuum, sei dies ein lebender Organismus oder ein einfacher Roboter, ist zunächst mit dem eingangs erwähnten „Artgedächtnis" ausgestattet, und wir haben gesehen, daß dies für die meisten der in den vorhergehenden Kapiteln besprochenen Systeme die ausschließlich verwandte Form von Gedächtnis ist. Wenn die Systeme nicht zum Lernen befähigt sind, müssen sie ihr Dasein mit diesem Artgedächtnis fristen. Lernfähige Systeme können ihr Gedächtnis dagegen im Laufe des Lebens erweitern. Man nennt diese Erweiterung, wie schon erwähnt, das *Individualgedächtnis*. Im allgemeinen kann diese Erweiterung als eine Verfeinerung des bereits bestehenden Artgedächtnisses angesehen werden, da durch das Lernen im sensorischen bzw. motorischen Bereich neue und feinere Unterscheidungen möglich werden, die vorher nicht vorhanden waren. Die Verwendung der beiden Begriffe „Artgedächtnis" und „Individualgedächtnis" darf daher nicht dahingehend aufgefaßt werden, daß diese als zwei morphologisch oder funktionell getrennte Systeme zu sehen seien. Vielmehr ist zu vermuten, daß der Übergang so fließend ist, daß eine Trennung praktisch nicht möglich ist (Abb. 55).

Dies kann man sich an folgendem einfachen Beispiel verdeutlichen. Stellen Sie sich vor, daß ein oder zwei der oben für das Walknet, z. B. im Schwingnetz (Abb. 46), beschriebenen Gewichtswerte – aber nur diese – im Laufe der Zeit durch Lernen verändert werden würden. Alle übrigen Gewichte würden dann weiterhin zum Artgedächtnis gehören, die zwei veränderten – was ihre Änderung betrifft, nicht ihr Vorhandensein als solches – zum Individualgedächtnis. Eine derart spitzfindige Trennung ist aber sicher nicht sehr zweckmäßig.

Dies brachte Joaquin Fuster dazu, die klassische Trennung in prozedurales und deklaratives Gedächtnis dahingehend zu erweitern, daß jeweils die zugehörigen Artgedächtnisse eingeschlossen werden. Daraus ergibt sich eine neue Aufteilung, nämlich in das motorische Gedächtnis, also das prozedurale inklusive der angeborenen Prozeduren, und in das perzeptuelle Gedächtnis, also das deklarative inklusive der angeborenen sensorischen Teile (Abb. 55). Das letztere ist nach Fuster dafür da, die Außenwelt wahrzunehmen und zu interpretieren, das andere, um auf die Welt einzuwirken. Fuster schlägt, etwa für Säugetiere, sogar vor, eine morphologische Zuordnung derart zu treffen, daß das perzeptuelle Gedächtnis im posterioren Kortex (d. h. im hinteren Teil des Großhirns), das motorische Gedächtnis dagegen im präzentralen Kortex, also im vorderen Teil des Großhirns sowie in den Basalganglien und dem Kleinhirn niedergelegt ist. Im Unterschied zum perzeptuellen Gedächtnis spielt beim motorischen Gedächtnis die Zeit eine wesentliche Rolle. Das motorische Gedächtnis kontrolliert den weiten Bereich von äußeren Aktionen, also die Körperbewegungen bis hin zu inneren Aktionen wie dem logischen Schlußfolgern. Beide Gedächtnistypen können aktiviert als Kurzzeitgedächtnis oder inaktiv als Langzeitgedächtnis vorliegen.

Wie sind die Gehirnbereiche, die das perzeptuelle bzw. das motorische Gedächtnis bilden, aufgebaut? Aus vielen Untersuchungen, unter anderem auch von unfallbedingten partiellen Zerstörungen des Gehirns, weiß man, daß bestimmten Gehirnbereichen bestimmte Gedächtnisfunktionen bevorzugt zuzuordnen sind. Diese Bevorzugung ist in manchen Fällen recht klar zu bestimmen, in anderen ist sie allerdings nur undeutlich oder gar nicht ausgeprägt. Relativ gut untersucht sind die sogenannten primären sensorischen Felder, in denen eine relativ sensornahe, nur auf eine sensorische Modalität begrenzte Informationsverarbeitung stattfindet: z. B. die visuellen, somato-

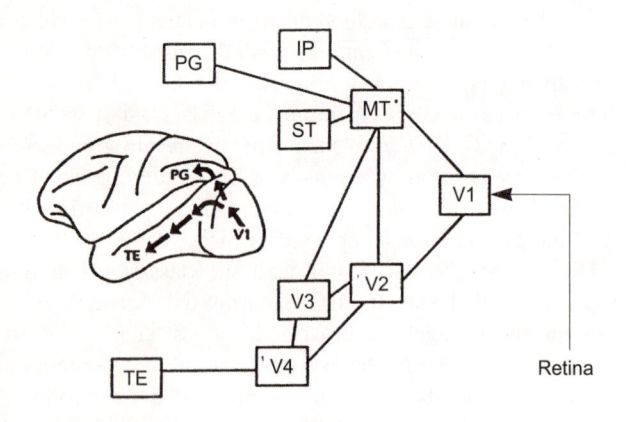

Abb. 58: Ein vereinfachtes Schema zur Verarbeitung visueller Information im Kortex von Primaten. Die primäre Sehrinde (V1) erhält ihre Information von der Retina. Hier scheint also eine Mischung aus paralleler und hierarchischer Anordnung vorzuliegen. Die gezeigten Verbindungslinien symbolisieren Informationsübertragung in beide Richtungen.

sensorischen oder auditorischen Felder. Vereinfacht betrachtet, wird von dort die Information an assoziative Felder weitergegeben, die zunächst auch noch weitgehend unimodal arbeiten.

Daran schließen sich Felder an, die Informationen von verschiedenen sensorischen Modalitäten erhalten. In den sensornahen Feldern ist die Information noch weitgehend topologisch, also unter Beibehaltung von Nachbarschaftsbeziehungen geordnet. Diese Ordnung geht bei der Verarbeitung in nachgeschalteten „höheren" Gehirnarealen jedoch zunehmend verloren. Die einzelnen Felder sind nun aber nicht in einer streng aufsteigenden Struktur geordnet, sondern es finden sich viele, im Verarbeitungsstrom als nebeneinanderliegend einzuordnende Felder (Abb. 58), und zwar so, daß sich die Ausgänge eines Feldes aufteilen und mehrere Felder der nächsthöheren Ebene versorgen; umgekehrt bedeutet dies, daß jedes Feld aus verschiedenen anderen Feldern Eingänge erhält. Es liegt also eine Parallelverarbeitung vor, die sich aus auseinanderlaufenden und aus zusammenlaufenden Strukturen zusammensetzt. Das Bild ist aber stark vereinfacht. Allein im visuellen Bereich kennt man bei Primaten inzwischen mehr als 30 Areale, deren Verbindung untereinander außerordentlich komplex ist. Obwohl man in diesem aufsteigenden Sinne einerseits von einer Hierarchie reden kann, muß man sich andererseits darüber im klaren sein, daß je zwei miteinander verbundene Felder auch über rekurrente Verbindungen verfügen. Damit kann nicht mehr einfach von einer oberen bzw. unteren Schicht gesprochen werden. Da das Verhalten rekurrenter Systeme außerordentlich unübersichtlich sein kann, ist es bisher auch nur in sehr vager Form möglich, das Verhalten des Gesamtsystems auf der Ebene der neuronalen Verbindungen zu verstehen.

Für die Inhalte des deklarativen Gedächtnisses z. B. nimmt man an, daß sie sich aus den vielfältigen Verknüpfungen dieser Felder ergeben. Die Repräsentation einfacher Eigenschaften (z. B. Farbe) basiert auf der Aktivierung von Neuronen nur weniger Felder, komplexe Eigenschaften sind in Form weitläufiger Verknüpfungen kodiert.

Ein konstruiertes, aber sehr anschauliches Beispiel zeigt die Abb. 59, die stark schematisiert die mögliche Zerlegung eines Sinneseindruckes in einzelne Komponenten darstellt. Es wird Ihnen beim Betrachten vermutlich relativ schnell die Assoziation „Maus" in den Sinn kommen, was zumindest plausibel macht, daß unser Gedächtnissystem in ähnlicher Weise aufgebaut ist. Dies macht auch ver-

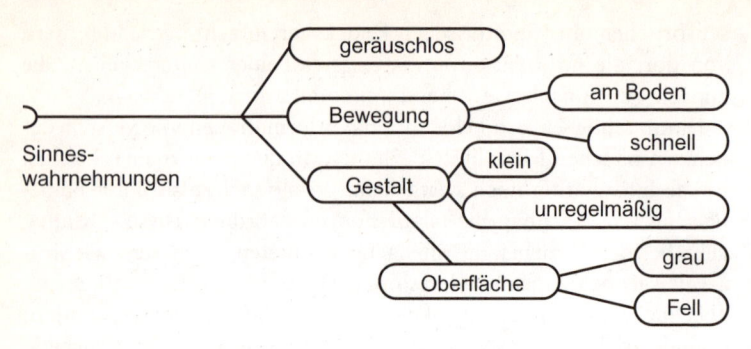

```
                    ┌─ geräuschlos
                    │
           ┌─ Bewegung ─┬─ am Boden
           │            └─ schnell
Sinnes-    │         ┌─ klein
wahrnehmungen ─ Gestalt ─┤
           │         └─ unregelmäßig
           │
           └─ Oberfläche ─┬─ grau
                          └─ Fell
```

Abb. 59: Ein Beispiel für die denkbare Zerlegung eines Sinneseindruckes.

ständlich, warum durch lokale Gehirnverletzungen einfache Fähigkeiten wie zum Beispiel die Farberkennung, bzw. das Farbgedächtnis, zerstört werden können, während die Fähigkeit, allgemeinere Konzepte zu verwenden, zum Beispiel mit dem Begriff „Maus" umgehen zu können, dabei wenig beeinflußt ist. Die Entität „Maus" ist demnach sowohl im visuellen als auch im taktilen, wie auch verbal in sensorischen und motorischen Bereichen niedergelegt. Es ist sehr selten, daß ein Patient das semantische Gedächtnis als solches, also die allgemeine Eigenschaft, mit Begriffen umzugehen, verliert. Dies geschieht nur, wenn ein sehr großes Areal seines Gedächtnisses zerstört wurde.

Unsere Kenntnisse der Funktion des präzentralen Kortex sind noch geringer als die des postzentralen, sensorischen Kortex. Dies hat vor allem methodische Gründe. Gehirnaktivitäten, die Reaktionen auf sensorische Reize darstellen, können zeitlich gut zugeordnet werden. Bei aktivem, vor allem spontanem Verhalten ist dies sehr viel schwerer möglich. Dennoch hat sich inzwischen die Vorstellung herausgebildet, daß auch der präzentrale Kortex in analoger Weise hierarchisch aufgebaut ist. Ein Argument hierfür ergibt sich aus der Beobachtung, daß während der Planung und Ausführung eines spontanen Verhaltens eine zeitlich gestaffelte elektrische Aktivität registriert werden kann. Etwa ein bis zwei Sekunden vor der Durchführung einer willkürlichen Bewegung kann man im vorderen Bereich des Kortex (dem sogenannten Präfrontalkortex) eine erste elektrische Erregung (contingent negative variation, CNV) feststellen. Anschließend und zeitlich überlappend mißt man das sogenannte

Bereitschaftspotential, das in den prämotorischen Feldern (Supplementary motor area, SMA) entsteht. Erst dann treten Erregungen des primären motorischen Kortex und schließlich solche im Rückenmark und in den Motoneuronen auf. Entsprechende Unterschiede findet man auch mit bildgebenden Verfahren. Stellt sich eine Versuchsperson eine Bewegung nur vor, so findet man entsprechende Hirnaktivität nur im präfrontalen Kortex und den prämotorischen Feldern, nicht dagegen in den primären Feldern. Auch hier gilt wie oben, daß diese eine Hierarchie annehmende Betrachtungsweise nicht den Blick dafür verstellen darf, daß rekurrente Verknüpfungen zwischen den Feldern vorliegen und die Erregungen der einzelnen Felder nicht seriell hintereinander stattfinden, sondern, trotz der zeitlichen Staffelung ihres Beginns, zeitlich stark überlappen. Darüber hinaus liegen rekurrente Verbindungen mit Basalganglien und dem Cerebellum (Kleinhirn) vor.

Andererseits drückt sich eine gewisse Hierarchie jedoch darin aus, daß die Repräsentation von Bewegungen im Gehirn offenbar immer abstraktere Form annimmt, je höher man sich in der Betrachtung vom Rückenmark aus „nach oben" bewegt. Während im Rückenmark Gruppen von Motoneuronen noch direkt die Bewegungen der Muskeln repräsentieren, sind im primären motorischen Kortex bereits Bewegungsrichtungen z. B. der Hand kodiert, und zwar zumeist unabhängig davon, mit welchen Muskeln im einzelnen die Bewegung nun gerade durchgeführt wird. Es werden hier also synergistisch zusammenwirkende Gruppen von Muskeln repräsentiert.

Im prämotorischen Kortex schließlich werden nicht mehr einzelne Bewegungen, sondern ganze Handlungen repräsentiert in dem Sinne, daß die Bewegungen nicht in einem körperfesten, sondern einem raumfesten Koordinatensystem, zum Beispiel im Bezug auf ein Ziel hin, kodiert werden (s. a. Kap. 6). Man hat bei elektrophysiologischen Ableitungen einzelne Neurone gefunden, die aktiviert werden, wenn ein bestimmtes Objekt ergriffen wird, unabhängig davon, ob dieses Ergreifen mit der linken oder der rechten Hand oder gar mit dem Mund geschieht. Umgekehrt kann ein Neuron in einem bestimmten Verhaltenskontext mit einer bestimmten Muskelbewegung verknüpft sein, während es bei derselben Muskelbewegung, die jedoch im Rahmen einer anderen Aufgabe stattfindet, nicht aktiv ist.

Bevor auf noch komplexere Handlungen, die im Präfrontalkortex kodiert werden, eingegangen wird, soll noch auf eine weitere Form der Hierarchie hingewiesen werden. Beim Lernen neuer Bewegungsaufgaben fand man Aktivitäten im prämotorischen Kortex (SMA),* die mit fortschreitendem Lernen verschwanden. Nach der experimentellen Zerstörung des primären motorischen Kortex konnte die gelernte Aufgabe nicht mehr durchgeführt werden. Bei dem deshalb erneut notwendigen Lernen wurden im SMA wiederum Aktivitäten registriert. Man schließt daraus, daß Handlungen, die automatisch ablaufen, in tieferen Bereichen, z. B. den primären Feldern und/oder den subkortikalen Bereichen, gespeichert werden. Rückenmarksreflexe stellen das unterste Ende dieser Skala dar. Die „höheren Bereiche", also hier die SMA, werden nur aktiviert, wenn neue Bewegungen kodiert werden müssen.

Präfrontalkortex

Obwohl die bisher beschriebenen Gedächtnisfunktionen in Wirklichkeit noch wesentlich komplizierter sind und deshalb natürlich auch bei weitem noch nicht verstanden werden, folgen sie jedoch in einem allgemeinen Sinne demselben Prinzip. Bestimmte sensorische Eingänge lösen in assoziativer Weise Reaktionen aus, wobei die assoziativen Strukturen entweder erlernt wurden oder angeboren sind. Alle diese Systeme könnten also als, wenn auch hochkomplexe, *Reflexmaschinen* oder auch als *Analogcomputer* bezeichnet werden.

Solchen Systemen scheint jedoch zunächst eine Eigenschaft zu fehlen, die selbst für einen einfachen Digitalcomputer kein Problem darstellt. Sie können nicht ein bestimmtes Rechenergebnis, einen Erregungsvektor, für eine gewisse Zeit speichern und dann bei Bedarf wieder abrufen. Dies liegt daran, daß sie keine zeitseriellen Maschinen sind. Der Parameter Zeit kommt im Analogcomputer nur implizit und insofern vor, als die in ihm stattfindenden Aktivitäten in der physikalischen Zeit ablaufen. In einem Digitalrechner hingegen, der separate Speicherplätze besitzt, kann mit Hilfe eines IF–THEN-(wenn – dann)-Befehls und einer inneren Uhr die genannte Aufgabe ohne weiteres gelöst werden. Nun muß dieselbe Aufgabe für komplexeres Verhalten auch im Gehirn gelöst werden können. Bereits bei der Planung eines einfachen Zuges im Schachspiel muß ich mir die gedachte Position meiner Figur merken, um überlegen zu können, wel-

---

* Aizawa et al. (1991).

che Konsequenzen sich aus dem Zug ergeben könnten. Bei der Formulierung eines Satzes mit eingeschobenem Relativsatz muß ich mich erinnern, wie mein Satz begann, um ihn richtig beenden zu können.

Wie könnte unser „Analogcomputer-Gehirn" diese Aufgabe lösen? Ein klassisches Paradigma zur experimentellen Untersuchung dieser Frage bedient sich Aufgaben mit sogenannter *verzögerter Antwort* (delayed response task). Einem Tier oder einer Versuchsperson wird ein Signal, etwa ein rotes oder ein grünes Licht gezeigt, das wieder verlöscht. Nach einiger Zeit, zum Beispiel nach 10 Sekunden, erscheinen zwei Lichter, sagen wir ein rotes und ein grünes. Nun muß dasjenige der beiden Signale gewählt werden, das zu Beginn gezeigt worden war. Zahlreiche Untersuchungen haben dabei gezeigt, daß die Bestimmung der richtigen zeitlichen Abfolge die (oder eine) Aufgabe des präfrontalen Kortex ist. Besteht übrigens die Aufgabe darin, genau das andere Signal zu wählen (non-matching task), so wird dies als Aufgabe für das deklarative Gedächtnis angesehen.

Bei einfachen Verhaltensweisen, bei denen der Reiz direkt das Verhalten auslöst, werden prämotorische und tieferliegende Systeme eingesetzt. Auch Verhaltensketten können auf diese Weise ausgeführt werden. Wenn aber zwischen Reiz und zugehöriger Reaktion eine zeitliche Verzögerung überbrückt werden muß, so wird der präfrontale Kortex eingesetzt. Man nimmt an, daß die Aufgabe als solche, nachdem sie gelernt worden war, in tieferen Bereichen gespeichert ist. Aber auch bei der Wiederholung der Aufgabe muß das jedesmal neue Problem, welcher der Reize diesmal für eine gewisse Zeit gemerkt werden muß, gelöst werden. Dies wird offenbar im Präfrontalkortex bearbeitet. Häufig wird daher der Sitz des Arbeitsgedächtnisses hier angenommen. Da aber, wie gesagt, auch andere Bereiche bei der Lösung der Aufgabe eine zentrale Rolle spielen, könnte diese Zuordnung auch zu Mißverständnissen führen.

Was kann man über die Funktionsweise dieses Arbeitsgedächtnisses sagen? In neurophysiologischen Untersuchungen hat man im präfrontalen Kortex zumindest zwei Zellpopulationen gefunden, die während einer Aufgabe mit verzögerter Antwort in spezifischer Weise aktiv sind. Der eine Typ erhöht seine Aktivität, nachdem der erste Reiz wahrgenommen wurde. Diese Erhöhung hält so lange an, bis die zweite Reizsituation eine Entscheidung verlangt. Dies kann durchaus mehrere Minuten dauern. Vor Beginn der dann eintretenden motorischen Reaktion beginnen nun Zellen des zweiten Typs aktiv zu werden.

Die naheliegende Interpretation hierfür ist, daß die Zellen des ersten Typs Verbindungen zum perzeptuellen Gedächtnis haben und die Information über das Signal zwischenspeichern, während die Zellen des zweiten Typs Verbindung zum motorischen Gedächtnis haben und nun die entsprechende Reaktion auslösen. Die Vermutung, daß an dieser Stelle eine wichtige Verbindung zwischen perzeptuellem Gedächtnis und motorischem Gedächtnis zu suchen ist, wird auch dadurch unterstützt, daß intensive Verbindungen zwischen dem gesamten postzentralen Kortex und dem Präfrontalbereich vorliegen. Da diese Verbindungen ebenfalls in beiden Richtungen verlaufen, ist die gedankliche Trennung in perzeptuelles einerseits und motorisches Gedächtnis andererseits zwar ganz praktisch, man muß sich aber, um dies noch einmal zu betonen, darüber im klaren sein, daß es sich dabei in Wirklichkeit um ein einziges System handelt. Je nach Anlage des Experimentes wird dabei der eine oder der andere Aspekt stärker betont.

Der funktionelle Aufbau des Gedächtnisses

Gedächtnisforschung hat sich aus methodischen Gründen lange Zeit auf die Untersuchung des episodischen Gedächtnisses konzentriert. Es wurde gemessen, wie lange und wie genau man sich Wörter (s. Abb. 57) oder auch zufällige Buchstabenkombinationen merken kann. So wurden z. B. die Wirkungen von Hirnverletzungen oder -erkrankungen mit Fragen nach bestimmten Ereignissen wie: „Was haben Sie gestern mittag gegessen?", „Was geschah im Zweiten Weltkrieg?" untersucht. Da die Antworten als explizite Formulierung des Gedächtnisinhaltes gegeben werden müssen, spricht man, wie erwähnt, auch vom *expliziten Gedächtnis*. Auf diese Weise kann man generelle Eigenschaften des Gedächtnisses untersuchen, etwa die Zeitverläufe des Einspeicherns und des Vergessens, u. U. auch den Ort des Gedächtnisses.

Es ist allerdings schwierig, Informationen darüber zu erhalten, *wie* die Gedächtnisinhalte im Gedächtnis organisiert sind. Sie liegen vermutlich nicht völlig zusammenhanglos nebeneinander. Ein erstes Ordnungsprinzip ist ja bereits durch die erwähnten verschiedenen, parallel und hierarchisch angeordneten Felder gegeben. Daran schließen sich zwei Fragen an: Lassen sich innerhalb der Felder weitergehende Ordnungsprinzipien feststellen? Und: Wie sind die Eigenschaften eines Objekts, die in verschiedenen Feldern repräsentiert sind, z. B. Farbe, Form, Ort und Name, miteinander verknüpft?

Betrachten wir zunächst die erste, einfachere Frage, die Organisation innerhalb eines Feldes. Um dies besser besprechen zu können, wollen wir uns ein hypothetisches Feld denken, in dem die Namen von Objekten gespeichert sind. Wie könnte die Information in diesem Feld angeordnet sein? Die Beobachtung, daß einem, wenn man sich vergeblich an einen Begriff – besonders häufig passiert das bei der Suche nach dem Namen einer bekannten Person – zu erinnern versucht, oft ähnlich klingende Wörter einfallen, deutet darauf hin, daß Begriffsbezeichnungen in irgendeiner Weise nach Ähnlichkeit geordnet sind. Dies könnte aber auf ganz verschiedene Weise realisiert sein. Eine Möglichkeit bestünde darin, daß nach dem oben beschriebenen Prinzip des Perzeptrons jeder Gedächtnisinhalt in massiv paralleler Weise über das ganze Feld verteilt ist. Eine andere Möglichkeit besteht in der sehr lokalen Anordnung der Informationen, dies aber so, daß sich bedeutungsähnliche Begriffe in räumlicher Nähe befinden. Ein Beispiel für die Erzeugung einer solchen Gedächtnis-„karte" durch ein künstliches System werden wir später noch behandeln (Kap. 13). Nähe braucht aber nicht unbedingt im geometrisch-euklidischen Sinn verstanden zu werden. „Nähe" könnte auch durch besonders intensive Verknüpfungen räumlich entfernter Speicherstellen repräsentiert sein. Die vielen Konjunktive dieses Abschnittes zeigen jedoch, daß man über diese Fragen noch sehr wenig weiß.

Solche Fragen werden nun in neuerer Zeit intensiv mit einer der im folgenden beschriebenen impliziten Methoden untersucht. Da auch diese Untersuchungen häufig unter Verwendung von Wörtern (Sprache, Schrift) durchgeführt werden, bedient man sich hierbei u. a. des folgenden Tricks: Man bietet einer Versuchsperson der Reihe nach verschiedene Buchstabenfolgen an, wobei sie entscheiden muß, ob es sich um ein sinnvolles Wort oder um eine sinnlose Buchstabenfolge handelt. Diese Entscheidung soll so schnell wie möglich getroffen werden, und es wird die Reaktionszeit der Versuchsperson gemessen. Tasächlich interessieren die Wissenschaftler aber nur bestimmte der in der Reihe auftauchende Wörter. Die explizit verlangte Entscheidung zwischen „Wort" – „Nichtwort" dient nur der Ablenkung der Versuchsperson. Als den Wissenschaftler interessierende Wörter könnten z. B. „Garage", später „Auge" und „Auto" auftauchen. Wenn die Reaktionszeit auf das Wort „Auto" kurz nach der

„Garage" kürzer war als auf „Auto", das nicht im Zusammenhang mit „Garage" geboten wurde, so kann dieser *Priming* genannte Effekt darauf hindeuten, daß die Begriffe „Auto" und „Garage" enger miteinander verknüpft sind als andere. Die Aktivierung des Begriffes „Garage" hat also andere, mit „Garage" enger verknüpfte Begriffe voraktiviert, so daß diese dann schneller erkannt werden können.

Statt der Messung der Reaktionszeiten lassen sich auch Wortergänzungen durchführen, indem im Anschluß an die Erwähnung des Wortes „Garage" gefragt wird: „Ergänzen Sie das folgende Wort: A..." Vermutlich wird wegen dieser Voraktivierung eher „Auto" als „Auge" oder ein anderes mit „A" beginnendes Wort gewählt werden. Derartige Untersuchungen können auch so durchgeführt werden, daß man der Versuchsperson eine Zeichnung zeigt, auf der verschiedenste Objekte in scheinbar zufälliger Anordnung dargestellt sind, verbunden mit der Aufforderung, sich die Zeichnung genau zu merken. Prüft man anschließend mit den genannten Methoden, wie diese Objekte gespeichert sind, so zeigt sich, daß nicht nur die räumliche Nähe der Objekte in der Zeichnung eine Rolle spielt, sondern unabhängig hiervon auch ihre semantische Nähe. So wird etwa durch die Aktivierung von „Apfel" auch die auf der Zeichnung vorhandene „Birne" voraktiviert. Diese impliziten Untersuchungsmethoden haben u. a. den Vorteil, daß sie in ähnlicher Weise auch an Tieren durchgeführt werden können.

In diesem Zusammenhang haben die Untersuchungen von D. Todt und H. Hultsch hochinteressante Ergebnisse an Nachtigallen geliefert. Nachtigallen beherrschen etwa 200 verschiedene Gesangsstrophen, die zum großen Teil erlernt werden. Man kann daher einer jungen Nachtigall bestimmte Gesänge vorspielen und dann einige Monate später ihren eigenen Gesang untersuchen, um daraus abzulesen, was sie aus den ihr vorgespielten Gesängen gelernt hat.

Spielt man einer Nachtigall eine bestimmte Strophenfolge etwa 20mal vor, so werden die in dieser Kette vorkommenden Strophen vom Vogel später selbst gesungen, allerdings nicht genau in der Reihenfolge der Originalversion. Es ist vielmehr so, daß die Originalfolge offenbar in kleine Untergruppen, in Päckchen von drei bis fünf Strophen, zerlegt wird. Die Zerlegung geschieht bereits beim ersten Hören und wird dann gespeichert. Im späteren Gesang dieser Nachtigall folgen die zu einem „Päckchen" gehörenden Elemente (Strophen) besonders häufig aufeinander, aber eben durchaus nicht immer in der Reihenfolge des Originals. Das Singen eines Elementes dieses Päckchens erhöht also die Wahrscheinlichkeit, daß anschließend ein anderes Element desselben Päckchens abgerufen und gesungen wird. Legt man für das Gedächtnis das Prinzip der in Abb. 67 gezeigten Wortkarte zugrunde, so könnte dies bedeuten, daß diese Päckchen durch räumliche Nähe der Speicherorte gebildet werden, was sich dann im Gesangsablauf widerspiegelt.

Bekommt die junge Nachtigall nicht nur eine, sondern mehrere verschiedene Strophenketten genügend oft vorgespielt, so kann man bei ihrer Gesangsproduktion beobachten, daß in ihrem Gesang zwei aufeinanderfolgende Strophen dann durch eine kürzere Pause getrennt sind, wenn beide Strophen aus derselben Kette stammen, während die Pause größer ist, wenn beide Strophen aus zwei verschiedenen Ketten stammen. Offenbar bilden also auch die Inhalte einer ganzen Kette eine enger untereinander verknüpfte Gruppe. Nimmt man beide Befunde zusammen, so bedeutet dies, daß die Information in einer gewissen hierarchischen Ordnung gespeichert ist. Die größeren „Kontext"gruppen, die also den Gesangsketten entsprechen, sind ihrerseits in kleinere „Päckchen" und diese wiederum in einzelne Strophen aufgeteilt. Auch für die Darstellung dieser zweischichtigen Hierarchie würde allerdings das durch die räumliche Nähe definierte Prinzip der zweidimensionalen Karte (Abb. 67) ausreichen. Die Tatsache, daß jede Strophe wiederum aus einzelnen Gesangselementen (wie jedes Wort aus einzelnen Phonemen) zusammengesetzt ist, soll hier nicht weiter betrachtet werden.

Unsere eingangs formulierte zweite Frage, nämlich die Frage nach der Verknüpfung von Eigenschaften, die zu demselben Objekt gehören, aber in verschiedenen Feldern gespeichert sind, können wir allerdings hier nicht beantworten. Die Diskussion über diese Frage ist noch sehr offen. Übereinstimmung herrscht lediglich darin, daß bei dem Problem die rekurrenten Verknüpfungen eine entscheidende Rolle spielen.

10. Lernen: Sicher kein Nachteil, wenn man intelligenter werden will

Bis jetzt sind wir der Frage ausgewichen, wie das Gedächtnis erweitert werden kann, wie also eigentlich gelernt wird. Zunächst soll noch einmal daran erinnert werden, daß jeder Organismus bereits mit einem Artgedächtnis ausgestattet ist, das Lernen also nicht mit einer Tabula rasa beginnen muß. Zu dieser angeborenen Ausstattung gehören auch die Mechanismen, die Lernen überhaupt erst ermöglichen. Welcher Art könnten diese Mechanismen sein? Da man für den Fall sehr kleiner Systeme recht gute Vorstellungen über die dort tatsächlich oder möglicherweise ablaufenden Vorgänge hat, wollen wir zunächst solche sehr kleinen Systeme näher betrachten.

Das kleinste denkbare System besteht aus einer einzelnen Sinneszelle, die über eine Synapse mit einem Motoneuron verbunden ist. Der Reiz der Sinneszelle löst eine motorische Reaktion aus. Die Stärke dieser Reaktion kann dadurch beeinflußt werden, daß sich die Übertragungseigenschaften der Synapse ändern. Den vermutlich einfachsten Fall haben wir früher schon erwähnt, die *Habituation* (Abb. 14). Wird der Reiz in genügend kurzen Abständen häufig genug wiederholt, so nimmt die Stärke der Reaktion ab. Erfolgt jedoch ein sehr starker Reiz, entweder derselben oder einer anderen Qualität, so nimmt die Stärke der Reaktion wieder zu. Dies wird *Dishabituation* genannt. Auch ohne Habituation kann ein starker Reiz allein eine erhöhte Antwort auf einen Testreiz bewirken. Dies wird mit *Sensitisierung* bezeichnet. Die einfachste Vorstellung wäre nun die, daß allen drei Effekten derselbe Mechanismus zugrunde liegt, der auf wiederholte, nicht zu starke Reize mit Abschwächung und auf einzelne, starke Reize mit Verstärkung der synaptischen Übertragung reagiert. Genauere Untersuchungen, vor allem an der Meeresschnecke *Aplysia*, haben aber gezeigt, daß hier mindestens zwei Mechanismen vorliegen. Die Habituation entspricht tatsächlich einer Abschwächung der synaptischen Übertragung, ohne daß andere Einflüsse notwendig sind.* Für die Dishabituation ist jedoch ein ganz anderer Mechanismus verantwortlich, was sich ja schon daraus ergibt, daß hier ein zweiter Reiz beteiligt ist. Bei *Aplysia* zeigte sich, daß die betreffende Synapse einen präsynaptischen Eingang von anderen Zentren erhält (Abb. 14b), dessen Erregung eine Verstärkung der synaptischen Übertragung bewirkt.**

Während die Habituation spezifisch für die jeweils aktivierte Synapse und den betrachteten Reflex ist, kann ein sensitisierender Reiz auch andere Reaktionen und Bahnen beeinflussen. Allerdings liegt auch hier eine gewisse Spezifizität vor; ein sensitisierender Reiz wirkt nicht auf alle, sondern nur auf bestimmte Reflexe. Reizt man *Aplysia* mit einem milden elektrischen Schock an verschiedenen Körperstellen (Kopf, Körpermitte, Schwanz), so zeigt das Tier jeweils verschiedene Reaktionen. Ein starker Reiz z. B. am Kopf müßte, wenn die Sensitisierung völlig unspezifisch wäre, alle drei Reaktionen verstärken. Tatsächlich werden jedoch, wenn das Tier zunächst mit Reizen am Kopf sensitisiert wurde, sowohl Reize am Kopf wie auch in der Körpermitte, nicht aber am Schwanz stärker beantwortet. Wird umgekehrt das Tier mit Reizen am Schwanz sensitisiert, so wirkt sich dies auf die Schwanzregion und die Körpermitte, nicht aber auf die Kopfregion aus. Es wird also eine Verknüpfung zu anderen, aber nicht zu allen motorischen Bereichen hergestellt.

Diese Beobachtungen legen die Vermutung nahe, daß der Mechanismus der Sensitisierung auch die Grundlage für die Bildung bedingter Reflexe darstellen könnte. Beim klassischen oder auch *Pavlovschen Konditionieren* geht man von einer meist angeborenen Verknüpfung, also wieder einem Reflex aus. Zu einer solchen Reaktion gibt es eine Reihe angeborenermaßen geeigneter Stimuli, die die Reaktion zuverlässig auslösen. Diese Stimuli werden deshalb auch

---

* Man unterscheidet zwischen kurzfristig wirkender Habituation, bei der die Menge des freisetzbaren Transmitters abnimmt, und langfristiger Habituation, die über Wochen andauern kann, die auf Proteinsynthese und morphologischen Änderungen – Zahl der präsynaptischen Endigungen und Zahl der aktiven Zonen innerhalb der Terminals – beruht.

** Darüber hinaus hat sich sowohl in Verhaltensuntersuchungen als auch in neurophysiologischen Experimenten gezeigt, daß Dishabituation – die Erhöhung der Effektivität der Synapse nach einer vorhergehenden Erniedrigung durch Habituation – und Sensitisierung – die Erhöhung der Effektivität – zwar im Prinzip dieselbe Wirkung – nämlich die Erhöhung der Effektivität der Synapse – haben und dieselben neuronalen Bahnen und Transmitter benutzen, aber auf verschiedenen intrazellulären Mechanismen beruhen. Wie bei der Habituation findet man auch hier neben dieser kurzfristigen eine langfristige Wirkung, die in ähnlicher Weise die Zahl der präsynaptischen Endigungen und der aktiven Zonen beeinflußt.

unbedingte Stimuli (US), die ausgelöste Reaktion *unbedingte Reaktion* (UR) genannt. Das klassische Beispiel ist der beim Hund vermehrt einsetzende Speichelfluß (UR) beim Auftauchen von Futter (US). Im Experiment gibt man gleichzeitig mit, das heißt genaugenommen kurz vor dem US einen zweiten, andersartigen Reiz, zum Beispiel einen kurzen Ton, der allein keine oder nur eine schwache angeborene Reaktion auslöst. Wiederholt man diese Paarung oft genug, so findet man im nachfolgenden Kontrollexperiment, in dem man den zweiten Reiz allein gibt, daß dessen Wirkung nun gleich oder ähnlich der Wirkung des US ist: er löst ebenfalls eine Reaktion aus, die der UR stark ähnelt und die als *konditionierte Reaktion* (CR) bezeichnet wird. Man sagt auch, daß die Verknüpfung des zweiten Stimulus mit der Reaktion „konditioniert" wurde, und nennt diesen zweiten Stimulus daher den bedingten oder *konditionierten Stimulus* (CS).

Es muß also auf der synaptischen Ebene eine Änderung der Effektivität der Verbindung zwischen den durch den CS erregten und den die Reaktion auslösenden Neuronen eingetreten sein. Untersuchungen an *Aplysia* weisen darauf hin, daß der zugrundeliegende Mechanismus tatsächlich dem entspricht, der auch verantwortlich für die Sensitisierung ist. Der US wirkt also nicht nur direkt auf die Motorik ein, sondern auch auf ein anderes Zentrum, das dann seinerseits präsynaptisch die schon vorhandenen Synapsen des aktivierten CS-Neurons verstärkt. Dies setzt allerdings voraus, daß bereits eine synaptische Verbindung vorhanden ist. In der Tat hat man gefunden, daß nicht jede CS-US-Paarung gleich gut möglich ist, was darauf hindeutet, daß gewisse Strukturierungen vorgegeben sind.*

Im Gegensatz zu den bei *Aplysia* beschriebenen präsynaptischen Änderungen bestätigen die bei *Hermissenda* gefundenen synaptischen Veränderungen beim klassischen Konditionieren ein lange zuvor von dem Psychologen D. O. Hebb vorgeschlagenes Prinzip. Vereinfacht läßt sich der Vorschlag von Hebb etwa folgendermaßen formulieren:

---

* Es sollte noch erwähnt werden, daß für erfolgreiches Lernen eine zeitliche Distanz zwischen CS und US notwendig ist. In dem bei *Aplysia* untersuchten Fall mußte der US 0 bis 2 sec vor dem CS eintreten, die stärkste Reaktion wurde beobachtet, wenn der zeitliche Vorlauf 0,5 sec. betrug. Generell liegt der optimale Vorlauf im Sekundenbereich. Es kann aber in Einzelfällen auch Lerneffekte geben, wenn die Zeitdifferenz mehrere Stunden beträgt. Während bei *Aplysia* Änderungen nur auf der präsynaptischen Seite gefunden wurden, konnten bei einer anderen Schnecke, *Hermissenda*, auch Änderungen auf der postsynaptischen Seite beobachtet werden.

„Wenn eine Zelle A ein Neuron B wiederholt erregt oder an ihrer Erregung teilhat, so setzt ein (metabolischer oder Wachstums-)Prozeß ein, der die Effektivität der Zelle A erhöht, Neuron B zu erregen."
Dieses Prinzip läßt sich auf mehrere Arten sinngemäß mathematisch formulieren und für künstliche, im Rechner simulierte Neuronen anwenden. Die vielleicht einfachste Form einer „Hebb-Regel" ändert jede Synapse um einen Betrag, der proportional zum Produkt der prä- und der postsynaptischen Aktivität ist. Dies ist in der Box zur Hebbschen Regel näher ausgeführt (s. S. 164f.).

In gewisser Weise läßt sich die klassische Konditionierung als Herausbildung einer besonderen Sensitivität auf bestimmte, „wichtige" Reizmerkmale (z. B. den Ton der Glocke) ansehen. Es ist daher vielleicht nicht allzu erstaunlich, daß die Hebbsche Lernregel auch ein Modell dafür liefern kann, wie Neuronen ihre in vielen Gehirnbereichen beobachtbaren Spezialisierungen auf bestimmte Reizmerkmale unter dem Einfluß sensorischer Reizung erwerben können.

Besonders anschaulich lassen sich diese Spezialisierungen für Neuronen der Sehrinde (s. Abb. 58) beschreiben. Die Neuronen der Sehrinde sind (über eine Zwischenstation im Thalamus) mit den Lichtrezeptoren in der Retina verbunden. Immer wenn ein Helligkeitsmuster auf die Netzhaut (Retina) fällt, erhalten sie von diesen elektrische Signale. Die Verschaltung ist dabei „topographisch" strukturiert. Dies bedeutet, daß ein Neuron in der Sehrinde nur mit Lichtrezeptoren aus einer kleinen Region der Netzhaut verschaltet ist und daher nur einen kleinen Bereich des Gesichtsfeldes „beaufsichtigt". Diese dem Neuron zugeordnete Region bezeichnet man auch als sein „rezeptives Feld". Die topographische Strukturierung bedeutet dabei zusätzlich, daß benachbarte Neuronen entsprechend benachbart liegende rezeptive Felder besitzen (dabei liegt eine starke Überlappung vor: Unmittelbar benachbarte Neuronen sind praktisch mit derselben Netzhautregion verbunden, erst wenn man in der Gehirnrinde um einige Millimeterbruchteile „wandert", kann man eine systematische Verschiebung der rezeptiven Felder feststellen).

An dieser Verschaltung sind nun mehrere Dinge bemerkenswert. Zum einen liegt die beschriebene, topographisch geordnete Struktur nicht von Anfang an fest, sondern sie entwickelt sich in den ersten Lebenswochen und Monaten (z. T. noch im pränatalen Stadium) aus einer wesentlich ungeordneteren, vergleichsweise „diffusen" Anfangs-

Die Hebbsche Regel

Betrachten wir zur Veranschaulichung der Wirkungsweise dieser Regel ein Neuron, das lediglich zwei Synapsen A und B besitzt, über die es präsynaptische Eingabesignale x_A und x_B erhält. Wir nehmen an, daß das Neuron jedesmal eine gewichtete Summe s der beiden Eingabesignale bildet, wobei die Gewichtungsfaktoren w_A bzw. w_B die beiden Synapsenstärken darstellen. Immer dann, wenn diese gewichtete Summe die „Feuerschwelle" des Neurons erreicht, wird dieses aktiv. Um das Verhalten des Neurons unter der Hebb-Regel näher verfolgen zu können, nehmen wir an, daß die Feuerschwelle bei 0,5 liegt und daß die Signale x_A bzw. x_B sowie die Ausgangsaktivität y des Neurons nur die beiden Möglichkeiten 0 oder 1 kennen.

Wir wollen uns anhand dieser Regeln im folgenden davon überzeugen, daß sich damit die Geschehnisse der klassischen Konditionierung modellhaft nachvollziehen lassen. Dazu gehen wir davon aus, daß das Signal x_A den US repräsentiert; die Synapsenstärke w_A muß also hinreichend groß sein, daß ein Signal $x_A = 1$ bereits ohne Hilfe von B (d. h. ohne Signal x_B) die Summe

$$y = w_A x_A + w_B x_B = w_A \cdot 1 + w_B \cdot 0 = w_A$$

über die Schwelle s = 0,5 bringt. Dies ist sicher der Fall, wenn wir als Anfangswert $w_A = 1$ wählen. Für die zweite Synapsenstärke w_B wählen wir als Anfangswert den Wert 0, d. h., zu Beginn hat der Reiz x_B überhaupt keinen Einfluß („konditionierter Stimulus").

Die nachfolgende Abbildung zeigt, wie sich die beiden Synapsenstärken w_A und w_B unter einer Folge simulierter Reize verändern. Dabei nehmen wir für die Hebb-Regel an, daß die Veränderung der Synapsenstärke w_A (bzw. w_B) proportional zu dem Produkt $x_A \cdot y \cdot \varepsilon$ (bzw. $x_B \cdot y \cdot \varepsilon$) ist, wobei wir als Proportionalitätsfaktor für die Zwecke unseres Zahlenbeispiels den Wert

$\varepsilon = 0{,}3$ annehmen (kleinere Werte erfordern längere, größere Werte kürzere „Lernzeiten").

Jede Spalte gehört zu einem Reiz. Der erste Reiz erregt beide Eingänge A und B und führt damit zu einem Lernschritt. Der zweite Reiz erregt nur Eingang A (d. h., der Reiz ist ein ungepaarter US); daher bleibt das synaptische Gewicht w_B unverändert. Der dritte Reiz stellt einen ungepaarten CS dar. Da die Konditionierung noch nicht ausreichend fortgeschritten ist, gelangt das Neuron nicht über die Schwelle, und beide synaptischen Gewichte verändern sich nicht. Erst der vierte Reiz ist wieder ein Paar aus US und CS; er erregt das Neuron und führt zu einer hinreichenden Verstärkung des Gewichts w_B, so daß fortan der CS allein (weitere Reize 5 und 6) das Neuron erregen kann: die Konditionierung ist eingetreten!

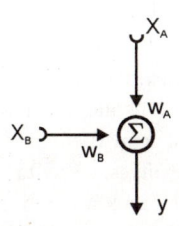

Reiz Nr.	1	2	3	4	5	6	....
x_A	1	1	0	1	0	1	....
x_B	1	0	1	1	1	1	
y	1	1	0	1	1	1	
w_A	1,3	1,6	1,6	1,9	1,9	1,9	
w_B	0,3	0,3	0,3	0,6	0,9	1,2	....

Die Entwicklung der Synapsenstärke beim Hebbschen Lernen.

verschaltung. Darüber hinaus sind die einzelnen Neuronen noch weitergehend spezialisiert: Viele Neuronen reagieren nur, wenn sich in ihrem rezeptiven Feld ein Lichtbalken einer bestimmten Orientierung bewegt. Die meisten Neuronen sind daher auf das zusätzliche Merkmal „Orientierung" selektiv. Derartige Merkmalsselektivitäten, jedoch für andere Reizmerkmale, wie etwa Farbe, Tonhöhe, Schallrichtung usw., trifft man bei Neuronen in vielen anderen Gehirnbereichen an.

Dies führt zu der Frage, ob die für derartige Merkmalsselektivitäten erforderliche Verschaltung zwischen den Neuronen im Detail genetisch „vorprogrammiert" vorliegen muß oder ob sie durch Lernen erworben oder zumindest modifiziert werden kann. Mittlerweile kennt man viele Beispiele, die auf eine starke Beteiligung von (unbewußten, z. T. in sehr frühen Reifungsphasen des Gehirns ablaufenden) Lernprozessen hindeuten. Interessanterweise spielt auch hier wiederum die Hebbsche Regel eine wichtige Rolle. Insbesondere kann man Computermodelle von Selbstorganisationsprozessen formulieren, bei denen die Verknüpfungen zwischen den Neuronen gemäß einer Hebbschen Regel der oben dargestellten Art verändert werden. Unter geeigneten Bedingungen bilden sich in solchen simulierten Netzen Neuronen mit ganz ähnlichen Spezialisierungen, wie sie im realen Gehirn beobachtet werden. Besonders weitgehend sind derartige Simulationen für den visuellen Kortex untersucht worden. Dabei werden die synaptischen Veränderungen der Neuronen zusätzlich zur Hebb-Regel noch einem „Wettbewerbsprinzip" unterworfen, das der in Kap. 8 beschriebenen WTA-Schaltung entspricht: Dieses begünstigt Lernen in der Nachbarschaft besonders stark erregter Neuronen und unterdrückt Veränderungen weiter entfernter und schwächer erregter Neuronen. Mit dieser zusätzlichen Forderung bilden sich in simulierten Neuronennetzen unter dem Einfluß geeigneter, ebenfalls simulierter, künstlicher, Lichtreize sogar räumliche Verteilungen von Orientierungsselektivitäten, die in bemerkenswert guter Übereinstimmung mit tatsächlich (durch moderne Färbetechniken) beobachtbaren Verteilungen stehen.

Außer der Erhöhung der Effektivität einer Synapse (*Potenzierung*) hat man auch verschiedene Beispiele für eine Verringerung der Effektivität (*Depression*) gefunden. Dies tritt vor allem dann auf, wenn in bestimmter Weise die prä- und postsynaptische Membran antikorreliert aktiv ist. Es wurde aber bei speziellen Synapsen im Cerebellum

10. Lernen: Sicher kein Nachteil, wenn man intelligenter werden will

(Kleinhirn) Depression auch als Folge positiv korrelierter Aktivität beobachtet.

Diese Beobachtungen lassen sich modellieren, wenn wir bei der Hebb-Regel das Vorzeichen der Lernrate umkehren, also bei jedem Lernschritt die synaptischen Gewichte proportional zum Produkt der prä- und der postsynaptischen Aktivität *reduzieren*. Wenn wir das obige Beispiel mit einer derartigen „Anti-Hebb"-Regel wiederholen, so finden wir, daß das Neuron nach einiger Zeit nicht mehr auf die Paarung des US und des UC reagiert, selbst wenn die anfängliche Synapsenstärke ausreichend groß war (etwa infolge einer vorangegangenen Hebbschen Konditionierung), um den CS allein wirken zu lassen.

Ein derartiges Verhalten erinnert stark an das bereits betrachtete Phänomen der Habituation: ein wiederholt dargebotener Reiz verliert allmählich an Neuigkeitswert und erzeugt eine immer schwächere Reaktion. Erst wenn ein neuer Reiz angeboten wird, reagiert das System wieder. Dies ist ein wichtiges Prinzip, um Neues aus der Vielzahl des Bekannten herauszufiltern und deutlicher sichtbar zu machen. Die *Anti-Hebb-Regel* eignet sich daher gut, derartige „Neuigkeitsfilter" in künstlichen Neuronennetzen zu realisieren und damit beispielsweise die Funktion technischer Systeme zu überwachen.

Es ist leicht vorstellbar, daß in vielen Fällen eine Kombination der Hebb- und der Anti-Hebb-Regel am vorteilhaftesten wäre: Auf diese Weise könnte ein Neuron seine Sensitivität auf einige Signale verstärken, auf andere dagegen reduzieren. Es ist daher nicht erstaunlich, daß die Natur von einer solchen Kombination tatsächlich Gebrauch macht. So finden sich im Hippokampus, einem Abschnitt des Großhirns, das mit Lernen in Verbindung gebracht wird, synaptische Verbindungen, deren Wirksamkeit sich je nach Reizbedingungen verstärken oder auch abschwächen kann.* Das mathematische Modell für das Lernverhalten dieser Neuronen wurde bereits vorher erwähnt. Es ist als die sogenannte *BCM-Lernregel* bekannt.** Diese Lernregel geht von der Annahme aus, daß das Vorliegen von hebbschem oder antihebbschem Lernen von der Höhe der Aktivierung des Neurons abhängt. Bei einer kleinen Aktivierung lernt das Neuron

---

* Siehe Derrick und Martinez (1996).
** Die BCM-Regel ist nach den Anfangsbuchstaben der Autoren Bienenstock, Cooper und Munro benannt.

nach der Anti-Hebb-Regel, bei einer großen Aktivierung dagegen lernt das Neuron nach der Hebb-Regel. Damit begegnet uns hier wieder das Prinzip einer positiven Rückkopplung, denn die Sensitivität des Neurons wird für diejenigen Signale, die es bereits stark aktivieren, unter der Hebb-Regel weiter zunehmen. Umgekehrt werden Signale, die das Neuron nur schwach aktivieren, unter der Anti-Hebb-Regel in ihrer Wirksamkeit weiter abnehmen. Allerdings ist in die BCM-Regel eine zusätzliche negative Rückkopplung eingebaut: die Aktivierungsschwelle, die hebbsches von antihebbschem Lernen trennt, folgt ihrerseits auf einer langsamen Zeitskala der mittleren Aktivierung des Neurons. Sie steigt also für ein Neuron, das ständig stark aktiviert wird und deshalb hebbsch lernt, so lange an, bis in einem nennenswerten Maße für einige Signale auch antihebbsches Lernen einsetzt. Umgekehrt sinkt die Schwelle für ein ständig schwach aktiviertes und damit antihebbsch lernendes Neuron so lange ab, bis auch das hebbsche Lernen eine Chance bekommt.

Auf diese Weise wird ständig eine Balance zwischen hebbschem und antihebbschem Lernen gesichert. Diese Balance ermöglicht es dem Neuron, sich besonders wirkungsvoll auf eine Teilmenge seiner Eingabesignale zu spezialisieren und dabei seine Selektivität zu maximieren. Die BCM-Lernregel realisiert damit wiederum ein Wettbewerbsprinzip: diesmal sind es die Eingabemuster, die sich in Wettbewerb um die Spezialisierung eines nach der BCM-Regel lernenden Neurons befinden.

Die an unserer Meeresschnecke *Aplysia* untersuchten Systeme sind sehr klein, da nur wenige Synapsen involviert sind. Im folgenden wollen wir unsere Betrachtungen auf ein künstliches, wenn auch immer noch sehr kleines System, das aber eine etwas größere Zahl von Synapsen besitzt, erweitern. Das System, das von R. Pfeifer und P. Verschure gebaut wurde, kann zunächst nur zwei einfache Eingangsreize bearbeiten, und es kann ein Verhalten zeigen, das aus verschiedenen Aktionen bestehen kann. Es handelt sich dabei um einen kleinen Roboter, der sich auf Rädern bewegen kann und drei Sensortypen besitzt. Mit einer Art Stoßstange registriert er, ob er gegen ein Hindernis gefahren ist. Ähnlich wie bei dem „Braitenberg-Vehikel Typ 1" hat der Roboter einen fest eingebauten Vermeidungsreflex: Wird die rechte Stoßstange berührt, fährt er automatisch nach links, wird die linke Stoßstange berührt, fährt er entsprechend nach rechts. Weiterhin besitzt der Roboter ein 360-Grad-Rundumauge, mit dem das anzufahrende Ziel gesehen werden kann. Dieser Sensor ist über die „Braitenberg-Typ-2-Schaltung" mit den Motoren verbunden. Dieses Teilsystem versucht also stets auf das Ziel zuzufahren. Wir hatten weiter oben (Franceschinis Roboter in Kap. 5) schon einen ganz ähnlichen Roboter kennengelernt, dessen spezieller Trick darin bestand, durch Einsatz optischer Bewegungsdetektoren die Hindernisvermeidung berührungslos durchzuführen. „Anstößige" Berührung zu vermeiden ist auch das Ziel des Roboters von Pfeifer und Verschure. Allerdings soll sich der Roboter diese Fähigkeit über Lernen aneignen. Dazu wurde das System mit einem dritten Sinnessystem ausgestattet. Dieses „'Facettenauge" besitzt etwa 20 Sensoren, die in einem Bereich von etwa 90 Grad um die Fahrtrichtung blicken und dort auf Objekte reagieren, die sich in einer Entfernung von einigen Zentimetern befinden. Die Ausgänge dieser Sensoren sind nun über Gewichte veränderlicher Stärke mit all den schon vorhandenen (künstlichen) Neuronen verbunden, also mit den Neuronen, die den Vermeidungsreflex, und denen, die das Zielverhalten auslösen.

Zunächst besitzen die Gewichte den Wert Null, weshalb sich die Erregung der Sensoren des Facettenauges noch nicht auf das Verhalten des Roboters auswirken kann. Allerdings können sich die Gewichte mit Hilfe der Hebb-Regel verändern. Bewegt sich der Roboter in einer mit Hindernissen bestückten Umwelt, so werden immer wieder z. B. die Facetten der linken Seite und kurz darauf der Sensor in der linken Stoßstange erregt. Entsprechendes passiert auf der rechten Seite. Auf diese Weise werden Verknüpfungen auch zwischen den Facetten und den Motoren entwickelt, so daß nach einiger Zeit der Roboter schon Hindernisse wahrnehmen und darauf reagieren kann, bevor er mit den Stoßstangen tatsächlich Kontakt bekommt. Dabei ist es weder besonders wichtig, wie gut etwa die Auflösung der einzelnen Sensoren ist, noch, wie genau sie jeweils am Körper des Roboters justiert sind. Das System lernt ja gerade die Signale, die von den Sensoren nun eben mal erzeugt werden, mit der richtigen Reaktion zu verknüpfen. Die Signale werden also „aus der Sicht des Roboters" und nicht etwa aus der des externen Betrachters interpretiert. Der Roboter hat die Verknüpfung „von selbst" gelernt. Allerdings ist die Aufgabe noch vergleichsweise einfach, weil nur eine mögliche Reiz-Reaktionskette existiert.

In vielen Fällen ist die Lernaufgabe deutlich komplexer als eine Verkettung zweier Reize. Insbesondere beim Lernen von Bewegungen ist oft eine Verknüpfung vieler Bewegungsfreiheitsgrade und eine feinfühlige Dosierung von Muskelanspannungen erforderlich. Es ist nicht von vornherein klar, wie die Hebb-Regel allein eine derartige Verknüpfung leisten kann. Dabei ist der Lernablauf oft nicht nur ein passives Aufnehmen einlaufender Reize. Vielmehr ergeben sich beim Erlernen von Bewegungen die sensorischen Rückmeldungen erst als Resultat der eigenen Bewegungsversuche. Lernen wird damit zu einem aktiven, durch eigene Exploration gesteuerten Prozeß.

Wie kann ein neuronales System in diesem Falle ein geeignetes synaptisches Verschaltungsmuster gewinnen? Eine erste Möglichkeit bildet eine Art „Zufallssuche" nach geeigneten Gewichten. Hierbei probiert das System eine zufällig ausgewählte Verhaltensweise aus. Dies bedeutet auf der neuronalen Ebene, daß zunächst die Stärke von zufällig ausgewählten Gewichten kurzzeitig verändert werden muß. Ist das durch diese Verhaltensweise erzeugte Ergebnis positiv, was mit Hilfe eingebauter, „angeborener" Bewertungssysteme geprüft wird, so werden die Veränderungen der Stärke der Gewichte, die für die Durchführung des neuen Verhaltens verantwortlich waren, langfristig beibehalten. Diese auf Versuch und Irrtum beruhende Methode, bei der im Prinzip einzelne Gewichte durchprobiert werden müssen, ist allerdings schon bei kleinen Systemen mit, sagen wir, 100 Gewichten allein aus Zeitgründen völlig überfordert. Selbst wenn für jedes Gewicht nur zwei Zustände erlaubt wären, ergeben sich 2^{100} Möglichkeiten (das sind mehr als 10^{30}, also eine 1 mit 30 Nullen), die vielleicht nicht vollständig, aber doch zum Teil ausprobiert werden müßten. Selbst wenn nur 1 % der Möglichkeiten probiert würden, wären dies immer noch 10^{28} Varianten. So könnte sich möglicherweise in Zeiträumen der Evolution ein Artgedächtnis entwickeln.*
Für den Aufbau eines Individualgedächtnisses erscheint das Prinzip eigentlich nur dann praktikabel, wenn die Vielzahl der möglichen Veränderungen drastisch reduziert wird, etwa indem die meisten Synapsen schon festgelegt sind und nur noch einige wenige variiert werden, also „lernen" können.

Einfacher ist es dagegen, eine solche Suche direkt im (meistens) wesentlich niedrigerdimensionalen Raum der Antworten des lernenden System zu veranstalten. Dazu wird vor jedem Bewegungsversuch für

---

* Aber auch das ist etwas „knapp", wenn man bedenkt, daß das Alter des Weltalls „nur" etwa 10^{18} Sekunden beträgt.

10. Lernen: Sicher kein Nachteil, wenn man intelligenter werden will

jeden Ausgabewert y ein versuchsweise abgeänderter Wert y_{Probe} berechnet. Anschließend wird die Bewegung unter Benutzung der versuchsweise abgeänderten Ausgabewerte ausgeführt. Nun muß das System anhand des „Erfolgs" seines neuen Bewegungsversuchs entscheiden, ob die abgeänderten Ausgabewerte zu einer Verbesserung geführt haben oder nicht. Dazu benötigt es so etwas wie eine „Erwartung" über den Erfolg seiner Bewegungen. (Wir wollen erst später auf die Frage eingehen, wie ein geeignetes „Erfolgsmaß" aussehen könnte und wie das System ein solches Erfolgsmaß berechnen könnte. Vereinfachend können wir uns vorstellen, daß das System nach jedem Bewegungsversuch eine „Belohnung" erhält oder verspürt, deren Höhe dem System als Erfolgsmaß dient.) Eine solche Erwartung kann es z. B. durch Mittelung des Erfolgs vorausgegangener Bewegungsversuche aus ähnlichen Situationen bilden (wir sehen, daß an dieser Stelle die Verfügbarkeit eines Gedächtnisses wiederum nützlich wird). Führt der neue Bewegungsversuch zu einem über Erwarten großen Erfolg, so führte die Veränderung der Ausgabewerte von y auf y_{Probe} augenscheinlich zu einer Verbesserung, und das System verwendet als künftigen Ausgangswert jeder Ausgabe einen neuen Wert, der vom jeweiligen Altwert y aus mehr oder weniger stark in Richtung y_{Probe} verschoben ist (das Ausmaß der Verschiebung nimmt dabei mit dem Übertreffen der Erfolgserwartung zu). Fällt das Ergebnis der neuen Bewegung dagegen wider Erwarten schlecht aus, verschiebt das System für jede Ausgabe deren Altwert y ein Stück in die Gegenrichtung, d. h., von y_{Probe} weg. Wie wir weiter unten sehen werden, läßt sich durch geeignete Methoden aus der gewünschten Veränderung des Ausgabewertes eine Veränderung der inneren Synapsenstärken berechnen, die zum gewünschten neuen Ausgabewert führt.

Eine wichtige Rolle für den Erfolg des Verfahrens spielt die Bemessung der versuchsweisen Veränderungen von y auf y_{Probe}. In der Regel wird das System hier sowohl positive als auch negative Veränderungen probieren müssen. Der Absolutbetrag $|y_{Probe} - y|$ sollte dabei vom bisherigen Erfolg abhängen: ist dieser schon sehr groß, so empfehlen sich „vorsichtige", d. h. kleine Veränderungen. Ist der Erfolg noch gering, gibt es wenig zu verderben, und auch größere Veränderungen werden attraktiv.

Wie gut bewährt sich das soweit geschilderte, oft als *Verstärkungslernen* bezeichnete Lernverfahren beim realen Erlernen einer Bewegung? Gullapalli und seine Kollegen haben diese Frage untersucht, indem sie einen Roboter mit diesem Lernverfahren ausstatteten. Die Aufgabe des Roboters bestand darin, einen zylindrischen Bolzen in ein zylindrisches Loch mit nur geringfügig größerem Durchmesser einzusetzen. Wenn die beiden Durchmesser nur wenig voneinander abweichen, verkantet der Bolzen leicht, und die Aufgabe ist dann auch für einen Menschen nicht immer einfach zu lösen.

Als sensorische Rückmeldung verfügte der Roboter von Gullapalli über Informationen über die Lage und über die Neigung des Bolzens im Raum; zusätzlich erhielt er über einen Kraftsensor die auf den Bolzen einwirkenden Linear- und Drehkräfte. Erfolgsmaß für sein Handeln war in diesem Falle die Tiefe, bis zu der der Bolzen ins Loch geschoben werden konnte, ohne zu verkanten. Die Steuerung der Bewegung geschah über einen Positionsregler, der seine Aufgabe aus dem Differenzwert zwischen Soll- und Ist-Position mittels eines künstlichen neuronalen Netzes berechnete. Die Ausgabewerte dieses Netzes (drei Positions- und zwei Winkelgrößen) wurden als Basis für das weiter oben geschilderte Lernverfahren verwendet. Dabei ist es wichtig zu erwähnen, daß der Roboter über ein gewisses Maß an Elastizität verfügte, so daß trotz teilweise inkorrekter Ortsvorgaben während des Lernens keine Beschädigungen verursacht werden konnten. Gullapalli und seine Mitarbeiter fanden, daß ihr System mit der beschriebenen Lernregel tatsächlich in der Lage war, das Einschieben des Bolzens innerhalb einiger hundert Bewegungsversuche zu lernen. Dies bildet ein schönes Beispiel dafür, daß auch relativ komplexe Bewegungsabläufe durch „Verstärkungslernen" gelernt werden können.

Das System von Gullapalli enthielt allerdings noch eine wichtige Idee, auf die wir bisher noch nicht näher eingegangen sind und die für viele Lernvorgänge von Bedeutung ist. Diese Idee hängt mit der Gewinnung einer Erfolgserwartung für jede Bewegung zusammen. Hier genügt es nur in einfachen Fällen, die durchschnittliche Zahl der Erfolge zu ermitteln. Fast immer hängt der für eine Bewegung – oder allgemeiner, für eine Handlung – zu erwartende Erfolg stark von den Kontextbedingungen ab, unter denen die Handlung auszuführen ist. Anstelle eines einzigen, mittleren Erfolgserwartungswertes wäre es daher für den Handelnden – sei es ein Lebewesen oder eine Maschine – wesentlich informativer, den Zusammenhang zwischen Kontext und zu erwartendem Erfolg zu kennen und damit den zu erwartenden Erfolg situationsspezifisch abschätzen zu können. Letztendlich handelt es sich hier wiederum um eine Fähigkeit, die möglicherweise durch Lernen erworben werden kann. Das Lernen der Erfolgsvorhersage begleitet dabei das Erlernen der eigentlichen Aufgabe: Die Bewegungsversuche beim Lernen der eigentlichen Aufgabe liefern gerade erst das „Trainingsmaterial" für das Lernen der Erfolgsvorhersage. Umgekehrt beeinflußt die bereits teilweise gelernte Erfolgsvorhersage, wie wir weiter oben gesehen haben, wiederum das Lernen der eigentlichen Aufgabe.

Die Verfügbarkeit einer vertrauenswürdigen Erfolgsvorhersage leistet damit etwas Ähnliches wie ein guter Kritiker: sie liefert dem System ein genaueres Urteil über die Auswirkung seiner Handlungen. Sie kann sogar zum vorherigen, „internen Durchspielen" von Handlungsalternativen verwendet werden, ohne das Risiko oder die Kosten einer tatsächlichen Ausführung der Handlung tragen zu müssen. Das System kann dadurch die tatsächlich auszuführenden Handlungen auf eine kleine Anzahl „vielversprechender" Alternativen beschränken und somit viel zielgerichteter lernen als ohne seinen „internen Kritiker". Dies ist gerade bei diesem sogenannten „unüberwachten" Lernen wichtig, da hier die Umwelt nur vergleichsweise wenig Information zurückliefert, die deshalb besonders gründlich ausgewertet werden sollte.

Aufgrund dieser Vorteile stellten auch Gullapalli und sein Team ihrem Roboter einen „internen Kritiker" zur Verfügung. Dieser hatte den einfachen Aufbau des schon weiter oben beschriebenen Perzeptrons: In diesem Falle bildete die Eingabe einen Merkmalsvektor, der die Armposition und die gemessenen Kräfte beschrieb. Die Ausgabe war der Schätzwert der von dieser Situation aus zu erwartenden Einschubtiefe des Bolzens.

In gewisser Weise liefert der „interne Kritiker" ein Modell eines bestimmten Aspekts der Wechselwirkung zwischen dem lernenden System und seiner Umwelt: Er macht eine situationsspezifische Vorhersage über eine gewisse, für das System interessante Größe, nämlich den zu erwartenden Erfolg seiner Handlung, und modelliert damit den Zusammenhang zwischen Handlung, Situation und Erfolg. Dieses Prinzip läßt sich in mannigfacher Weise erweitern: Wir können uns leicht viele zusätzliche Größen vorstellen, deren Vorhersage für ein handelndes System von großem Nutzen sein könnte.

Beispielsweise kann es nützlich sein, vor jedem Bewegungskommando bereits eine Vorhersage der danach erreichten Position der Armspitze zu besitzen. Eine solche Vorhersage gestattet dem Roboter eine vorherige Einschätzung seines richtungsmäßigen Positionierfehlers; dies stellt eine wesentlich detailliertere Information dar, als lediglich die Nennung eines Erfolgsmaßes. Der Roboter weiß dann nicht nur, „wie weit" er sein Positionsziel verfehlt, sondern er kennt auch die räumliche Richtung seines Positionierfehlers. Ein solcher, zu Positionsvorhersagen fähiger „interner Kritiker" kann daher als eine Art „Lehrer" dienen, der dem lernenden System u. U. recht genaue Anweisungen über noch fällige Korrekturen anbieten kann.

Lernen mit der Unterstützung eines „Lehrers" unterscheidet sich vom bisher betrachteten, „unüberwachten" und vom „Verstärkungslernen" in der reichhaltigeren Information, die der Lehrer bietet. Aus naheliegenden Gründen bezeichnet man diese Art des Lernens als *überwachtes Lernen*. Wie wir gesehen haben, kann unüberwachtes Lernen von einem „internen Kritiker" profitieren. Der interne Kritiker kann dabei selbst wiederum mittels überwachten Lernens erworben werden. Bevor wir uns jedoch der Thematik des überwachten Lernens zuwenden, müssen wir zuvor noch eine weitere, mit dem Verstärkungslernen verwandte Form des Lernens betrachten, die sogenannte *operante Konditionierung*.

Diese läßt sich bei vielen Tieren beobachten. Die Experimente dazu werden häufig mit Hilfe der klassischen Skinnerbox durchgeführt: Eine Ratte wird in einen Käfig gesetzt, der mit einem Hebel und einem Futterspender ausgestattet ist. Drückt nun die Ratte zufällig auf den Hebel, und fällt daraufhin ein Futterstück in den Freßnapf, was, wenn die Ratte hungrig ist, als positives Ereignis bewertet wird, so werden die Synapsen, die an der Aktion „Drücken des Hebels" beteiligt waren, verstärkt. Dieses Verhalten wird deshalb von der Ratte häufiger durchgeführt. Zu dieser „Aktion" gehört auch die sensorische Seite, also zum Beispiel das Erkennen des Hebels.

Das folgende Experiment, das in ähnlicher Weise bei Schaben und bei Ratten unternommen wurde, könnte auf diese Weise interpretiert werden. In diesem Experiment wurde das Tier festgehalten und die Position eines Beines gemessen. Sobald sich der Fuß unter eine bestimmte Grenze bewegt hatte, wurde das Tier mit einem schwachen elektrischen Reiz „bestraft". Sowohl die Ratten als auch die Schaben lernten dann, das Bein oberhalb der kritischen Grenze zu halten. Da in beiden Experimenten das Gehirn der Tiere zuvor entfernt worden war, zeigt das Resultat zugleich, daß dieses Lernen bei Wirbeltieren

10. Lernen: Sicher kein Nachteil, wenn man intelligenter werden will

bereits auf der Ebene des Rückenmarks, bei Insekten auf der Ebene des Bauchmarks stattfinden kann.

Ein komplexerer Fall motorischen Lernens wurde bei der Kontrolle des Heuschreckenfluges beobachtet. Doch wie untersucht man die Flügelbewegungen einer fliegenden Heuschrecke? Man könnte vermuten, daß dies ein recht schwieriges Unternehmen ist. Viele untersuchungstechnische Probleme wären dann gelöst, wenn man die Heuschrecke auf der Stelle fliegen lassen könnte. Dies ist in der Tat relativ einfach dadurch zu erreichen, daß man das Tier an einer Halterung vor einem Windkanal befestigt. Auf diese Weise können die Heuschrecken zu relativ langen Flügen veranlaßt werden. Dreht man in dieser Situation die Halterung etwas nach rechts oder links aus der Windrichtung, so versucht die Heuschrecke, durch Veränderung ihres Flügelschlages dieser Drehung entgegenzuwirken, mit dem Ziel, stets genau gegen den Wind zu fliegen. Dieses Verhalten hat B. Möhl ausgenutzt, um zu untersuchen, ob das die Bewegungen steuernde System – beim Flug muß eine große Zahl verschiedener Muskeln sehr genau, d. h. im Millisekundenbereich, aufeinander abgestimmt werden – durch Lernen verändert werden kann.

In der bis jetzt beschriebenen Apparatur können die Heuschrecken die Stellung der Halterung nicht verändern, auch wenn sie dies durch Änderung des Flügelschlages versuchen. Durch das Festlegen des Tieres ist der Funktionskreis „aufgeschnitten" (man spricht von einer *open loop Situation*: die Aktionen des Tieres können seine Position nicht beeinflussen). Nun kann man diesen Kreis, wenn dies vielleicht auch etwas umständlich erscheint, künstlich wieder schließen, indem man elektrische Signale von bestimmten Flugmuskeln ableitet, diese von einem Computer auswerten läßt und das Ergebnis dazu verwendet, einen Motor anzusteuern, der dann seinerseits die Halterung der Heuschrecke dreht. Wenn man dazu die richtigen Muskeln verwendet, also die, mit denen sich auch die Heuschrecke zu drehen versucht, so kann man auf diese Weise ein nahezu normales Verhalten beobachten. Nur ist dies, statt wie beim freien Flug über die physikalische Wirkung der Muskeln und Flügel, nun über die künstliche Kette Computer und Motor erreicht worden. Nun erst kommt das eigentliche Experiment. Wenn man die von den Muskeln kommenden Signale im Computer uminterpretiert, zum Beispiel zeitlich verzögert, oder, noch schlimmer, das Signal eines anderen, „falschen" Muskels verwendet, so kann die Heuschrecke den Motor natürlich nicht mehr richtig ansteuern. Sie dreht sich entweder zu langsam oder zu schnell in den Wind oder möglicherweise sogar in die falsche Richtung. Läßt man das Tier jedoch einige Zeit in der Apparatur fliegen, so ändert dieses erstaunlicherweise nach einiger Zeit die Ansteuerung des an den Computer angeschlossenen Muskels so, daß sich das richtige Verhalten ergibt. Auch bei Störungen nach rechts oder links können sich die Tiere dann wieder in den Wind drehen. Sie können also das motorische Programm, die Art der zeitlichen Ansteuerung der Muskeln, so abändern, daß sich das gewünschte Verhalten erneut ergibt. Die Tiere reagieren also keineswegs starr, sondern können in relativ weitem Rahmen ihr motorisches Programm anpassen, so daß eine automatische Feinjustierung des Systems möglich ist, obwohl die Tiere ja nicht explizit wissen können, welcher Muskel gerade nicht optimal angesteuert wird. Es ist interessant, daß für diese Anpassung ganz verschiedene, aber offenbar nicht beliebige Muskeln verwendet werden können.

Betrachtet man operantes Konditionieren auf einer höheren Ebene, auf der, wie schon bei der Ratte in der Skinnerbox, zwischen ganz verschiedenen Verhaltensweisen ausgewählt werden muß, so könnten verschiedene Mechanismen vorliegen. Es wäre denkbar, daß ein Zufallsgenerator einen von vielen Verhaltensagenten aktiviert und diesen, wenn das Ergebnis positiv war, in dem Sinne verstärkt, daß er später in der entsprechenden Situation mit größerer Wahrscheinlichkeit ausgewählt wird, er also den Wettbewerb mit den anderen Agenten gewinnt. Diese Verstärkung könnte z. B. in einer Senkung von Schwellen bestehen oder darin, daß in einem den Wettbewerb bestimmenden WTA-Netz die Gewichte dieses Agenten erhöht werden. Alternativ wäre denkbar, daß, wie beim Verstärkungslernen, einzelne Synapsen ausgewählt und geändert werden und diese Änderung dann bei Erfolg stabilisiert würde. Natürlich ist auch eine Kombination dieser Mechanismen möglich.

Es könnten sich aber nach dem Hebbschen Prinzip die Verküpfungen zwischen den Synapsen sozusagen von selbst ergeben. Nach dieser Vorstellung wird, wie erwähnt, eine Synapse dann verstärkt, wenn die präsynaptische und die postsynaptische Zelle gleichzeitig erregt ist. Das kann, außer im Fall der erwähnten klassischen Reflexkonditionierung, auch dann passieren, wenn zwei Synapsen von verschiedenen Sensoren desselben Sinnesorganes auf eine nachfolgende Nervenzelle verschaltet sind und beide Sensoren zugleich erregt werden.

Nun werden verschiedene Sensoren nur dann häufig zugleich erregt, wenn in der Außenwelt, auf die die Sensoren reagieren, eine Regularität vorliegt. Diese Regularität würde sich also in Form synaptischer Verbindungen im Nervensystem ausdrücken. Mit anderen Worten, es könnten sich auf diese Weise von selbst, also ohne einen Lehrer, Eigenschaften der Außenwelt auf der Ebene der Neurone abbilden. Man muß dazu annehmen, daß Koaktivierungen, die nur selten auftreten, nicht zu einer Verstärkung der Synapsen, sondern, was ja im Prinzip auch schon gefunden wurde, zu einer Abschwächung führen.

Tatsächlich gibt es, wie erwähnt, Simulationen, die auf diesem Prinzip beruhen. Sie sind aber stets auf relativ kleine Systeme beschränkt. Aber bereits hier tritt ein wichtiges Problem auf. Dies vor allem dann, wenn man, wie beim Gehirn, davon ausgehen muß, daß die verschiedenen Felder auch rekurrent miteinander verknüpft sind. Wie kann man verhindern, daß im Laufe der Zeit zu viele Koaktivierungen vorkommen und schließlich jede Zelle mit jeder anderen verbunden ist? Dies ist ein Aspekt des sogenannten *Stabilitäts-Plastizitäts-Dilemmas*. Einerseits sollte sich das lernende System möglichst plastisch an die Außenwelt anpassen und deren Eigenschaften abbilden können. Andererseits sollte sich eine gewisse Konstanz des Gedächtnisses erhalten und nicht alles beliebig abgeändert werden können.

Überwachtes Lernen

Unüberwachtes Lernen ist sehr anspruchslos hinsichtlich der für den Lernvorgang benötigten Information. Selbst Verstärkungslernen ist noch sehr „genügsam", da lediglich eine Belohnung oder Bestrafung für die jeweilige Aktion erforderlich ist. Dies macht diese Lernprinzipien sehr vielseitig einsetzbar, führt jedoch auf der anderen Seite auch zu langen Lernzeiten. Wesentlich schnelleres Lernen wird möglich, wenn ein „Lehrer" zur Verfügung steht, der über Belohnung oder Bestrafung hinaus korrekte Lösungsbeispiele zur Verfügung stellt. In diesem Falle sprechen wir von *überwachtem Lernen*. Zwar ist in der Natur (und auch im praktischen Leben) ein derartiger „Lehrer" häufig nicht verfügbar; jedoch haben wir auch gesehen, daß sich durch geeignete Maßnahmen, wie beispielsweise den Einbau eines „internen Kritikers", ein solcher Lehrer indirekt verfügbar wird und unüberwachtes Lernen damit in überwachtes Lernen verwandeln läßt.

Wir wollen uns deshalb im folgenden mit einem Beispiel überwachten Lernens auseinandersetzen. Ausgangspunkt überwachten Lernens ist stets eine Menge von „Trainingsbeispielen", die man sich als eine Anzahl von Paaren der allgemeinen Form „Aufgabenstellung – Lösung" vorstellen kann (dabei wird nicht notwendig vorausgesetzt, daß die jeweiligen Lösungen stets 100 %ig korrekt sind; wir wollen im folgenden jedoch von korrekten Lösungen ausgehen).

Die Trainingsbeispiele repräsentieren in „impliziter Weise", wie Aufgabenstellung und Lösung jeweils zusammenhängen. Aufgabe des lernenden Systems ist es, diesen in der Vorgabe auf die Trainingsmenge beschränkten Zusammenhang auch für „neue" Aufgabenstellungen nutzbar zu machen. Voraussetzung für das Gelingen eines solchen „Transfers" (auch als „Generalisierung" bezeichnet) ist natürlich eine gewisse (und im Falle künstlicher Systeme oft hohe) Ähnlichkeit der „neuen" Aufgaben mit den Aufgaben, die in der Trainingsmenge vorkommen. Die Situation läßt sich vielleicht am besten mit einem Beispiel erläutern: Wenn wir lernen, giftige von ungiftigen Pilzen zu unterscheiden, so können wir das Gelernte anschließend auf neue Exemplare von Pilzen der gelernten Arten anwenden. Dagegen können wir das Gelernte kaum für eine entsprechende Klassifikation vorher nicht gesehener Pilzarten nutzen (wobei es uns aber immerhin hilft, das Vorliegen einer solchen „neuen" Art zu erkennen!), und für eine entsprechende Unterscheidung von Beeren ziehen wir daraus überhaupt keinen Vorteil.

Im Prinzip haben wir überwachtes Lernen schon früher, am Beispiel des einfachen Perzeptrons für die Unterscheidung der vier Muster in Abb. 27 kennengelernt. Wenn wir die Komplexität der zu lernenden Aufgabe erhöhen, kann es jedoch passieren, daß wir mit dem einfachen Perzeptron an eine Grenze stoßen und dieses die komplexere Aufgabe nicht mehr bewältigen kann. Unglücklicherweise kann dies schon bei für uns sehr einfach scheinenden Lernaufgaben auftreten. Ein „klassisches Beispiel" bildet das „XOR-Problem". Dieses verlangt die Klassifikation der vier Wertepaare (0,0), (1,0), (0,1) und (1,1) in zwei Klassen. Die eine Klasse enthält die beiden mittleren Paare, die jeweils aus einer „Eins" und einer „Null" bestehen; die andere Klasse enthält die beiden restlichen Paare. Obwohl das einfache Perzeptron zahlreiche, uns weit schwieriger vorkommende Klassifikationsaufgaben lernen kann, versagt es bei diesem einfachen Beispiel kläglich.*

10. Lernen: Sicher kein Nachteil, wenn man intelligenter werden will

Trotz dieser auf den ersten Blick enttäuschenden Einschränkung des Perzeptrons sind viele (zumeist in wesentlich höherdimensionalen Merkmalsräumen formulierte) Klassifikationsaufgaben mit dem einfachen Perzeptron lösbar (s. z. B. Abb. 28). Allerdings hat das geschilderte Problem wichtige Anstöße für eine Weiterentwicklung des einfachen Perzeptrons gegeben. Das Ergebnis war die Gewinnung von Lernregeln für mehrschichtige Perzeptronen, die sich aus mehreren (häufig zwei) hintereinandergeschalteten Einzelperzeptronen zusammensetzen. Anders als beim einfachen Perzeptron, dessen Neuronaktivitäten jeweils entweder ein Element des Eingabe- oder ein Element des Ausgabevektors darstellen, besitzt ein derartiges, mehrlagiges Perzeptron „innere" Neuronen (sog. hidden units), deren Aktivitäten unter einem Lernverfahren frei eingestellt werden können. Dieser Umstand macht derartige „Multilagenperzeptronen" wesentlich leistungsfähiger; man kann sogar zeigen, daß ein derartiges System – vorausgesetzt man versieht es mit ausreichend (unter Umständen sehr) vielen inneren Neuronen – *jede* vorgegebene Klassifikationsaufgabe erlernen kann.

Derartige Netze sind erfolgreich für viele Aufgabenstellungen „trainiert" worden. Ein eindrucksvolles Beispiel etwa bietet eine Arbeit von Pomerleau, in der er zeigt, wie ein solches Multilagenperzeptron lernen kann, ein Fahrzeug anhand visueller Information eine Straße oder einen Weg entlang zu navigieren. Erstaunlicherweise kommt dieses System mit lediglich fünf inneren Neuronen aus. Diese „blicken" auf eine Eingabeschicht aus 930 Neuronen, die in Form einer rechteckigen 30×31-Matrix angeordnet sind. Die Aktivitäten dieser Neuronen folgen den Helligkeitswerten eines auf 30×31 Bildpunkte vergröberten Grauwertbildes der Straßenszene, das von einer Videokamera geliefert wird. Die Aktivitäten der fünf inneren Neuronen bilden ihrerseits die Eingabe für eine weitere Perzeptron-Schicht,

---

* Die Ursache dafür können wir verstehen, wenn wir die zu klassifizierenden Muster (hier: die vier Paare) als Punkte in einem „Merkmalsraum" (hier: die zweidimensionale Ebene) auffassen. Alle für ein einfaches Perzeptron lernbaren Klassifikationen von Mustern in zwei Klassen lassen sich in einem solchen Merkmalsraum auf einfache Weise geometrisch charakterisieren: es sind gerade alle diejenigen Zerlegungen des Raums in zwei „Halbräume", die durch eine geeignet gelagerte Trennebene zustande gebracht werden können. Für unser zweidimensionales Beispiel sind die Trenn-„ebenen" einfache Trenngeraden, und wir übersehen unmittelbar, daß die für das XOR-Problem geforderte Aufteilung der vier Punkte in zwei Klassen durch keine Lage einer Trenngeraden zustande gebracht werden kann.

die 30 Ausgabeneuronen besitzt. Jedes der Ausgabeneuronen „votiert" mit seiner Aktivität dabei für einen von 30 Lenkradstellungen des zu steuernden Fahrzeugs.

Im Laufe einer Trainingsphase muß dieses Netz nun lernen, seine Ausgabeneuronen in Abhängigkeit von dem vergröberten Eingabebild so zu steuern, daß die resultierenden Lenkradstellungen das Fahrzeug die Straße sicher entlangführen. Dazu werden dem System eine größere Anzahl von Trainingspaaren zur Verfügung gestellt, die aus den Aktionen eines menschlichen Fahrers gewonnen werden. Jedes Trainingspaar besteht aus einem Bild und dem dazu „passenden" Lenkradwinkel. Bei den ersten Trainingsversuchen stellte sich heraus, daß das Netzwerk zwar eine begrenzte Navigationsfähigkeit lernt, aber dennoch leicht von der Straße abkommt. Als Ursache stellte sich heraus, daß die von dem menschlichen Fahrer erzeugten Trainingsbilder „zu gut" waren: Sie zeigten nur Beispiele einer guten Steuerung, so daß das System daraus nicht lernen konnte, mit leicht auftretenden „Gefahrensituationen", etwa einem Zudriften auf den Straßenrand, zurechtzukommen. Erst als das Trainingsmaterial um eine hinreichend große Anzahl solcher, künstlich heraufbeschworener Gefahrensituationen angereichert wurde, gelang es dem Netzwerk, ein robustes und zuverlässiges Navigationsverhalten zu lernen.

Damit realisiert dieses einfache System einen wichtigen Aspekt prärationaler Intelligenz für eine Leistung, die in entsprechend adaptierter Form für viele Tiere in der Natur wichtig ist. Die von dem Netz gebotene Leistung ist dabei angesichts seines einfachen Aufbaus recht beachtlich. Trotzdem kann es die Aufgaben eines menschlichen Fahrers damit noch nicht übernehmen, denn ein angemessenes Reagieren auf die vielen alltäglichen Wechselfälle des Verkehrsgeschehens, wie etwa schlechte Sicht durch Regen oder Schnee, Baustellen oder Verdeckung des Straßenverlaufs durch andere Fahrzeuge, liegen weit außerhalb seiner Fähigkeiten. Korrektes Reagieren auf solche Ereignisse erfordert zusätzliche Fähigkeiten, darunter auch die Fähigkeit, mit Symbolen zu operieren (man denke etwa an die Beachtung von Verkehrszeichen).

Bei all den hier beschriebenen Lernvorgängen wird die gelernte Fähigkeit durch Übung allmählich verbessert. Dies läßt sich in Form von Lernkurven darstellen. Man spricht hierbei auch von prozeduralem Lernen oder dem Erwerb prozeduralen Wissens. Im Unterschied dazu kann deklaratives Wissen in einem einzigen Lernschritt erwor-

10. Lernen: Sicher kein Nachteil, wenn man intelligenter werden will

ben werden, wie weiter unten und in Kap. 13 erwähnt wird. Auch dies deutet übrigens darauf hin, daß der Unterschied zwischen prozeduralem und deklarativem Gedächtnis (s. Kap. 9) eher quantitativer als qualitativer Natur ist.

Obwohl die bisher beschriebenen Lernprinzipien eine ganze Reihe von Lernphänomenen modellieren können und auch die Vermutung allgemein akzeptiert ist, daß die weiter vorn angedeuteten Mechanismen der Synapsenplastizität allen Lernvorgängen zugrunde liegen, heißt das aber noch nicht, daß wir damit alle bekannten Verhaltensphänomene im Bereich des Lernens auf einfache Weise erklären können.

Im folgenden wollen wir einige wichtige Befunde zusammentragen, für die noch ein gewisser, und heute zum Teil noch unbekannter „Überbau" zur Erklärung notwendig ist. Wir wollen als Beispiel hier jeweils den Lidschlagreflex verwenden, da dies ein Standardbeispiel dieser Untersuchungen darstellt, auch wenn die einzelnen Experimente keineswegs immer mit dem Lidschlagreflex durchgeführt wurden.

Ein Lidschlag kann reflexartig durch einen leichten Luftstoß auf das Augenlid (US) ausgelöst werden. Als bedingten Reiz (CS) könnte z. B. ein Ton oder ein Lichtsignal verwendet werden. Schon von Pavlov untersucht, und mit den bisher beschriebenen Mechanismen durchaus zu erklären, ist der folgende Befund. Nachdem man erfolgreich einen bedingten Reflex mit einem konditionierten Reiz, sagen wir dem Tonsignal, hergestellt hat, also das klassische Pavlovsche Experiment durchgeführt hat (wir wollen dies im folgenden das Standardexperiment nennen), kann anschließend die Reaktion auf das Tonsignal als unbedingter Reiz verwendet werden, um daran nun das Lichtsignal als weiteren bedingten Reiz anzuhängen. Man paart nun also Licht und Ton – der ursprüngliche Luftstoß wird nicht mehr verwendet – und kann dann den Lidschlag auch über das Lichtsignal auslösen. Man nennt dies eine *Konditionierung zweiter Ordnung*. Auch dieses klassische Experiment könnte unter Verwendung des Hebbschen Prinzips erklärt werden.

Das folgende Experiment läßt sich jedoch allein mit Korrelation zwischen CS und US nicht erklären. Gibt man zunächst mehrfach hintereinander zwei zunächst neutrale Signale, Ton und Licht gleichzeitig, und führt anschließend das Standardexperiment durch (das den Ton verwendet), so bildet sich natürlich eine Kopplung von Ton und Lidschlag. Testet man anschließend das im Experiment nicht korrelierte Lichtsignal, so findet man auch hier eine stärkere Reaktion. Die vorherige Korrelation der beiden sensorischen Reize hat also bereits zu einer Verknüpfung geführt (sensory preconditioning). Hierzu paßt, daß viele Forscher annehmen, daß bei der Bildung des bedingten Reflexes gar keine neue Verknüpfung zwischen Sensorik und Motorik, also zwischen US und der Reaktion entsteht, sondern daß sich eine Verknüpfung, möglicherweise durchaus nach dem Hebbschen Prinzip, zwischen dem unbedingten und dem bedingten Sensorsignal entwickelt, also zwischen US und CS.

Hiermit verwandt ist der folgende Befund. Bietet man einem Versuchstier vor Beginn des eigentlichen Standardexperimentes mehrfach nur den Ton, also ohne Paarung mit dem Luftstoß, und führt erst dann das Standardexperiment durch, so zeigt sich, daß sich die Verknüpfung deutlich langsamer aufbaut, als dies im Standardexperiment, also ohne die vorherige Präsentation des Tonsignales geschieht. Das Anbieten des unkorrelierten Tonsignales hat also eine versteckte Hemmungswirkung (latent inhibition). Es sieht also so aus, daß das Tier lernt, daß das Tonsignal harmlos ist, ohne daß dieses dabei jedoch mit einem anderen Signal korreliert ist.

Im folgenden Beispiel wird zunächst wieder das Standardexperiment, „Ton gepaart mit Luftstoß", durchgeführt. In der anschließenden zweiten Phase des Experiments wird, ohne daß ein Luftstoß erfolgt, Ton und Lichtreiz gepaart. Hierbei sollte gelernt werden, daß das Licht bedeutet, daß trotz des Tones kein Luftstoß folgt. Um dies zu prüfen, wird anschließend nur das Licht und der Luftstoß gepaart. Dabei wird natürlich auch ein bedingter Reflex entwickelt. Das Lernen ist aber wesentlich langsamer, als dies ohne diese Vorgeschichte der Fall wäre. Es wurde in der zweiten Phase also eine negative Korrelation gelernt (conditioned inhibition).

Führt man nach dem Standardexperiment eine Paarung mit dem kombinierten Reiz „Ton plus Licht", jeweils zusammen mit dem Luftstoß durch und testet anschließend die Reaktion auf das Licht allein, so findet man keine Reaktion. Trotz einer starken Korrelation zwischen Luftstoß und Lichtsignal findet also kein Lernen statt. Man spricht hier von *Blockierung*, da die bereits vorhandene Bindung zwischen Luftstoß und Ton offenbar die zusätzliche Verknüpfung von Luftstoß und Licht blockiert. Beispiele für eine derartige Blockierung konnten nicht nur bei höheren Wirbeltieren, sondern auch z. B. beim

Tintenfisch und bei Schnecken nachgewiesen werden. Man interpretiert dieses Ergebnis so, daß die reine Korrelation zwischen den beiden Reizen nicht ausreicht, sondern daß das Signal offenbar auch einen Neuigkeitswert haben muß, um gelernt zu werden.

Ähnliches gilt möglicherweise schon für die Habituation, deren biologischer Sinn darin besteht, unwichtige Information zu ignorieren. Wagner hat zur Erklärung der kurzfristigen Habituation die Hypothese aufgestellt, daß ein Signal nur dann Zugang ins Kurzzeitgedächtnis erhält, wenn die entsprechende Information dort nicht schon vorhanden ist, mit anderen Worten, wenn es neu ist. Die Funktion des CS, das ist die naheliegende Interpretation, könnte ja darin bestehen, das Auftreten eines lebenswichtigen US vorherzusagen. In der zweiten Phase des Blockierungsexperimentes liegt nach dem Tonsignal aber bereits die Erwartung des Luftstoßes vor. Der Lichtreiz bietet also nichts Neues. Wie allerdings diese Erwartung neuronal realisiert ist, ist noch unbekannt. Rescorla und Wagner schlagen zur Erklärung dieser Befunde einen Mechanismus vor, der der in künstlichen Systemen oft verwandten Delta-Regel ähnlich ist. Nach Rescorla und Wagner wird die Differenz zwischen der vom CS vorhergesagten Stärke des US und des dann tatsächlich eintreffenden US bestimmt. Ist die Differenz positiv, wird die Verknüpfung verstärkt, ist sie negativ, wird die Verknüpfung schwächer gemacht.

Schon bei Schnecken konnte nachgewiesen werden, daß Lernen vom Kontext abhängig sein kann. Eine Gruppe von Tieren wurde täglich in je zwei verschiedene Umgebungen gebracht. Die eine bestand aus einer runden Schale mit glatter Innenseite und Seewasser, das auch noch mit einem Duftstoff versetzt war. Außerdem erhielten die Tiere regelmäßig schwache elektrische Reize. Die zweite Umgebung bestand aus einem rechteckigen Behälter mit rauher Innenseite. Das Wasser enthielt keinen Duftstoff, und an Stelle der elektrischen Reize wurde der Behälter kontinuierlich geschüttelt. Nachdem die Tiere einige Tage diese Erfahrung gemacht hatten, wurde eine Paarung des elektrischen Reizes mit einem Berührungsreiz durchgeführt. Bei der einen Hälfte der Gruppe wurde dies in der runden Schale (mit glatter Oberfläche und Duftstoff), bei der anderen im rechteckigen Behälter (also mit rauher Oberfläche und Schütteln) durchgeführt. Anschließend wurde in einer neutralen Umgebung bei allen Tieren die Reaktion auf den Berührungsreiz getestet. Die Reaktion war bei den Tieren stärker, die die Paarung in dem rechteckigen Behälter erhalten hatten, also in der Umgebung, die für sie zunächst nicht mit dem elektrischen Reiz verknüpft war. Der elektrische Reiz hatte hier also einen größeren Neuigkeitswert. (Mit einer anderen Tiergruppe wurde zur Kontrolle das spiegelbildliche Experiment durchgeführt, mit dem entsprechenden Ergebnis.)

Bei komplexeren Reizsituationen treten aber noch weitere Probleme auf. In einem anderen Experiment sollen Ratten eine Reaktion zeigen – hier wurde operantes Konditionieren verwendet –, wenn entweder der Ton oder wenn das Licht erscheint, aber nicht wenn gleichzeitig sowohl Ton als auch Licht gezeigt werden (negative pattern discrimination). Bei einem auf einfacher Korrelation basierenden System müßte in diesem Fall die Reaktion noch deutlicher ausfallen. Die Ratten konnten aber lernen, bei dem kombinierten Reiz „Licht plus Ton" die Reaktion nicht auszuführen. Dies entspricht also der oben beschriebenen XOR-Aufgabe.

Auch verschiedene andere Effekte deuten darauf hin, daß nicht die reine Korrelation entscheidend ist, sondern daß das Tier aufgrund der Vorgeschichte die Aufmerksamkeit verstärkt auf den einen oder den anderen Parameter richten kann und nur diesen dann für das Lernen verwendet. Einen möglicherweise mit der oben beschriebenen Blockierung verwandten Effekt findet man, wenn sich zwei zu unterscheidende Reize in zwei Qualitäten, z. B. in Farbe und Form unterscheiden, wenn also etwa ein rotes Quadrat von einem blauen Dreieck unterschieden werden soll. Das Tier könnte die beiden Objekte also entweder nach ihrer Farbe oder nach ihrer Form oder natürlich nach beiden Parametern zu unterscheiden versuchen. Ist der Unterschied in einem der beiden Parameter wesentlich deutlicher als in dem anderen, so wird, wie die Untersuchungen zeigen, offenbar nur bezüglich dieses „besseren" Parameters gelernt (Schattierung, overshadowing).

Die Unterscheidung zwischen zwei ähnlichen Stimuli, z. B. einem Quadrat und einem flächengleichen, nur leicht geneigten Parallelogramm, kann dadurch verbessert werden, daß zunächst auf den großen Unterschied, also Quadrat und sehr schiefes Parallelogramm, trainiert wird. Das Tier wird auf diese Weise sozusagen auf die bei dieser Aufgabe wichtige Eigenschaft aufmerksam gemacht. Ein Phänomen, das auch bei wirbellosen Tieren wie Tintenfischen und Bienen nachgewiesen werden konnte.

Ein verwandter Effekt, auch er kann bei Tintenfischen ausgelöst werden, zeigt sich, wenn eine Unterscheidung sehr lange trainiert worden war. Vertauscht man nun belohntes und unbelohntes Signal, so kann diese Umkehr schneller gelernt werden als wenn das erste Training nur relativ kurz dauerte (overtraining reversal effect). Intuitiv hätte man eher das Gegenteil erwartet, da man annehmen sollte, daß das Gedächtnis in diesem Falle noch nicht so gefestigt war und das Umlernen deshalb leichter fallen sollte. Auch hier wird das Resultat so interpretiert, daß dem Tier durch das intensive Lernen „klar" wurde, welches die hier interessante Eigenschaft ist. Nachdem es dieses „verstanden" hat, ist das Umlernen viel einfacher.

Zur Erklärung dieser Effekte schlagen Sutherland und Mackintosh einen zweistufigen Prozeß vor. Zunächst gehen sie davon aus, daß die sensorischen Signale von verschiedenen Agenten (analyzers) betrachtet werden, wie z. B. einem Agenten für Form, einem für Farbe usw. Die erste Stufe besteht nun darin, daß einer dieser Agenten ausgewählt wird, um dann in der zweiten Stufe für das Lernen verwandt werden zu können. Die Auswahl wird danach getroffen, welcher dieser Agenten den größten Unterschied zwischen den zu unterscheidenden Mustern liefert, oder, mit andern Worten, welcher die beste Vorhersage erlaubt. Hierfür könnte ein WTA-ähnliches System verwandt werden. Erst nach dieser Entscheidung wird dann gelernt, und zwar nur mit diesem ausgewählten Agenten. Hierfür würde vermutlich das Hebbsche Prinzip ausreichen. Einige der geschilderten Experimente sind bisher nur mit Säugetieren erfolgreich durchgeführt worden. Dennoch sollte man daraus nicht schließen, daß Wirbellose diese Fähigkeiten grundsätzlich nicht haben könnten, denn auch das Blockieren hat man bei den beiden physiologisch am intensivsten untersuchten Versuchstieren, den Schnecken *Aplysia* und *Hermissenda* nicht, bei einer anderen Schnecke namens *Limax* aber dann doch gefunden. Erst kürzlich konnte von F. Hellstern bei Bienen konditionierte Inhibition nachgewiesen werden.

Ein weiteres interessantes Phänomen ist, daß zumindest wir Menschen Zeitreihen sehr gut lernen können: z. B. Melodien. Die Frage, wie die einzelnen Elemente einer Zeitreihe im Gedächtnis miteinander verknüpft sind, hat schon H. Ebbinghaus vor mehr als 100 Jahren untersucht. Ebbinghaus hat im Selbstversuch lange Reihen sinnloser Silben auswendiggelernt und die Zeit gemessen, die notwendig war, um diese Reihe fehlerfrei, d. h. in der richtigen Reihenfolge, reproduzieren zu können. Danach hat er eine neue Silbenreihe gelernt, die dadurch entstand, daß aus der ersten Silbenreihe jede zweite Silbe weggelassen wurde. In weiteren Experimenten hat er dann je zwei, je drei usw. Zwischenglieder weggelassen. Als Ergebnis fand er, daß die Zeitersparnis beim Lernen einer neuen Reihe um so größer war, je ähnlicher sie der bereits gelernten Reihe war. Er schloß daraus, daß im Speicher eine Verknüpfung zwischen zeitlich benachbarten Elementen besteht, die sogar, mit abnehmender Stärke, die nächsten und übernächsten Nachbarn einschließt. So schrieb er: „Bei der Wiederholung von Silbenreihen bilden sich gewisse Verknüpfungen zwischen jedem Gliede und allen daraufolgenden. Dieselben äußern sich darin, daß fernerhin die so verknüpften Silbenpaare in der Seele leichter, mit Überwindung eines geringeren Widerstandes wieder hervorgerufen werden können als andere, bisher nicht verknüpfte, aber sonst gleichartige Paare. Die Stärke der Verknüpfung... ist eine abnehmende Funktion der Zeit oder der Anzahl der Zwischenglieder, welche die betreffenden Silben in der ursprünglichen Reihe voneinander trennen... Die nähere Beschaffenheit der Funktion ist unbekannt, nur nimmt sie für wachsende Entfernungen der Glieder zuerst sehr schnell und allmählich sehr langsam ab."

Wie kann man verschiedene Erinnerungen auseinanderhalten?

Für eine Reihe der bisher beschriebenen Lernleistungen gibt es, wie erwähnt, bereits einfache Modelle, die auf den genannten Mechanismen der sich verändernden Synapseneffektivität beruhen. Ganz unklar ist aber noch, wie diese Prinzipien auf große Systeme übertragen werden können. Das heißt auf Systeme, die, wie das Gehirn von Primaten, aus einer großen Zahl paralleler und hierarchisch verbundener Strukturen aufgebaut sind. Wie wird dafür gesorgt, daß eine bestimmte zu erlernende Information an bestimmten Synapsen des Gehirns „festgemacht" wird (und dort auch wieder aufgefunden wird)?

Das Problem tritt nicht erst bei großen Systemen, wie sie die Gehirne von Säugetieren darstellen, auf. Schon die Ameise – ein zwar kleines, aber eben doch schon wesentlich größeres als die oben genannten „sehr kleinen" Systeme – kann, wie wir gesehen haben, bestimmte optische Landmarken, die ihren Weg zum Nest bezeichnen, speichern und auch wieder im Gedächtnis auffinden. Nun lernt die Ameise aber verschiedene Wege. Die einzelnen Gedächtnisspuren

Wie kann man verschiedene Erinnerungen auseinanderhalten? 187

müssen also irgendwie sinnvoll gespeichert werden, so daß sie später im richtigen Zusammenhang, z. B. beim Rück- oder Suchlauf, wieder aufgerufen werden können.

Ein besonders eindrucksvolles Beispiel für den Umgang mit einer größeren Zahl verschiedener Gedächtnisinhalte liefert die Sandwespe. Das Beispiel zeigt zugleich, daß hohe Flexibilität und starre Handlungen sehr nahe beieinanderliegen können. Eine Sandwespe kann gleichzeitig bis zu 15 verschiedene, gut getarnte Bruthöhlen besitzen, in denen sie ihre Larven versteckt hält. Jeden Morgen fliegt sie diese Verstecke an, was an sich schon eine nicht geringe Gedächtnisleistung voraussetzt, kontrolliert die einzelnen Höhlen und merkt sich dabei den jeweiligen Futterstand. Im Laufe des Tages sammelt sie dann Futter, Schmetterlingsraupen, die sie nach dem morgens festgestellten Bedarf auf die Höhlen verteilt. Obwohl die Wespe jede Bruthöhle bei der Anlieferung jeweils erneut inspiziert, interessiert sie sich dabei offenbar überhaupt nicht mehr für den aktuellen Zustand. Sie gibt die für diese Höhle am Morgen bestimmte Nahrungsmenge ab, auch wenn ein listiger Forscher inzwischen entweder das bisherige Futter völlig entfernt oder aber im Überfluß zusätzliches Futter dazugelegt hat. Während das Tier im Laufe des Tages also völlig starr und „uneinsichtig" handelt, zeigt es bei der Kontrolle am Morgen eine erstaunliche Flexibilität und erstaunliches Lernvermögen. Nicht nur, daß sich die Wespe die 15 gut getarnten Orte merken muß, sie räumt auch die zur Tarnung aufgebauten Steinchen weg, kontrolliert das Nest, packt anschließend die Steine wieder vor den Nesteingang und merkt sich den zu jedem Nest gehörigen Futterstand. Nicht wenige von uns wären da überfordert.

Vielleicht helfen hier Mechanismen, die schon bei der Besprechung des Kurzzeitgedächtnisses eine Rolle spielten. Dort zeigte sich, daß ein Begriff, der emotional belastet ist, deutlich besser behalten werden kann als die anderen, neutraleren Begriffe. Der emotional besetzte Begriff hat offenbar die Aufmerksamkeit der Versuchsperson erhöht, was seine Wahrscheinlichkeit, aktiviert, d. h. abgerufen zu werden, erhöht hat. Ein spezifischer Mechanismus, hier mit Aufmerksamkeit bezeichnet, scheint sich also auf die Aktivierung von Speicherinhalten, und damit auf deren Möglichkeit, längere Zeit gespeichert zu werden, auszuwirken. Hier muß man zwischen allgemeiner und selektiver Aufmerksamkeit unterscheiden. Die *allgemeine Aufmerksamkeit*, die man auch mit *Wachheit* bezeichnen könnte, wird beim Menschen durch das retikuläre System des Stammhirns gesteuert. Vermutlich wirkt sie sich auf das Lernen im allgemeinen aus. In unserem Zusammenhang ist aber die *selektive Aufmerksamkeit* von größerem Interesse. Durch sie wird beschrieben, daß man sich auf einen speziellen Problembereich konzentrieren kann. Das bedeutet vermutlich, daß die zu diesem Kontext gehörenden Gedächtnisinhalte aktiviert sind. Es ist nun durchaus denkbar, daß Lernen besonders gut oder ausschließlich in den schon aktivierten Bereichen stattfinden kann. Auf diese Weise könnte das Zuordnungsproblem gelöst werden. Doch wie wird diese selektive Aufmerksamkeit gesteuert? Die Konzentration auf einen bestimmten Kontext wird zunächst natürlich durch die Reizsituation bestimmt. Eine dadurch ausgelöste Aktivierungswelle kann dann auch weitere Bereiche erregen. Welche Mechanismen aber zu einer Beibehaltung der Aktivierung der verschiedenen Bereiche führen, ist im einzelnen nicht bekannt. Zur Betonung eines zunächst geringen Unterschiedes könnten WTA-ähnliche Strukturen eingesetzt werden. Neben diesen durch äußere Stimuli hervorgerufenen Aktivierungen können auch innere Zustände, die durch Motivationen oder Instinkte beeinflußt werden, ein Rolle bei der Lernbereitschaft spielen.

Die meisten experimentell untersuchten und bisher beschriebenen Lernaufgaben sind dadurch charakterisiert, daß es dem Lernenden, Tier oder Mensch, durch die Art des Versuchsaufbaues einfach gemacht wird, die wichtigsten Parameter für die Lösung der Aufgabe herauszufinden. Wenn die Versuchsanordnung aus einer großen weißen Wand besteht, auf der entweder ein roter oder blauer, aber von der Form her jeweils gleicher Farbfleck erscheint, ist ziemlich klar, daß „Farbe" die Eigenschaft, der Parameter ist, auf den geachtet werden muß. Für Lernaufgaben in einer natürlichen Situation, in der viele Parameter variieren, besteht das Hauptproblem zunächst einmal darin, den relevanten Parameter herauszufinden. Sobald dies geklärt ist, können, wie wir gesehen haben, Änderungen bezüglich dieses Parameters, also etwa das Umlernen von Rot auf Blau als belohnte Größe, sehr viel schneller gelernt werden. Der erste Teil wird, da er längere Zeit braucht, gelegentlich als zum prozeduralen Lernen, der zweite als zum deklarativen Lernen gehörig bezeichnet.* Aber

---

* Ein Beispiel für deklaratives Lernen von Begriffen bei Affen wird in Kap. 13 besprochen.

auch hier ist, wie oben schon erwähnt, nicht klar, wie das System es schafft, sich auf einen bestimmten Parametersatz zu konzentrieren. Vermutlich spielen hier auch die im jeweiligen Artgedächtnis niedergelegten Präferenzen eine wichtige Rolle.

Viele der oben beschriebenen, beim Lernen auftretenden Probleme ergeben sich möglicherweise aus unserer falschen bzw. einseitigen Betrachtungsweise. Zwar haben wir schon einmal erwähnt, daß einzelne Phänomene, wie das Blockieren, damit zu erklären seien, daß beim Lernen Erwartungshaltungen ein Rolle spielen, doch haben wir im übrigen eigentlich stets das lernende System als passives System betrachtet, das sich als Reaktion auf die Umweltsignale ändert. Dem steht die Sichtweise von Ray Jackendoff entgegen, der sagt, daß das Lernen nicht dem Füllen eines Gefäßes mit Fakten entspricht. Vielmehr versuchen wir – und auch viele andere Tiere –, beim Lernen in aktiver Weise Wissen zu konstruieren, d. h., wir versuchen, in den eintreffenden Signalen Regelmäßigkeiten zu finden. Da, wie das folgende Beispiel zeigen wird, der Lernende solche Regelmäßigkeiten selbst dann findet, wenn eigentlich gar keine vorhanden sind, muß man annehmen, daß diese „Regeln" aktiv konstruiert, also erfunden werden. Zur Konstruktion dieser regelhaften Strukturen werden offenbar vorhandene, angeborene Mechanismen verwendet, mit deren Hilfe die eintreffenden Signale strukturiert werden. Wir können diese Mechanismen nicht oder nur selten willkürlich abschalten. Ihr ständiges Wirken zeigt sich schon in der Sensorik, wie in den zahlreichen Beispielen perzeptiver Gruppierung. Den Neckerwürfel etwa können wir gar nicht anders als dreidimensional sehen. Das Gesicht der Abb. 23 stellt ein Beispiel dar, bei dem auch Lernen eine Rolle spielt.

Als besonders eindrucksvolles, da gut untersuchtes Beispiel für diese Konstruktion nennt Jackendoff das Sprachelernen von Kindern. Aus vielen Einzelbeispielen extrahieren sie regelhafte Strukturen, zum Teil solche, die in den registrierten Signalen gar nicht vorhanden sind. So sind zu Beginn des Jahrhunderts sehr viele Einwanderer aus ganz verschiedenen Sprachbereichen nach Hawaii gezogen. Die Erwachsenen entwickelten eine Sprache, die jeweils eine Mischung aus ihrer Muttersprache und Englisch darstellte. Die Kinder dieser ersten Generation entwickelten jedoch eine neue, allen gemeinsame Sprache, die sie als solche nie gehört hatten und die auch nicht nur als Addition einzelner Elemente der Elternsprachen zu erklären sind. Vielmehr hat diese Kindergeneration eigene Strukturen entwickelt. Dies kann, wie Jackendoff überzeugend darlegt, nicht in passiver Weise geschehen, sondern dadurch, daß das Kind angeborene Prinzipien besitzt, die nicht etwa die Sprachregeln beschreiben, sondern die bestimmen, wie diese konstruiert werden. Die Form der so erzeugten Strukturen hängt dann von den Außenweltsignalen ab, die auf das Kind einwirken. Daher werden in verschiedenen Sprachumwelten auch verschiedene Strukturen gelernt bzw. erzeugt. Jackendoff geht davon aus, daß auch unser Denken durch entsprechende (nicht identische) angeborene Prinzipien geleitet wird. In den folgenden Kapiteln werden einige der möglichen Kandidaten vorgestellt.

Der bei uns offenbar tiefsitzende Animismus, der uns fast unvermeidlich dazu bringt, zum Beispiel selbst einfachen Robotern Intentionen (Absichten) zuzuschreiben, ist vermutlich das Produkt solcher Mechanismen, die zur Strukturierung der sensorischen Eingänge verwendet werden. Auch der erwähnte Cocktail-Party-Effekt kann wohl nur so erklärt werden, daß wir den unser Ohr treffenden Signalstrom mit Hilfe vorgegebener Regeln strukturieren und erst deshalb eine einzelne Stimme aus dem Gewirr heraushören können. In gewisser Weise hören wir also nur das, was wir hören wollen.

Es liegt mir auf der Zunge – das Retrieval Problem

Jedem ist die Situation geläufig, daß man sich vergeblich an etwas zu erinnern versucht, was einem aber partout nicht gelingt, obwohl man genau weiß, daß man es eigentlich weiß („es liegt mir auf der Zunge"). Merkwürdigerweise kann einem der gesuchte Begriff dann plötzlich einfallen, wenn man gar nicht mehr bewußt nach ihm sucht. Ähnliches kann auch im motorischen Bereich passieren. Man beobachtet sich gelegentlich beim Arbeiten an der Schreibmaschine dabei, daß man beim Schreiben eines Wortes nachdenken muß, um die Buchstabenfolge richtig eintippen zu können, obwohl man dasselbe Wort normalerweise ganz automatisch eintippt.

Wie also findet man gespeicherte Information? Zunächst muß man sagen, daß Gedächtnisinhalte grundsätzlich über einen assoziativen Zugang aktiviert werden. Ein einfaches Beispiel zeigt die Abb. 60. Hier wurde ein rekurrentes Netz verwendet, das aus 400 einfachen Neuronen besteht, die nur den Zustand Null oder Eins, in der Abbildung als weiß oder schwarz dargestellt, annehmen können. Die

Es liegt mir auf der Zunge – das Retrieval Problem

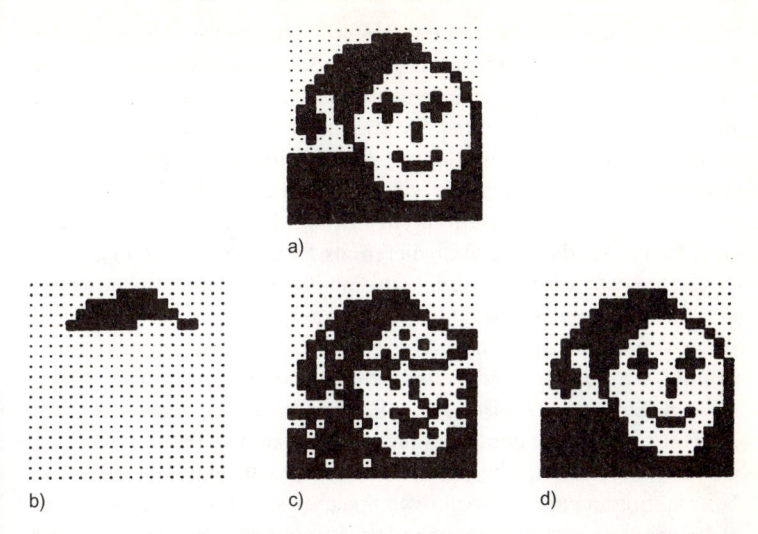

Abb. 60: In einem aus 400 Neuronen bestehenden Netzwerk wurden 20 verschiedene Muster gespeichert. Eines davon ist in (a) dargestellt. Gibt man nur einen Teil dieses Musters (b) in das Netzwerk ein, so wird innerhalb weniger Rechenschritte (c, d) das vollständige Muster erzeugt.

Struktur des Netzes ist ähnlich den Netzen, die in Kap. 8 besprochen wurden.* Diesem Netz wurden mit Hilfe der Hebbschen Regel 20 verschiedene Muster eingespeichert. Eines dieser Muster ist in Abb. 60a dargestellt. Gibt man nun eines dieser Muster in das Netz, so nimmt das System nach wenigen Rechenschritten einen stabilen Zustand an, der genau diesem Muster entspricht: Das Muster ist aktiviert. Erstaunlicherweise kann jedes dieser Muster aber auch fehlerfrei aktiviert werden, wenn *nur ein Teil* des jeweiligen Musters eingegeben wird. Ein solches Teilmuster zeigt Abb. 60b. Wie in Abb. 60c und 60d zu sehen ist, wird nach wenigen Schritten das gesamte Muster aktiviert. Auf diese Weise kann also die Assoziation verschiedener Teilmuster simuliert werden. Biologische Systeme sind nun höchstwahrscheinlich anders aufgebaut als dieses sehr einfache Netzwerk. Es kann aber als qualitatives Modell verwendet werden, das

---

* Es handelt sich hierbei um ein sogenanntes Hopfield-Netz. Details sind bei Ritter et al. (1990) beschrieben.

zum Verständnis der Funktion der biologischen Systeme beiträgt. Die Eingangssignale für ein assoziatives Gedächtnissystem können entweder aus der Außenwelt stammende Stimuli sein, also ein gesehenes Bild, oder eine gehörte Frage. Sie können aber auch intern entstehen, indem der Ausgang eines oder mehrerer Module auf ein weiteres Gedächtnismodul einwirken. Dies könnte im Laufe eines Denkprozesses passieren oder auch durch ein Instinktsystem ausgelöst worden sein. Freud hat das freie Assoziieren als Methode vorgeschlagen, an versteckte, unterdrückte Gedächtnisinhalte heranzukommen, da die die Assoziationen auslösenden Stimuli nicht bewußt sein müssen. Auch von außen kommende Reize können, beim schon erwähnten Priming wird dies besonders deutlich, auch unbewußt aufgenommen werden. Eindrucksvoll ist auch, wie schnell man den eigenen Namen auf einer Druckseite entdeckt, auch wenn man den Text gar nicht im einzelnen durchliest. Wie beim Lernen, so ist auch das Auffinden von Information in einem assoziativen Speicher kein Problem, solange es sich um sehr kleine Systeme handelt. Wir haben schon verschiedene Fälle besprochen, das Perzeptron, das Walknet zur Kontrolle des Laufens, das Navigationssystem der Ameisen, auch das von Maes entwickelte Netzwerk, das zehn verschiedene Verhaltensweisen steuern kann und dabei unter anderem auch ein WTA-System verwendet.

Bei großen Speichern treten aber analoge Probleme wie beim Lernen auf. Wie kann die in einem hierarchischen und verteilten System versteckte Information gezielt gefunden werden? Daß dies kein triviales Problem ist, merken wir an den Schwierigkeiten, die wir selbst immer wieder bei dem Versuch haben, uns an etwas zu erinnern. Das Problem ist auch durchaus für die Anwendung auf künstliche Systeme von Interesse. Wie kann man in einem großen und nicht nach einem sehr einfachen, z. B. streng hierarchischen Prinzip organisierten System, z. B. dem Internet, gezielt Informationen abrufen?

Grundsätzlich kann man sagen, daß das Abrufen um so besser gelingt, je mehr Kontextinformation vorhanden ist. Der Name einer nur oberflächlich bekannten Person fällt einem sehr viel schneller ein, wenn man diese Person in vertrautem Kontext trifft, als wenn man ihr an einem ganz unerwarteten Ort begegnet. Auch beim Abrufen hilft es vermutlich – wie auch beim Lernen –, daß der Speicherbereich durch gezielte Aufmerksamkeit sozusagen „vorerregt" ist. Auch hier wird diese gesteigerte Aufmerksamkeit neben inneren Faktoren außerdem durch die auftretenden Stimuli beeinflußt. Die Wahrnehmung eines Reizes ist ja kein passiver Vorgang. Vielmehr werden bereits hier bestimmte Kategorien aktiviert (Abb. 23). Dann wird nicht das ganze Gedächtnis gleichzeitig aktiviert, sondern es wandern Erregungen über das perzeptuelle Gedächtnis hin zum motorischen Gedächtnissystem. Während dieses Verlaufes können jeweils ganz verschiedene Assoziationen ausgelöst werden, die wiederum, über rekurrente Verbindungen, neue Erregungskaskaden auslösen können. Aber auch hier gibt es ein ähnliches Problem wie beim Lernen. Wie wird verhindert, daß diese Erregungskaskaden nicht das gesamte Gehirn überschwemmen, sondern daß man sich auf – im allgemeinen – sinnvolle Gedankenketten konzentrieren kann? Wie wird der Aufmerksamkeitsbereich ausgewählt, und wie wird über die Intensität der Aufmerksamkeit entschieden? Der offenen Fragen sind noch viele.

Ein ganz simpler und möglicherweise der evolutionär ursprüngliche Grund dafür, daß sich Mechanismen zur selektiven Aufmerksamkeit überhaupt entwickelt haben, könnte in der Notwendigkeit zur Energieersparnis liegen. Unser Gehirn hat einen außerordentlich hohen Energiebedarf. Die Konzentration und die damit verbundene Energieersparnis könnte daher einen erheblichen Vorteil gebracht haben.

Häufig fällt einem etwas, was man schon einmal wußte, nicht mehr ein. Man hat es vergessen. Es liegt einem nicht einmal mehr auf der Zunge. Woran liegt das? Beim Kurzzeitgedächtnis gibt es zwei Phänomene. Zum einen gibt es eine gewisse Zerfallszeit. Die Information geht nach einigen Sekunden verloren, wenn sie nicht wieder aufgefrischt wird. Zum anderen kann, aufgrund der begrenzten Speicherkapazität, nur eine bestimmte Menge gleichzeitig im Speicher gehalten werden. Daher kann ein Gedächtnisinhalt durch zusätzliche Information wieder verdrängt werden. Als Beispiel hierfür haben wir das in Abb. 57 dargestellte Experiment kennengelernt. Für das Langzeitgedächtnis ist nicht bekannt, ob dort gespeicherte Information von selbst zerfallen kann, wenn sie nicht aufgefrischt wird, oder ob sie, wie manche annehmen, nie mehr verlorengeht, wenn sie einmal gespeichert ist, sondern höchstens die Zugriffsmöglichkeit verschwindet. In jedem Fall ist aber klar, daß das letztere möglich ist, daß also Information, obwohl vorhanden, nicht abgerufen werden kann, weil entweder der angebotene Kontext nicht genügend umfangreich ist oder aber der Kontext derart ist, daß er geradezu verhindert, daß diese Information aufgerufen werden kann. In der Psychotherapie würde man dann von Verdrängungen sprechen.

Vielleicht ist beim Nicht-erinnern-Können auch nur die allgemeine Aufmerksamkeit zu gering. Es gibt aber sicher auch Fälle, bei denen die Fähigkeit zu selektiver Aufmerksamkeit teilweise verlorengegangen ist. Der in Kapitel 14 nochmals erwähnte Fall eines hirngeschädigten Menschen, der Objekte, die sich auf der linken Körperseite befinden, einschließlich der Teile seines eigenen Körpers, nicht mehr als existent zu erkennen vermag (sog. Hemineglekt), kann als Verlust der Möglichkeit interpretiert werden, die räumliche Aufmerksamkeit auf die linke Seite zu richten. Selektive Aufmerksamkeit mag auch der Grund dafür sein, daß man im Liegen besser denken kann als bei intensiver körperlicher Tätigkeit.

11. Rationalität bei Menschen: Unterscheiden wir uns von den Ameisen?

In den vorangegangenen Kapiteln haben wir eine Reihe von Mechanismen und Strukturen kennengelernt, die es einem Organismus oder einem künstlichen System – einem Automaten – erlauben, verschiedene und zum Teil zumindest auf den ersten Blick recht schwierig erscheinende Probleme zu lösen. In vielen Fällen wäre man ohne großes Zögern, zumindest solange man das System nur nach seinem Verhalten beurteilt und die zugrundeliegenden Mechanismen nicht kennt, geneigt, das System als intelligent zu bezeichnen. Man wird mit seinem Urteil vielleicht zurückhaltender, wenn man die Funktionsweise dieser ja stets erstaunlich einfachen Mechanismen verstanden hat. Diese Zurückhaltung ist aber möglicherweise gar nicht berechtigt, denn es ist ja keineswegs ausgemacht, daß intelligentes Verhalten nur mit Hilfe komplexer Strukturen und Mechanismen erzeugt werden kann. Wenn sich eine auf ihrem Heimweg befindliche Ameise entlang eines kompliziert geformten Pfades bewegt, so heißt das nicht, daß dieser Pfad als solcher, d. h. in genau dieser Gestalt, in der Ameise repräsentiert ist. Ihr Gehirn enthält nur die einfache Regel, Hindernissen möglichst auszuweichen sowie eine Information über die Richtung und Entfernung ihres Nestes. Die Komplexität des realen Pfades wird wesentlich durch die Komplexität der Umwelt bestimmt. Diese Sichtweise unterstreicht R. Brooks, wenn er sagt: „Die Komplexität des beobachteten Verhaltens eines Organismus spiegelt mehr die Komplexität seiner Umwelt als die Komplexität seiner Kontrollstrukturen wider. Die Intelligenz erscheint im Auge des Betrachters", sie ist, mit anderen Worten, eine emergente Eigenschaft des Gesamtsystems Organismus–Umwelt.

Man muß sich natürlich fragen, ob nun wirklich alle zu beobachtenden Verhaltensweisen auf solch einfache Mechanismen zurückgeführt werden können. Ist es wirklich so, daß auch das, was wir eingangs vorläufig mit nominaler Intelligenz bezeichnet haben, lediglich das Produkt der Ansammlung genügend vieler solcher einfacher Agenten ist? Oder gibt es nicht doch auch „höhere" Formen von Intelligenz, wie sie etwa zum Lösen einer schwierigen mathematischen Aufgabe oder zum Auffinden einer völlig neuen Idee notwendig sind, zu deren Entstehen auch grundsätzlich andere Strukturen bzw. Mechanismen vorausgesetzt werden müssen, möglicherweise gar außerphysikalische Phänomene? Was sind diese höheren Formen? Man findet sie beim Menschen, wobei es zunächst offengelassen werden soll, ob und inwieweit sie bei Tieren vorkommen. Diese „höheren" Formen von Intelligenz stellen einen wesentlichen Teil des Bereiches dar, den man oft unter dem Begriff *kognitive Fähigkeiten* zusammenfaßt. Kognition wird meist an die Fähigkeit zur bewußten Wahrnehmung geknüpft und umfaßt dabei Phänomene wie Fühlen oder Denken, z. B. das Lösen von Rechenaufgaben oder das Treffen von Entscheidungen, soweit dies bewußt erlebt wird. Es gibt für diesen Begriff keine eindeutige, von einer überwiegenden Mehrzahl der Autoren akzeptierte Definition. Auch wenn diese Phänomene also nicht klar definiert sind – und eine zu frühe Definition kann ja den Nachteil haben, den Blick in das unbekannte Gebiet zu sehr einzuschränken –, hat man doch eine Intuition dafür, was damit gemeint sein kann. Trotz dieser reichlich unsicheren Basis erscheint es deshalb möglich und sinnvoll, zu fragen, welches die Mechanismen sein könnten, die einem System kognitive Eigenschaften verleihen. Reichen die bisher beschriebenen Strukturen, also die geeignete Kombination verschiedener sensorgetriebener Agenten, die mit Gedächtnis ausgestattet und zum Teil auch noch lernfähig sind, aus, um Systeme mit kognitiven Fähigkeiten erzeugen zu können?

Es gibt zwei wichtige Aspekte, die einen hinsichtlich einer positiven Antwort skeptisch werden lassen. Der erste Aspekt, der hier erwähnt, aber erst im letzten Kapitel genauer betrachtet werden soll, betrifft die Fähigkeit von Menschen und vermutlich auch von höheren Tieren, etwas *erleben* zu können. Ein einfacher Automat kann zwar so gebaut sein, daß er auf einen gegebenen Reiz „sinnvoll" reagiert – Beispiele hierfür haben wir kennengelernt –, aber er wird dabei kein subjektives Erlebnis erfahren. Auch beim Menschen kommt dies ständig vor. Wir reagieren auf viele Reize, ohne uns dessen bewußt zu werden. Aber darüber hinaus haben wir eben auch die Fähigkeit, etwas erleben zu können. Die Frage, wie man das Zustandekommen dieser Fähigkeit verstehen kann, welche Eigenschaften ein System haben muß, um Erlebnisfähigkeit zu besitzen, wurde von Chalmers als ein „hartes" Problem bezeichnet, und man könnte hin-

11. Rationalität bei Menschen: Unterscheiden wir uns von den Ameisen? 197

zufügen, daß es wohl *das* harte Problem der Neurowissenschaft überhaupt ist. Wir wollen deshalb diese Frage erst im letzten Kapitel behandeln und sie in diesem Kapitel ganz ausklammern. Dort soll auch diskutiert werden, ob das Verfahren, diese Fragen zunächst auszuklammern, überhaupt zulässig ist. Wir wollen uns vielmehr statt dessen zunächst ausschließlich auf Phänomene konzentrieren, die mit den üblichen Methoden der Naturwissenschaften untersucht werden können. Dabei sollen auch Selbstbeobachtungen als Untersuchungsmethode nicht unbedingt ausgeschlossen werden. Dahinter steht die Annahme, daß es zu dem erlebten Phänomen ein physisches Korrelat gibt und die Selbstbeobachtung sozusagen lediglich als indirektes Meßinstrument für das eigentlich interessierende physische Korrelat verwendet wird.

Der zweite Problembereich, der im Zusammenhang mit Intelligenz und kognitiven Fähigkeiten genannt wird, betrifft einen Aspekt, der zwar einfacher als der erste, aber dennoch schwierig genug ist. Man sagt gelegentlich, daß ein wichtiger Unterschied zwischen Mensch und Tier darin bestünde, daß der Mensch Verstand besitze bzw. sich *rational* verhalte. Spätestens seit der Aufklärung neigen wir zu der Auffassung, daß der Gebrauch des Verstandes eine wichtige Voraussetzung zur Lösung der meisten uns begegnenden Aufgaben sei. Was kann dann mit rationalem Verhalten gemeint sein? Man denkt dabei an schlußfolgerndes Denken und die systematische Anwendung von regelhaftem Wissen, etwa beim Lösen von Rechenaufgaben, bei der Planung von Arbeitsvorgängen oder beim Argumentieren in Verhandlungssituationen, um nur einige typische Beispiele zu nennen.

„Rationalität" ist wie „Intelligenz" und wie die meisten anderen Begriffe bzw. gedanklichen Konzepte nicht eindeutig, d. h. durch exakte Grenzen definierbar. Beispiele, bei denen dies ausnahmsweise möglich ist, sind etwa die Begriffe der Mathematik. Es gibt zwar für ein gedankliches Konzept eine idealtypische Definition, aber stets gibt es dabei auch unscharfe Ränder, und jeder Betrachter wird seine individuelle Grenze für sich festlegen. Beim Begriff des Lebens z. B. haben diese Unterschiede etwa bei der Frage nach Zulassung von Schwangerschaftsabbrüchen intensive politische und ethische Diskussionen mit den bekannten unterschiedlichen Meinungen ausgelöst. Aber diese Unterschiede beziehen sich nur auf die genaue Festlegung der Grenzen des Begriffes Leben. Einig sind sich alle

Betrachter aber darüber, daß ein nahezu ausgewachsener Embryo, erst recht ein Kind nach der Geburt ein selbständiges Leben repräsentieren, ihre Vernichtung also Tötung wäre.* Hinsichtlich der unbefruchteten Eizelle herrscht dagegen vermutlich bei den meisten Einigkeit darüber, daß es sich hierbei nicht um selbständiges Leben handelt und die Vernichtung einer solchen unbefruchteten Eizelle deshalb keinen Akt der Tötung darstellt. Es gibt also stets idealtypische Definitionen, die durch die Zustimmung der großen Mehrheit bestimmt sind, und daneben eben die Bereiche der fließenden Übergänge. Dies gilt natürlich nicht nur für solch schwierige Begriffe wie Leben, Intelligenz oder Rationalität, sondern auch für „einfachere" Begriffe wie „Baum" oder „Stuhl", wie sich der Leser natürlich leicht selbst klarmachen kann. Wir werden später noch einmal auf diese Frage zurückkommen.

Was könnten die idealtypischen Eigenschaften von Rationalität sein? Wir wollen zunächst einige intuitiv plausibel erscheinende Eigenschaften nennen und sie anschließend auf ihre Tragfähigkeit hin befragen. Ein rational handelnder Mensch sollte seine Entscheidungen unabhängig von seinen jeweiligen emotionalen Zuständen treffen. Für gleichartige Situationen sollte ein rationaler Mensch also immer zu demselben Urteil kommen. Dies würde bedeuten, daß rationales Verhalten vorhersagbar und damit durch Regeln beschreibbar sein sollte. Ein System, das ganz vom Zufall abhängt, also in derselben Situation völlig unvorhersagbar – mal so und mal so – reagiert, wäre demnach irrational. Weiterhin kann eine Entscheidung dann als rational gelten, wenn sie für andere nachvollziehbar ist, z.B. den Regeln der Logik folgt. Eng mit dieser Forderung verknüpft ist die Erwartung, daß die Entscheidung begründet werden kann, das heißt, daß derjenige, der eine Entscheidung trifft, über sein gedankliches Vorgehen Rechenschaft ablegen kann. Eine Entscheidung, die man intuitiv, also unbewußt getroffen hat, würde man nicht als rationale Entscheidung bezeichnen.

Als letztes sollte noch ein Merkmal für Rationalität erwähnt werden, das insbesondere in der Handlungstheorie der Soziologen und der Ökonomen eine wichtige Rolle spielt. Im Sinne der Handlungstheorie sollte rationales Verhalten auf ein Ziel gerichtet sein und da-

---

* Es gibt allerdings auch Kulturen, in denen selbst Kindstötung unter bestimmten Bedingungen erlaubt ist.

bei zu einer optimalen Lösung führen oder sich zumindest einer solchen annähern.

Vermutlich wird die überwiegende Mehrheit der Leser zustimmen, daß bei Erfüllung der beschriebenen Eigenschaften „Vorhersagbarkeit", „Rechenschaftsfähigkeit" und „Finden einer optimalen Lösung" Rationalität im idealtypischen Sinne vorliegt. Nun gibt es aber auch andere, nicht ganz so eindeutige Situationen. So werden z. B. in der Spieltheorie Situationen betrachtet, in denen eine optimale Lösung dadurch gegeben ist, daß das Verhalten eines Spielers, z. B. die Entscheidung für eine Strategie A oder eine Strategie B, im Einzelfall nicht vorhergesagt werden kann, weil dies sonst der Gegner sehr einfach ausnutzen könnte. Allerdings kann die optimale Strategie darin bestehen, die beiden Strategien in einer bestimmten Häufigkeit zu wählen, z. B. die Strategie A in einem Drittel der Fälle und die Strategie B in zwei Dritteln der Fälle. Der Mittelwert ist dabei also vorhersagbar, nicht aber die jeweilige Einzelentscheidung. Wäre das deshalb ein irrationales Verhalten? Auch die schon erwähnten deterministisch chaotischen Systeme folgen strengen, eben deterministischen Regeln, sind aber dennoch praktisch nicht vorhersagbar. Vorhersagbarkeit ist also für den idealtypischen Fall eine wichtige Bedingung, es kann aber auch rationale Entscheidungen geben, bei denen Vorhersagbarkeit nicht gegeben ist.

Auch umgekehrt ist eine solche Vorhersagbarkeit allein sicher kein ausreichendes Kriterium. Wir haben oben eine intuitive, also nicht rechenschaftsfähige Entscheidung als nicht rational bezeichnet. Nun kann man ja nicht ausschließen, daß solche intuitiven, z. B. von der aktuellen Stimmung der Person abhängigen Entscheidungen doch nach vorhersagbaren Regeln ablaufen, wenn man auch die jeweilige Stimmung, in der sich die Person befindet, als Bestandteil der Gesamtsituation sieht. Wir würden also diese Entscheidung trotz ihrer Vorhersagbarkeit als nicht rational klassifizieren. Auch dann vermutlich nicht, wenn Rechenschaftsfähigkeit gegeben wäre, wenn also die Person nach Selbstbeobachtung die Entscheidung unter Einbeziehung ihrer Stimmungslage im nachhinein begründen könnte.

Auch ein Taschenrechner erfüllt die Bedingung der Vorhersagbarkeit außerordentlich gut. Ist er deshalb rational? Er folgt natürlich rationalen Regeln, aber hier fehlt nun sicher die Rechenschaftsfähigkeit. Nun könnte man einen etwas größeren Computer, betrachten wir wieder einen Schachcomputer, mit einer Programmerweiterung ausstatten, die über die jeweiligen Entscheidungen berichtet. Haben wir nun ein rationales System? Ist die Rechenschaftsfähigkeit wirklich explizit notwendig? Wenn wir diese nur als eine Art Anzeiger für Rationalität verwenden, könnte man nicht schon dann von Rationalität reden, wenn die Abläufe im System nur im Prinzip, d. h. durch eine unwesentliche Erweiterung des System berichtbar wären, sie aber in der tatsächlichen Realisierung nicht berichtbar sind? So wird in der Handlungstheorie oft von rationalem Verhalten gesprochen, auch wenn die jeweiligen Personen sich keineswegs über die wahren Gründe ihres Verhaltens im klaren sind. Wie will man dies auch sein? Was sind überhaupt die „wahren" Gründe? Wir stehen hier wieder vor dem Problem der verschiedenen Beschreibungsebenen (Kap. 2). Wenn die „wahren" Gründe in der Form der jeweiligen neuronalen Erregungen zu suchen wären, könnten wir sie natürlich mit unserem Bewußtsein überhaupt nicht erkennen. Auf welcher Ebene also sollte die Rechenschaftsfähigkeit gefordert werden? Die Frage bleibt offen.

Auch die Frage der Optimierung ist keineswegs immer einfach zu klären. Eine sehr simple Ursache für das Auftreten nicht optimalen Verhaltens ist durch die Begrenzung der physischen Möglichkeiten insofern gegeben, als z. B. unser Gedächtnis begrenzt ist, die Rechengenauigkeit der Nervenzellen limitiert ist usw. Man spricht in diesem Zusammenhang oft von *begrenzter Rationalität*. Genauer wäre aber, hier von ressourcenbegrenzter Rationalität zu sprechen. Ein sehr wichtiger Punkt hierbei betrifft die Limitierung der Rechenzeit. Zwar kann man diese Begrenzungen als vorgegebene Randbedingungen ansehen, innerhalb derer die optimale Lösung gesucht werden muß. Aber auch dann ist nicht klar, welches die noch verbleibenden Kriterien sind, nach denen das System seine Entscheidung möglicherweise optimiert. Und damit ist nur schwer zu entscheiden, ob das System rational handelt oder nicht.

Es ist also außerordentlich schwierig, den Begriff der Rationalität im Hinblick auf das Verständnis rationalen Verhaltens in den Griff zu bekommen. Dies ist aber nicht weiter schlimm, weil, wie wir im folgenden zeigen wollen, sich Menschen bei vielen, selbst wichtigen Entscheidungen keineswegs rational verhalten in dem Sinne, daß sie schlußfolgerndes Denken unter Verwendung der Regeln der klassischen Logik einsetzen. Im Anschluß an eine allgemeine Betrachtung werden wir dies an Hand einiger Beispiele sogenannter *kognitiver Illusionen* verdeutlichen.

Rationalität der Agenten und des Gesamtsystems

Betrachten wir im folgenden Systeme, die sich aus einzelnen Agenten zusammensetzen. Dann erhebt sich die Frage, inwieweit man aus der, trotz der noch offenen Fragen, als gegeben angenommenen Rationalität der einzelnen Agenten auf die Rationalität des Gesamtsystems und umgekehrt schließen kann. Die folgenden Beispiele zeigen deutlich, daß solche Rückschlüsse nicht generell möglich sind.

Im Rahmen der klassischen Handlungstheorie geht man davon aus, daß der einzelne Mensch rational handelt, und man interessiert sich für die Frage, ob sich dann auch Gruppen von Menschen, z. B. Familien oder Firmen, rational verhalten. Im folgenden soll an zwei Beispielen gezeigt werden, daß dies nicht notwendigerweise der Fall ist.

Das „Gefangenendilemma" handelt von zwei Agenten, zwei Gefangenen A und B, die gemeinsam ein Verbrechen begangen haben. Bei der Befragung durch die Polizei, ob sie sich schuldig bekennen, hat jeder von beiden die zwei Möglichkeiten, entweder die Schuld zuzugeben oder aber die Beteiligung an der Tat abzustreiten und dabei dem jeweils anderen die Schuld in die Schuhe zu schieben. Insgesamt gibt es also vier Möglichkeiten für die Antworten der beiden Gefangenen, die in der Abb. 61, linke Seite, als 2×2-Matrix dargestellt sind. Beide Gefangenen wissen, was in jedem der vier möglichen Fälle passieren wird. Dies ist in der „Auszahlungsmatrix" dargestellt. Geben beide ihre Beteiligung zu, so erhalten beide 5 Jahre Gefängnis, streiten beide ab, so erhalten beide nur 2 Jahre. Gibt jedoch nur einer von beiden die Täterschaft zu, so geht dieser „Kronzeuge" frei aus, während der andere 10 Jahre erhält. Das Problem besteht nun darin, daß die beiden Gefangenen nicht wissen, wie sich der jeweils andere entscheidet.

Was ist in dieser Situation zu erwarten, wenn sich beide Agenten rational verhalten? Nehmen wir den Standpunkt von A ein (da die Situation symmetrisch ist, gilt für B dasselbe). Das beste wäre es, wenn A die Tat zugibt, B aber nicht, da A dann straffrei bleibt. Sollte B aber, was A ja nicht wissen kann, auch die Tat zugeben, so bekommen beide fünf Jahre. Das ist für A immer noch besser, als wenn A im Gegensatz zu B die Tat nicht zugäbe, weil dann A ja 10 Jahre brummen müßte. Solange die beiden nicht kooperieren können, was hier vorausgesetzt ist, ist also für A die bessere Wahl, die Tat zuzugeben, da er dann, je nach Bs Entscheidung, keine Strafe (0) oder schlimmsten-

11. Rationalität bei Menschen: Unterscheiden wir uns von den Ameisen?

a)

		B	
		gibt zu	streitet ab
A	gibt zu	5 / 5	0 / 10
	streitet ab	10 / 0	2 / 2

b)

		B	
		kooperativ	egoistisch
A	kooperativ	5 / 5	0 / 10
	egoistisch	10 / 0	2 / 2

Abb. 61: Auszahlungsmatrix für das Gefangenendilemma (a) und zwei alternative Verhaltensstrategien (b). Die Zahlen in (a) geben Verluste, die in (b) Gewinne an. Die erste Zahl gibt die Kosten für A, die zweite die für B an.

falls 5 Jahre erhält, während er im anderen Fall 2 oder 10 Jahre erhalten würde. Da diese Überlegung für beide Agenten gilt, ist das Ergebnis dieser rationalen Entscheidung also, daß beide die Tat zugeben und deshalb 5 Jahre ins Gefängnis müssen. Übers Ganze gesehen wäre es jedoch für beide die beste Entscheidung gewesen, wenn jeder von ihnen die Tat abgestritten und damit nur 2 Jahre erhalten hätte. Zwei unabhängige, wenn auch rationale Agenten können, wie dies Beispiel zeigt, zu einem Ergebnis kommen, das für das Gesamtsystem keineswegs die optimale Lösung darstellt.

Es sollte hier noch erwähnt werden, daß das Gefangenendilemma nicht nur auf dieser theoretischen Ebene von Interesse ist, sondern auch durchaus für konkrete Situationen relevant sein kann, sei es für die Auswahl von Verhaltensstrategien bei Tieren oder im täglichen menschlichen Leben. Betrachtet man statt „Zugeben" und „Abstreiten" die beiden Strategien „egoistisches Verhalten" und „kooperatives Verhalten" und ersetzt die Werte der Auszahlungsmatrix, die ja in unserem Beispiel Verluste darstellen, entsprechend durch Gewinne, so erhält man eine neue Auszahlungsmatrix, wie sie in Abb. 61 b dargestellt ist. In dieser Situation würde also eine rationale Entscheidung für kooperatives Verhalten sprechen. Wenn sich aber die beiden Partner nicht abstimmen können oder wollen – denken Sie an zwei zerstrittene Nachbarn –, so bleiben sie bei der für beide Seiten schlechteren egoistischen Strategie hängen.

11. Rationalität bei Menschen: Unterscheiden wir uns von den Ameisen?

```
A:    a > b > c
B:    b > c > a
C:    c > a > b
```

Abb. 62: Die Einschätzung der drei Bewerber a, b und c durch die drei Komiteemitglieder A, B und C.

Ein anderes Beispiel zeigt, daß konsistentes, d. h. widerspruchsfreies Verhalten der einzelnen Agenten nicht notwendig zu konsistentem Verhalten der ganzen Gruppe führen muß. In diesem Beispiel wird die Transitivitätsregel, d. h. aus a > b und b > c folgt a > c, verletzt. Drei Agenten A, B und C sollen drei Aktionen a, b und c bewerten. Denken wir etwa daran, daß ein aus den Personen A, B und C bestehendes Komitee über die Einstellung eines der drei Bewerber a, b und c entscheiden muß. Nehmen wir an, daß diese Wertung so ausfällt, wie in Abb. 62 angegeben

Wird daraufhin in dem Komitee über die einzelnen Paare (a, b), (b, c) und (a, c) abgestimmt, so ergeben sich die drei Resultate a > b, b > c und c > a. Aus den ersten beiden Aussagen würde a>c folgen. Dies widerspricht jedoch der dritten Aussage. Damit ist also die Transitivität, die entscheidende Voraussetzung für Konsistenz, nicht mehr gegeben. Auch wenn sich also die einzelnen Agenten konsistent verhalten, muß dies für ein aus mehreren Agenten bestehendes System nicht unbedingt zutreffen.

Das Umgekehrte trifft für das folgende Beispiel zu. Es gibt Systeme, bei denen eine mittelfristige Vorhersage nicht möglich ist, weil das System deterministisch chaotischen Regeln folgt. Dies gilt etwa für das Wettergeschehen, das in Zeiträumen von einigen Wochen nicht vorhergesagt werden kann. Dennoch gibt es im Jahresrhythmus deutlich erkennbar regelmäßiges Verhalten. Über größere Zeiträume kann man also gelegentlich sehr wohl vorhersagbares Verhalten antreffen. Man kann deshalb nicht generell sagen, daß ein System, das aus nicht-rationalen, in diesem Falle also aus nicht vorhersagbaren Elementen besteht, deshalb auch als Ganzes, auf der nächst höheren Ebene, nicht-rational sein muß.

Diese Beispiele zeigen, daß wir weder von der Rationalität der Einzelsysteme auf die Rationalität des Gesamtsystems noch umgekehrt schließen können. Was generelle Schlußfolgerungen angeht, bewegen wir uns also auf sehr unsicherem Gelände. Die einzige Möglichkeit, hier weiterzukommen, besteht deshalb darin, empirisch vorzugehen und zu untersuchen, ob und inwieweit sich Menschen rational verhalten. Nun braucht dabei nicht gemeint zu sein, daß sich Menschen überhaupt und immer rational verhalten. Man würde rationales Verhalten vielleicht nicht unbedingt erwarten, wenn z. B. ein Künstler in kreativer Weise an seinem Werk arbeitet. Aber wenigstens in Situationen, in denen ein Mensch auf seinen Vorteil bedacht ist, sollte man erwarten, daß er sich rational verhält, also zum einen konsistentes Verhalten zeigt, zum anderen im Rahmen der Möglichkeiten optimale Lösungen sucht. Wie steht es damit?

Kognitive Illusionen

Auch wenn man von den oben erwähnten, sozusagen technisch bedingten Begrenzungen des rationalen Systems absieht, so zeigen die Untersuchungen, daß sich Menschen im Sinne der Situationsanalyse und der Anwendung logischer Regeln sehr häufig nicht rational verhalten. Dies soll im folgenden an einigen sogenannten kognitiven Illusionen illustriert werden. Über einige dieser Täuschungen wundert man sich kaum, bei anderen kommt man allerdings ziemlich ins Grübeln. Beginnen wir mit einfachen Fällen.

Bei einer Umfrage wurden Personen gebeten, eine Liste vorgegebener Eigenschaften in einer Reihe steigender Bedeutung für „Zufriedenheit mit dem Leben" anzuordnen. Dabei wurde von den Befragten der Begriff der Gesundheit als letzter plaziert. Weitere Begriffe waren z. B. Reichtum, Kontakt zu anderen Menschen usw. Wurden die Personen aber danach gefragt, welche der genannten Eigenschaften den größten Beitrag für Unzufriedenheit mit der Lebenssituation liefern, so wurde nun die Gesundheit an erster Stelle plaziert. Je nach Art der Befragung wurden also unterschiedliche Präferenzen angegeben, was bedeutet, daß hier kein konsistentes System zugrunde liegt.

Ein anderes Beispiel für inkonsistentes Verhalten ergibt sich bei der Lösung der folgenden Aufgabe. Sie sollten sie einmal selbst durchführen. Die Versuchspersonen werden gebeten, eine Multiplikationsaufgabe innerhalb von fünf Sekunden zu lösen. Diese Aufgabe ist allerdings so gewählt, daß man es in dieser Zeit einfach nicht schaffen kann, die Zahl im Kopf explizit auszurechnen. Man muß also eine Schätzung durchführen. Die Aufgabe lautet: $2 \times 3 \times 4 \times 5 \times 6 \times 7 \times 8$. Notieren Sie zunächst Ihre Schätzung. Anschließend sollen Sie in demselben Zeitraum von 5 Sekunden die folgende Aufgabe lösen:

11. Rationalität bei Menschen: Unterscheiden wir uns von den Ameisen?

8×7×6×5×4×3×2. Notieren Sie auch hier Ihre Schätzung. Wenn Sie beide geschätzten Resultate miteinander vergleichen, werden Sie sich vermutlich wundern.

Man hat dieses Experiment mit einer großen Zahl von Studenten durchgeführt. Im Mittel erhielt man dabei als Ergebnis der ersten Aufgabe 512, bei der zweiten 2250. Beide liegen weit unter dem richtigen Wert. Besonders erstaunlich aber ist, daß beide Ergebnisse sich deutlich voneinander unterscheiden. Jeder weiß ja eigentlich, daß die Reihenfolge bei der Multiplikation keine Rolle spielt. Als Grund für diese Inkonsistenz wird folgendes angenommen. Man beginnt mit den ersten zwei oder drei Multiplikationen. Das ergibt im ersten Fall 24, im zweiten 336. Da man aber keine Zeit mehr hat, die Rechnung zu Ende zu führen, wird nun geschätzt. Bei dieser Schätzung geht der Startwert, also im ersten Fall etwa die Zahl 30, im zweiten etwa die Zahl 300, ganz entscheidend mit ein, weshalb sich im zweiten Fall ein entsprechend größeres Endresultat ergibt.

Diese „Voreinstellung" kann man auch im Experiment manipulieren. Ein Beispiel: Man stellt Versuchspersonen wieder eine Frage, die sie nicht exakt beantworten können, sondern nur grob schätzen können, wie z. B.: Wie viele Staaten Afrikas sind Mitglied der UN? Vorher jedoch muß eine Gruppe von Versuchspersonen eine einfache Rechenaufgabe wie 3×8 lösen, während eine zweite Gruppe z. B. die Aufgabe 12×7 lösen muß. Die Antwort auf die Zahl der afrikanischen UN-Staaten fällt im ersten Fall wesentlich niedriger aus als im zweiten. Auch hierfür liegt der Grund darin, daß man sich vor der Schätzung im ersten Fall gedanklich mit einer kleinen Zahl, etwa 24, im zweiten mit einer größeren Zahl, etwa 84, beschäftigt hat. Man spricht hier von *Framing*, da man sich unwillkürlich in dem (zufällig) vorgegebenen Rahmen bewegt.

Wir urteilen also offenbar spontan nicht nach einer absoluten, objektiven Skala, sondern relativ zum jeweils aktuellen eigenen Stand (s. a. Kap. 4). Eine Variation des persönlichen Bezugspunktes und damit nicht-rationales Verhalten kann sich auch aus der Tatsache ergeben, daß Menschen neugierig sind, also in einer Veränderung als solcher etwas Positives sehen. Die sprichwörtlichen Kirschen in Nachbars Garten oder der Hans-im-Glück-Effekt sind Beispiele hierfür.

Tversky und Kahneman untersuchten ein Beispiel, das eine andere kognitive Illusion beleuchtet. Den befragten Personen wurde das folgende fiktive Szenario erklärt: Man muß damit rechnen, daß in den

USA eine asiatische Viruskrankheit ausbricht, an der etwa 600 Personen sterben werden. Nun werden zwei alternative Programme, A und B, vorgeschlagen, zwischen denen man sich entscheiden muß:

Bei Einsatz des Programmes A können 200 Menschen gerettet werden. Bei Programm B ist die Wahrscheinlichkeit, daß 600 Menschen gerettet werden, ein Drittel, entsprechend ergibt sich die Wahrscheinlichkeit, daß keine Person gerettet wird, zu zwei Dritteln. Für welches Programm würden Sie sich entscheiden?

Einer zweiten Gruppe von Versuchspersonen hat man für dasselbe Szenario die Wahl zwischen zwei weiteren Programmen, C und D, gelassen. Bei Programm C werden 400 Menschen sterben. Falls Programm D eingesetzt wird, wird mit der Wahrscheinlichkeit von einem Drittel niemand sterben, während mit der Wahrscheinlichkeit von zwei Dritteln alle 600 infizierten Menschen sterben werden. Wie würden Sie sich entscheiden? Die experimentellen Ergebnisse von Tversky und Kahneman lauteten (A: 72 %, B: 28 %; C: 22 %, D: 78 %).

Rational betrachtet, gibt es keinen Unterschied zwischen den vier Programmen. Was könnte die Erklärung dafür sein, daß dennoch diese starken Unterschiede zutage treten? Im ersten Falle, Alternative A-B, zeigen die Personen, daß sie kein Risiko eingehen wollen. Die sichere Rettung von 200 Menschen ist besser als das Risiko, möglicherweise alle zu verlieren. Bei der zweiten Alternative wird dagegen ein Risiko eingegangen. Der sichere Tod von 400 Menschen wird nicht so leicht akzeptiert wie das Risiko, daß mit einer Wahrscheinlichkeit von zwei Dritteln alle 600 Menschen sterben, oder, anders ausgedrückt, mit einer Wahrscheinlichkeit von einem Drittel alle 600 Menschen überleben. Hier zeigt sich eine Asymmetrie, die in vielen Untersuchungen immer wieder gefunden wurde. Bei Entscheidungen, bei denen mit einem Gewinn zu rechnen ist, wird das Risiko eher vermieden, falls aber mit Verlusten zu rechnen ist, wird das Risiko eher gesucht. Die Asymmetrie zwischen der Einschätzung von Gewinn und Verlust zeigt sich auch, wenn man Personen die Teilnahme an einem Spiel anbietet und sie fragt, ab welchem Verhältnis zwischen Gewinn- und Verlustchancen sie bereit sind, mitzumachen. Wenn die Gewinnchancen nur wenig größer sind als die Verlustchancen, wird das Spiel normalerweise nicht akzeptiert, obwohl dies bei rationalem Vorgehen akzeptiert werden sollte. Der Schmerz, 100,– DM zu verlieren, ist größer als die Freude über den Gewinn von 100,– DM. Wie W. Albers zeigen konnte, tritt ein Gleichgewicht etwa bei einem Verhältnis von 70,– DM Verlust zu 100,– DM Gewinn auf. Der evolutionäre Grund für diese Reaktion liegt vielleicht darin, daß man stets ein gewisses Minimum zum Überleben braucht. Falls man etwas oberhalb dieses Minimums lebt, vermutlich der Normalzustand, so freut man sich zwar über zusätzliche Einkünfte, hat aber keinen allzu großen Vorteil, wenn man sich weiter vom Existenzminimum wegbewegt. Umgekehrt kann es aber tödlich sein, aufgrund eines vom Betrag her gleichen Verlustes unter das Minimum zu geraten.

Noch ein letztes Beispiel für eine unsymmetrische Reaktion. Herr Lässig bemerkt, daß er seit Jahren ein Aktienpaket im Wert von DM 10000,- besitzt, das er völlig vergessen hatte. Er entscheidet sich, das Paket weiterhin zu behalten. Dummerweise geht die Firma nach zwei Monaten bankrott, und Herr Lässig hat das Geld verloren. Herr Lustig findet ebenfalls ein vergessenes Aktienpaket desselben Wertes. Er entscheidet sich dazu, das Geld bei einer anderen Firma zu investieren, die ihm vertrauenswürdiger erscheint. Tatsächlich hält diese neue Firma ihren Wert, während jedoch unerwarteterweise die alte Firma gut gedeiht und das Aktienpaket, hätte er es dort gelassen, seinen Wert verdoppelt hätte. Beide, Herr Lustig und Herr Lässig haben also einen Verlust von DM 10 000,- zu beklagen. Wer von beiden ärgert sich mehr? Sicher Herr Lustig. Die Erklärung für diesen Unterschied wird darin gesucht, daß Herr Lustig aktiv geworden ist. Zwar ist die Nicht-Entscheidung von Herrn Lässig im Grunde natürlich auch eine Entscheidung. Sie wird von uns aber nicht als Aktivität gewertet. Die Folge einer aktiven Handlung wird stärker gewichtet als die Folge von Untätigkeit. Auch für diese Asymmetrie könnte eine evolutionäre Interpretation gefunden werden derart, daß Aktivität immer mit Kosten verbunden ist (auch wenn dies im Falle von Herrn Lustig vielleicht nur ein Telefonanruf war) und deshalb von vorneherein einen höheren Gewinn garantieren sollte als eine passive Entscheidung. Aktiv zu werden braucht eine stärkere Begründung als passiv zu bleiben.

Im folgenden sollen einige Beispiele beschrieben werden, die in ganz anderer und vielleicht noch eindrucksvollerer Weise zeigen, daß Menschen offenbar fest eingebaute Mechanismen besitzen, die das Verhalten steuern, die aber keineswegs rationalen Regeln folgen. In vielen Fällen wird unser Verhalten von einem Ereignis oder einem Wunsch beeinflußt, die in keinem logischen Zusammenhang zu diesem Verhalten stehen. Will zum Beispiel jemand beim Würfelspiel eine niedrige Zahl erzielen, so kann man häufig beobachten, daß er unwillkürlich versucht, den Becher mit geringer Kraft zu werfen, will er jedoch eine Sechs erreichen, so wird der Becher meist kräftig bewegt. Natürlich gibt es keinen Zusammenhang zwischen der Stärke des Wurfes und der dabei erzielten Zahl. War man beim Autofahren eben in einen Unfall verwickelt, so fährt man für einige Zeit unwillkürlich langsamer. Diese Vorsicht ist aber nach kurzer Zeit wieder verflogen, obwohl sich das Risiko nicht geändert hat. Ist beim Münzenwerfen achtmal hintereinander „Zahl" erschienen, so ist man bereit, beim neunten Mal mit einer höheren Wahrscheinlichkeit als 0,5 auf „Kopf" zu setzen, da man „weiß", daß über große Zahlen hinweg die Verteilung 50 : 50 ist. Also müßten doch, um diesem Verhältnis zu genügen, demnächst mehr Kopfwürfe kommen! Der Fehler hierbei liegt darin, daß man unzulässigerweise die Gesetze der großen Zahlen, die man offenbar verinnerlicht hat, auf ein Ereignis der kleinen Zahlen überträgt. Wir können uns dem aber kaum entziehen.

Ein weiteres Beispiel beginnt mit einer Personenbeschreibung:

Erich ist ein schüchterner, zurückhaltender Mensch, zwar hilfsbereit, aber nicht sehr interessiert an anderen Menschen. Er hat ein starkes Bedürfnis nach Ordnung und hängt sehr am Detail.

Auf der Grundlage dieser Charakterisierung wird eine Liste der möglichen Berufe von Erich angegeben, und der Betrachter ist aufgefordert, diese in einer Reihe abnehmender Wahrscheinlichkeit anzuordnen. Unter anderen enthält die Liste die beiden Berufe „Landwirt" und „Bibliothekar". Welcher Beruf trifft für Erich mit größerer Wahrscheinlichkeit zu? Entgegen der üblichen Antwort, nämlich „Bibliothekar", ist „Landwirt" tatsächlich viel wahrscheinlicher, da es sehr viel mehr Landwirte als Bibliothekare gibt. Was passiert hier? Obwohl uns diese Information im Prinzip bekannt ist oder wir zumindest mit der Möglichkeit rechnen müssen, ziehen wir dies überhaupt nicht in Betracht. Die meisten Personen geben die Antwort „Bibliothekar" selbst dann, wenn ihnen vorher ausdrücklich gesagt wird, wie das quantitative Verhältnis zwischen Landwirten und Bibliothekaren tatsächlich ist. Obwohl danach gefragt, machen wir uns hier keine Gedanken zur Wahrscheinlichkeit, sondern schätzen ab, für wie typisch wir die beschriebenen Eigenschaften für die jeweils genannten Berufsgruppen halten. Selbst als in einer anderen Befragung, einem Kontrollexperiment, die Beschreibung der Eigenschaften von Erich bewußt neutral gehalten wurde, wurde eine Wahrscheinlichkeit von 50 % angegeben, obwohl zuvor gesagt wurde, daß es 20 % der einen und 80 % der anderen Berufsgruppe gäbe. Erstaunlicherweise wird das Wissen über das Verhältnis von 20:80 aber verwendet, wenn überhaupt keine Beschreibung geliefert wurde. Wenn wir nur die nackten Zahlen mitgeteilt bekommen, verhalten wir uns rational. Wir werden in den mentalen Zustand, rational vorzugehen, also offenbar erst dadurch gebracht, daß keine anderen, anschaulichen Informationen vorliegen. Bereits eine neutrale, also völlig informationslose Beschreibung reicht offenbar aus, uns in den „normalen" mentalen Zustand zu bringen. Selbst wertlose, aber anschaulich formulierte Evidenz erscheint uns dann wichtiger als eine Zahlenangabe. Wir glauben, daß wir etwas wüßten, und urteilen aufgrund dieser Anschauung. Erstaunlicherweise sind deshalb solche Fehlurteile gerade bei Menschen ausgeprägt, die von der gefragten Materie im Prinzip etwas verstehen.

Eine andere Illusion, der wir uns offenbar noch weniger entziehen können, ist die folgende. Auch hier geht es wiederum um eine Personenbeschreibung. Vielleicht haben Sie ja Lust, bei diesem Test mitzumachen:

Linda ist 32 Jahre alt, nicht verheiratet, intelligent und sehr aufgeschlossen. Sie hat Philosophie studiert, hat sich während des Studiums sehr für Fragen der sozialen Diskriminierung engagiert und an Anti-Atomwaffendemos teilgenommen.

Welche der folgenden Möglichkeiten ist wahrscheinlicher?
a) Linda arbeitet in einer Bank.
b) Linda arbeitet in einer Bank und ist Mitglied einer feministischen Gruppe.

Etwa 90 % der befragten Personen antworteten mit der Reihenfolge b > a. Zwischen Menschen mit einer statistischen Ausbildung und Laien auf diesem Gebiet ergaben sich nahezu keine Unterschiede. Nun ist es aber unter gar keinen Umständen möglich, daß die Wahrscheinlichkeit für das Auftreten zweier Ereignisse, in unserem Fall Mitglied einer feministischen Gruppe und das Arbeiten bei einer Bank, größer ist als die Wahrscheinlichkeit für einen dieser beiden Fälle allein. Das heißt, die Wahrscheinlichkeit von b) muß in jedem Falle kleiner sein als die von a). Was passiert hier? Wir bestimmen in Wirklichkeit nicht die tatsächlichen Wahrscheinlichkeiten. Vielmehr halten wir das für „wahrscheinlicher", was wir uns leichter vorstellen können, was uns typischer erscheint. Anders ausgedrückt, könnte man sagen, daß wir ein Korrelationsmaß zwischen der Personenbeschreibung und den möglichen Verhaltensweisen bilden. Hierbei gewinnt die Alternative b), also die, die die größere Übereinstimmung mit den in der Personenbeschreibung gelieferten Daten zeigt. Dieser Fehler ist vermutlich die verbreitetste kognitive Illusion. Auch bei der Einschätzung politischer Situationen durch Berufspolitiker oder von Krankheitsbildern durch Ärzte, also den jeweiligen Fachleuten, wurde dieser Effekt in sehr ausgeprägter Form beobachtet.

Die Vermutung, daß unser Gehirn eine Korrelationsmaschine ist, könnte auch andere Illusionen erklären: So wird bei der Frage, ob es wohl mehr Morde oder mehr Selbstmorde gäbe, die Zahl der Morde meist höher eingeschätzt, obwohl sich tatsächlich wesentlich mehr Selbstmorde ereignen. Morde sind aber durch die Medien sehr viel stärker repräsentiert, vielleicht auch emotional stärker besetzt, was unser Gehirn in eine entsprechende subjektive Häufigkeit umsetzt.

Ein verwandtes Beispiel: Wie würden Sie die folgende Frage beantworten? Gibt es mehr Substantive, deren drittletzter Buchstabe ein u ist oder mehr Substantive, die auf -ung enden? Wäre der Leser durch die vielen Beispiele nicht schon vorgewarnt, so würde er die Zahl der -ung-Wörter höher einschätzen, da er sich Wörter, die auf -ung enden, viel leichter vorstellen kann. Tatsächlich ist es natürlich umgekehrt. Einen Teil der kognitiven Illusionen kann man dann verstehen, wenn man annimmt, daß wir geborene Verifizierer und keine Falsifizierer sind. Wir suchen nach einem Maß für die Übereinstimmung, nicht für die Verschiedenheit. Dies ist der tiefere Grund, der Popper veranlaßt hat, explizit die Notwendigkeit der Falsifikation von Hypothesen zu betonen, denn wir suchen nach positiven Zusammenhängen, nicht nach Wahrscheinlichkeiten.

Unsere Reaktion wird allerdings auch von der Art der Aufgabenstellung beeinflußt. Gigerenzer hat das oben erwähnte Linda-Problem so umformuliert, daß es sich nicht auf ein Einzelereignis, sondern auf Häufigkeiten bezieht, indem er statt dessen fragt:
Es gibt 100 Personen, auf die die gegebene Beschreibung zutrifft. a) Wie viele davon arbeiten in einer Bank? b) Wie viele davon arbeiten in einer Bank und sind Mitglied einer feministischen Gruppe? Nun gaben nur noch 22 % die „falsche" Antwort. Offenbar wird durch diese Umformulierung ein anderes mentales System aktiviert.

Eindrucksvoll sind auch die Befunde, die zeigen, daß Personen ihre Fähigkeiten signifikant überschätzen. Man stellt zunächst Proban-

11. Rationalität bei Menschen: Unterscheiden wir uns von den Ameisen? 211

den eine größere Zahl von Fragen wie: Welche Stadt hat mehr Einwohner, Bonn oder Heidelberg?, und läßt sie nach der Beantwortung der Frage zusätzlich noch jeweils angeben, wie sicher sie sich ihrer Antwort sind (z. B. absolut sicher = 100 %). Vergleicht man später die Richtigkeit der Angaben mit den Angaben zur Sicherheit, so liegen die letzteren regelmäßig etwa 15 % höher. Gigerenzer hat hierfür folgendes Erklärungsmodell vorgeschlagen: Wenn man die Antwort nicht zufälligerweise genau kennt, verwendet man qualitative Hinweise wie etwa: Falls eine der beiden Städte einen Bundesligaverein besitzt, so wird sie vermutlich größer sein als die andere, oder: Wenn man den Namen einer Stadt häufiger hört oder liest, wird diese größer sein usw. Die Angaben zur Sicherheit der Schätzung beziehen sich laut Gigerenzer nicht tatsächlich auf die Sicherheit der Schätzung, sondern auf die Verläßlichkeit des Hinweises, den man in diesem Falle verwendet hat. Also etwa wie verläßlich kann ich aus der Kenntnis der Bundesligavereine auf die relative Größe einer Stadt schließen. In der Tat konnte Gigerenzer durch eine entsprechende Auswahl der zu vergleichenden Städte den Überschätzungseffekt zu Null machen oder sogar umkehren.

Rationales Handeln haben wir bisher gleichgesetzt mit der Forderung nach Konsistenz, d. h., es mußte die Transitivitätsbedingung erfüllt sein. Rationalität hat auch mit der Verwendung logischer Regeln zu tun. Um Logikaussagen treffen zu können, setzt man im allgemeinen voraus, daß entschieden werden kann, ob ein Ding zu der einen oder der anderen Klasse gehört. So ist 14 eine gerade und keine ungerade Zahl. Eine Schwalbe ist ein Vogel und kein Säugetier. Es kann, allgemeiner gesagt, nicht gleichzeitig etwas wahr und falsch sein. Der alte Scherz, man sei ein bißchen schwanger, lebt davon. Es erscheint auch nicht sinnvoll zu sagen, daß eine Schwalbe mehr ein Vogel als eine Maus sei. Tatsächlich scheinen unsere mentalen Prozesse aber eben doch so zu funktionieren. Untersuchungen mit Versuchspersonen zeigen, daß eine Amsel ein „besseres" Beispiel für einen Vogel darstellt als etwa ein Pinguin. Die Amsel ist (zumindest für einen Mitteleuropäer) offenbar näher am mentalen Konzept des typischen Vogels. Danach kann man also durchaus sagen, daß eine Amsel eher ein Vogel ist als ein Pinguin, auch wenn durchaus klar ist, daß ein Pinguin ein Vogel ist.

Wie werden solche Untersuchungen durchgeführt? Eine Möglichkeit besteht darin, die Reaktionszeiten zu messen, die Versuchspersonen benötigen, um zu entscheiden, ob auf dem ihnen gezeigten Bild ein Vogel oder etwa ein Säugetier abgebildet ist. Bei einer Amsel reagieren die Versuchspersonen schneller als bei einem Pinguin. Mit dieser Methode ergab sich sogar, daß die Zahl 4 eine typischere gerade Zahl ist als alle anderen geraden Zahlen. Die typischste ungerade Zahl, also die Zahl, bei der man die Entscheidung am schnellsten treffen kann, ist die Zahl 7. Die Zugehörigkeit zur Gruppe wird nicht durch eine „ja/nein"-Entscheidung getroffen, sondern es wird auch hier wieder ein Ähnlichkeits- oder Korrelationsmaß verwendet, das die Nähe zu einem gespeicherten Prototypen angibt.* Insbesondere im Zusammenhang mit solch eindeutig zu entscheidenden Fragen wie die nach der Geradheit oder Ungeradheit einer Zahl mag dies zunächst verwundern. Doch paßt dieses Ergebnis gut zu der schon bei der Besprechung des Perzeptrons (Kap. 4) kurz erwähnten Eigenschaft von neuronalen Netzen. Hier wird ja in der Tat die Korrelation zwischen dem sensorischen Eingangsvektor und den in Form synaptischer Gewichte gespeicherten Gedächtnisinhalten bestimmt.

Gleicher als gleich: Eine Korrelation kann man auf verschiedene Weise messen; alle gängigen Maße sind jedoch symmetrisch, das heißt, die Korrelation, also die Ähnlichkeit zwischen a und b ist dieselbe wie zwischen b und a. Dies erscheint selbstverständlich, ist es aber nicht, wie die folgenden Beispiele zeigen. Jemand, der der Meinung ist, daß Deutschland sich zu sehr der amerikanischen Kultur angepaßt habe, kann sagen, daß Deutschland Amerika sehr ähnlich sei. Er würde aber sicher nicht sagen, daß Amerika Deutschland ähnlich sei. So würde man möglicherweise auch die Aussage, daß ein Pinguin viele Ähnlichkeiten mit einer Amsel habe, eher treffen als die umgekehrte Aussage. Die subjektive Ähnlichkeit kann also unsymmetrisch sein.**

Es sollte hier nochmals betont werden, daß man in einem kritischen Experiment die Frage nach der Ähnlichkeit zwischen Amsel und Pinguin nicht so plump stellen darf. Sonst weist man die befragte Person zu direkt auf die Inkonsistenz hin, und es greift ein Korrekturmechanismus ein. Dies ist nicht nur versuchstechnisch, sondern auch grundsätzlich von Bedeutung. Wir kommen darauf noch zurück.

---

* Solchen Ergebnissen trägt übrigens die Entwicklung der Fuzzy-Logik Rechnung.
** Formal könnte man sich durchaus ein Korrelationsmaß denken, bei dem die Intensität der Bezugsgröße mit höherem Gewicht in die Berechnung eingeht als die der zu beziehenden Größe.

11. Rationalität bei Menschen: Unterscheiden wir uns von den Ameisen? 213

Noch zwei Beispiele, die rationalen Prinzipien insofern widersprechen, als dieselbe Situation mal zu der einen, mal zu der anderen Reaktion führen kann. Wir befinden uns sehr viel häufiger, als uns das bewußt ist, in einer nicht eindeutigen Situation. Besonders deutlich ist dies, wenn zwei Interpretationen derselben Situation nahezu oder genau gleich wahrscheinlich sind. Der Satz
„Er sieht den Mann mit dem Fernglas"
kann auf zwei Weisen interpretiert werden.

Noch offensichtlicher ist das bei mehrdeutigen optischen Figuren. Wir wollen in diesem Zusammenhang nochmals auf den schon erwähnten Neckerwürfel zurückkommen. Wir haben hier eine Situation, bei der es, wie so oft, nicht möglich ist, mit einer Interpretation alle Aspekte abzudecken. Dennoch findet das oben beschriebene einfache Netzwerk eine der beiden besten, d. h. kohärentesten Lösungen. Die immer noch vorhandenen Widersprüche werden unterdrückt. In diesem „holistischen" System werden also nicht die einzelnen Aussagen auf ihre logische Stimmigkeit überprüft, sondern es wird ein Zustand bestmöglicher Harmonie oder „Passung" gesucht und gefunden. Nachdem auf der globalen Ebene eine gute Passung gefunden wurde, werden Widersprüche auf der unteren Ebene nicht mehr beachtet. Neben der oben beschriebenen Bestimmung der Korrelation ist dies also ein weiterer Mechanismus, mit dem Passung festgestellt werden kann. Ein Beispiel, bei dem ausschließlich lokale Harmonie, aber keine globale Harmonie möglich ist, stellen die beiden folgenden Sätze dar:
„Die nachfolgende Aussage ist falsch."
„Die vorhergehende Aussage ist richtig."
Jeder Satz erlaubt, für sich genommen, eine kohärente Interpretation. Faßt man beide Sätze jedoch zu einer Einheit zusammen, so ist dies nicht mehr möglich. In diesem speziellen Fall findet sich also keine globale Mehrheit von sich wechselseitig unterstützenden Einheiten. Die beiden Sätze stellen sozusagen eine verbale Version der Zeichnung von Escher (Abb. 4) dar.

Eine andere kognitive Illusion wird im folgenden Beispiel erläutert. Ein Student hat gerade den letzten Teil seines Examens abgeschlossen, erfährt aber erst am nächsten Tag, ob er das Examen bestanden hat oder nicht. Nun erhält er ein attraktives Angebot, eine Woche kostenlos nach Hawaii fahren zu können, muß sich aber noch heute entscheiden, d. h. bevor er das Ergebnis seines Examens kennt, ob er das

Angebot annehmen will oder nicht. Die Mehrzahl der befragten Personen zögert in dieser Situation mit der Entscheidung erheblich. Dies erscheint dem einfühlsamen Betrachter zunächst verständlich. Allerdings geben die Ergebnisse von Kontrollversuchen zu denken. Dieselben Personen beantworten diese Frage sehr schnell dann, wenn sie bei der Entscheidung bereits wissen, wie das Examen ausgefallen ist. Sie nehmen das Angebot mehrheitlich an, und zwar unabhängig davon, ob sie das Examen bestanden haben oder nicht. Im ersten Fall wird es als Belohnung, im zweiten als Gelegenheit zur Erholung angesehen. Da sie sich also in jedem Fall für die Reise entscheiden, ist das Zögern in der ersten Situation unerwartet.

Die Erklärung für dieses nicht-rationale Verhalten wird darin gesehen, daß Menschen ungern eine Entscheidung auf einer unsicheren Basis treffen, was ja an sich verständlich ist. Doch warum ist die Basis unsicher? Der Grund ist, daß wir Schwierigkeiten haben, zwei disjunkte Ereignisse zu einer übergeordneten Einheit zusammenzubinden. Wir haben kein Problem, uns zwei Klassen von Gegenständen vorzustellen, bei denen zur einen Klasse Gegenstände gehören, die rot *und* dreieckig sind, und zur anderen Klasse Gegenstände, die grün *und* rund sind. Es ist demgegenüber sehr viel schwieriger, sich eine Klasse vorzustellen, bei der die Gegenstände rot *oder* dreieckig, und eine andere Klasse, zu der Gegenstände gehören, die grün *oder* rund sind. Die beiden disjunkten Ereignisse, das Examen bestanden zu haben und es nicht bestanden zu haben, fassen wir ungern zu einer gedanklichen Einheit zusammen. Wenn wir dies tun würden, hätten wir eine sichere Basis für unsere Entscheidung und könnten auch im ersten Fall ebenso schnell wie in den beiden anderen entscheiden.*

Noch zwei Beispiele: Welchen logischen Schluß kann man aus den beiden Aussagen ziehen:
1. Alle Mitglieder der Regierung sind Betrüger.
2. Kein Betrüger trägt weiße Schuhe.

Daraus folgt natürlich, daß kein Mitglied der Regierung weiße Schuhe trägt. Wie steht es mit den folgenden beiden Sätzen.
1. Alle Mitglieder der Regierung sind Betrüger.
2. Kein Dichter ist Mitglied der Regierung.

---

* In der Mathematik verwendet man das Hilfsmittel der Fallunterscheidung, um dieses mentale Problem leichter zu umschiffen.

11. Rationalität bei Menschen: Unterscheiden wir uns von den Ameisen? 215

Welcher Schluß läßt sich hieraus ziehen? Denken Sie genau nach! Die meisten Befragten geben an, daß hieraus kein Schluß zu ziehen ist. Dies ist aber nicht richtig. Versuchen Sie es noch einmal. Im Unterschied zum ersten Beispiel haben wir offensichtlich keine einfache mentale Möglichkeit, ein mentales Modell der zweiten Situation zu erzeugen. Der mögliche Schluß lautet: Einige Betrüger sind keine Dichter. Man kann sich den Sachverhalt auch an Hand von Mengendiagrammen klarmachen. Die Abb. 63 a verdeutlicht den ersten, Abb. 63 b den zweiten Fall.

Ein allerletztes Beispiel: Fritz macht einen medizinischen Test, der ihm Klarheit darüber geben soll, ob er von einer bestimmten Krankheit befallen ist. Man weiß, daß die Verläßlichkeit des Testes etwa 80 % beträgt. Man weiß außerdem, daß etwa 1 % der Bevölkerung an dieser Krankheit leidet. Nehmen wir an, daß der Test positiv ausgeht. Mit welcher Wahrscheinlichkeit ist Fritz tatsächlich infiziert? Die meisten befragten Personen halten den zweiten Teil der Angaben für irrelevant und schätzen etwa 80 %, vielleicht etwas weniger, aber fast immer über 50 %. Der tatsächliche Wert beträgt jedoch 3,9 %! Wie ist das zu erklären? Mit rationalen Methoden kommt man zu folgender Überlegung: Würde man die gesamte infizierte Bevölkerung untersuchen, so werden, gemessen an der Gesamtbevölkerung, bei den 1 % der infizierten Menschen, da die Verläßlichkeit des Testes 80 % beträgt, 0,8 % richtige, also positive Testergebnisse und 0,2 % negative Ergebnisse gefunden. Testet man die 99 % gesunden Personen, so ergeben sich $99 \times 0{,}2 = 19{,}8\,\%$ falsche, also positive Befunde. Insgesamt erhält man also 20,6 % positive Befunde. Der relative Anteil der tatsächlich infizierten Personen an den Personen mit posi-

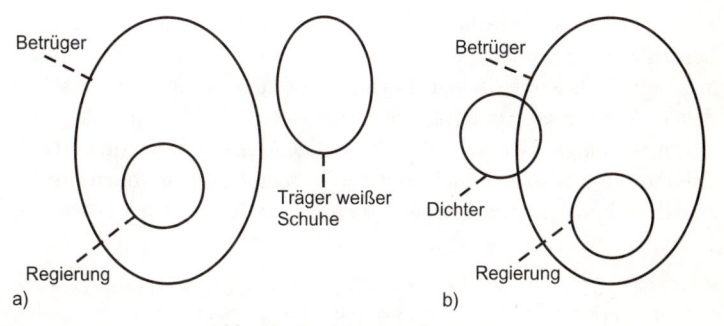

Abb. 63: Zwei Mengendiagramme.

tivem Testergebnis ist also 0,8/20,6 % = 3,9 %. Obwohl es hier um Fragen des Überlebens gehen könnte – stellen Sie sich vor, Sie wären der oder die Betroffene –, liegen wir mit unserer Einschätzung weit außerhalb des mit rationalen Methoden bestimmten Wertes.

Diese Ergebnisse zeigen, daß wir beim Denken zunächst offensichtlich keineswegs die Regeln der klassischen Logik anwenden, sondern daß unser Gehirn so angelegt ist, daß eine bestmögliche Passung, also eine positive Korrelation gesucht wird. Wir sind, wie oben gesagt wurde, geborene Verifizierer und keine Falsifizierer. Mit diesem „positiven Denken" hängt auch zusammen, daß wir mit disjunkten Mengen (grün oder dreieckig) mental nur schwer umgehen können. Wir suchen nach Übereinstimmung mit gespeicherten Prototypen. Dieses Grundprinzip ist sicherlich biologisch sinnvoll, da sich Tiere und Menschen in äußerst vielfältigen und unvorhersehbaren Umwelten zurechtfinden müssen, in denen es sehr viel wichtiger ist, ein Objekt, – einen Feind, eine Beute – wiederzuerkennen, als festzustellen, daß etwas etwas nicht ist. Es ist eben nicht so dringend, zu erkennen, daß zum Beispiel ein Stein weder ein Feind noch eine Beute ist. Insoweit kann man vermuten, daß in all den erwähnten Beispielen kognitiver Illusionen mentale Prozesse betrachtet werden, die zwar im einzelnen sicherlich noch nicht völlig verstanden sind, deren Mechanismen sich aber nicht prinzipiell von denen unterscheiden, die man – mit verschiedenen graduellen Unterschieden – auch bei Tieren finden kann.* Wir hätten daher keine Probleme, diese Prozesse als Denkprozesse zu bezeichnen, auch wenn sie nicht den Regeln der Logik folgen.

Bleibt nach all diesen deprimierenden Ergebnissen überhaupt noch Platz für Rationalität beim Menschen? Wir haben darauf hingewiesen, daß viele der erwähnten Experimente nur dann in der beschriebenen Weise ablaufen, wenn die Versuche mit genügender Sorgfalt angelegt sind. Die einzelnen Fragen müssen entweder von verschiedenen Versuchspersonen beantwortet werden oder zeitlich oder durch ablenkende Zwischenfragen genügend getrennt werden, so daß die befragten Personen nicht mit der Nase auf die von ihnen produzierten Inkonsistenzen gestoßen werden. Auch das oben erwähnte,

---

* Hierbei sind keineswegs Tiere immer die Unterlegenen. Es gibt genügend Beispiele, bei denen einzelne Tierarten dem Menschen überlegen sind, z. B. können Tauben mentale Rotation sehr viel schneller durchführen als Menschen.

11. Rationalität bei Menschen: Unterscheiden wir uns von den Ameisen? 217

sehr überraschende, gleichartige Verhalten von statistisch geschulten Versuchspersonen und Laien auf diesem Gebiet geht dann vermutlich verloren, wenn vor der Befragung klargemacht würde, daß in der Ausgangsfrage ein Problem aus der Wahrscheinlichkeitsrechnung versteckt sei. Dies bedeutet, daß wir also neben den beschriebenen nicht-rationalen oder „prärationalen" Mechanismen wie dem Framing oder der Bestimmung von Korrelationen bzw. Ähnlichkeiten auch Mechanismen besitzen, die unser Verhalten auf Konsistenz überprüfen und bei der Entdeckung einer Inkonsistenz eine Warnlampe anschalten. Auch das gelegentlich auftretende subjektive Empfinden, daß beim Erleben der kognitiven Illusion „etwas nicht stimmt", deutet auf die Existenz eines solchen Systems hin. Wie ein derartiger „Konsistenz-Prüfer" im Prinzip aussehen könnte, haben wir ja schon am Beispiel des Neckerwürfels besprochen (Kap. 8). Man kann vermuten, daß mit Hilfe eines solchen Systems im Laufe unserer intellektuellen Entwicklung immer wieder neue Inkonsistenzen entdeckt und daß daraufhin gedankliche Werkzeuge entwickelt wurden, die helfen, diese Inkonsistenzen zu vermeiden. Man kann sich vorstellen, daß auf diesem Wege dann auch die Regeln der Logik, auch das oben erwähnte Werkzeug der Fallunterscheidung, und, daraus abgeleitet, mathematische Sätze entstanden sind.

Man kann sich die Situation auch an Hand einer der klassischen optischen Täuschungen, zum Beispiel der beiden Geraden mit umgekehrten Pfeilspitzen (Abb. 64), klarmachen. Wir sehen deutlich, daß die beiden Geraden unterschiedlich lang sind und wir haben dabei keine Veranlassung, uns darüber weitere Gedanken zu machen. Wenn wir einen roten Gegenstand sehen, überlegen wir ja auch nicht, ob er nicht vielleicht eigentlich grün sei; wir sehen ja schließlich, daß er rot ist. Erst wenn wir durch irgendein äußeres Ereignis auf die Diskrepanz aufmerksam gemacht werden, zum Beispiel dann, wenn zufällig die beiden in der Abb. 64 dargestellten Objekte direkt aufeinander

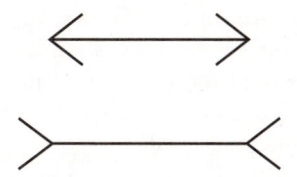

Abb. 64: Eine bekannte optische Täuschung, die Müller-Lyer-Täuschung.

gelegt werden würden, wird ein mentales System aktiviert, das nach einer Lösung für diese Diskrepanz sucht. Im Laufe der kulturellen Entwicklung des Menschen wurden auf diese Weise komplexe Gedankengebäude in Form der rationalen Mechanismen entwickelt. Deren Anwendung führt dann gelegentlich, wie wir besonders deutlich bei dem letzten Beispiel gesehen haben, zu kontraintuitiven Ergebnissen, also zu Ergebnissen, die mit den mit Hilfe unserer angeborenen Denkstrukturen erhaltenen Resultate nicht übereinstimmen.

Wie wir am Beispiel des Neckerwürfels gesehen haben, scheint es eingebaute „Konsistenz-Agenten" zu geben, deren Tätigkeit wir nicht bemerken, die aber offenbar nur einen begrenzten Blickwinkel besitzen. Bei den optischen Täuschungen und den kognitiven Illusionen zeigt sich, daß manche Informationen in so weit getrennten Bereichen des Gehirns* vorliegen, daß sie nicht zwischen diesen ausgetauscht werden. Wir sehen einerseits, daß die Geraden unterschiedlich lang sind, aber zugleich „wissen" wir, daß sie gleich lang sind.

Dies gilt ähnlich wie bei optischen Täuschungen, bei denen uns die Regeln der Optik darauf hinweisen, was wir sehen sollten, im Unterschied zu dem, was wir tatsächlich sehen, auch für die Regeln der Rationalität bei den kognitiven Täuschungen. Sie weisen uns darauf hin, was wir denken sollten im Unterschied zu dem, was wir tatsächlich denken. Das Wissen darüber, was wir eigentlich sehen bzw. denken sollten, wird uns also erst durch die im Laufe unserer kulturellen Evolution entwickelten Gedankengebäude zur Verfügung gestellt.

Die Vorstellung ist demnach die, daß die erste Stufe unseres Denkprozesses, der kreative Teil des Denkens, unter Verwendung der genannten (und vermutlich noch weiterer, bisher noch nicht explizit bekannter) prärationalen Prozesse abläuft. Meist wird der Denkprozeß damit auch abgeschlossen. Durch ausgiebiges Training sind wir aber darauf hin geschult worden, daß es in bestimmten Situationen empfehlenswert ist, die eine oder andere erworbene rationale Methode einzusetzen. Diese Methoden werden nach der hier beschriebenen Vorstellung also lediglich zur Überprüfung der Ergebnisse der eigentlichen Denkprozesse eingesetzt. Dies gelingt jedoch nicht immer, gibt es doch, wie wir gesehen haben, viele durchaus lebenswichtige Situationen, in denen wir gar nicht merken, daß wir besser die rationalen Methoden hätten einsetzen sollen.

---

* Was aber nicht räumlich gemeint sein muß.

Somit scheint es also nicht so zu sein, wie Piaget vermutet hat, daß man mit dem Erwachsenwerden die prärationalen Mechanismen überwindet und verliert. Sie sind auch im Erwachsenenalter immer noch vorhanden. Wir haben aber gelernt, zusätzliche Mechanismen einzusetzen, die alternative Lösungen anbieten und von denen wir gelernt haben, daß sie „richtig" sind.

12. Die ganze Welt im Kopf – Weltmodelle als Planungshilfen

Wir haben gesehen, daß es streng rational arbeitende Automaten, z. B. den Taschenrechner, gibt. Auch in der belebten Natur, bei Tieren, hat man viele Beispiele beschrieben, die zeigen, daß sie sich zumindest nicht weniger rational als etwa menschliche Verbraucher verhalten. Bietet man zum Beispiel Waldameisen zwei Futterquellen verschiedener Qualität an, so kann man beobachten, daß sich die Tiere, die die beiden Futterquellen besuchen, zahlenmäßig genau in dem Verhältnis der Qualität dieser beiden Futterquellen aufteilen. Rationales Verhalten zumindest bei niederen Tieren wird aber, wie beim Taschenrechner, nicht das Ergebnis eines Prozesses des Nachdenkens sein, sondern auf entsprechend festgelegten, zumeist angeborenen Mechanismen beruhen. Man spricht deshalb bei Tieren oft von einer *Als-ob-Rationalität*. Dies ist aber nicht eigentlich das, was uns vorschwebt, wenn wir sagen, daß sich der Mensch rational verhalte. Bei der in der Soziologie und der Ökonomie diskutierten Handlungstheorie setzt eine rationale Entscheidung deshalb noch voraus, daß dem Agenten neben verschiedenen zur Auswahl stehenden Verhaltensweisen auch (mehr oder weniger sicheres) Wissen über die für ihn relevanten Konsequenzen dieser Verhaltensweisen zur Verfügung steht (die Auszahlungsmatrix der Abb. 61). Darüber hinaus muß der Agent über explizit oder implizit repräsentierte Ziele verfügen, die erreicht werden sollen.

Die ersten beiden Punkte bedeuten, daß das System Wissen über sich und bestimmte Eigenschaften der Welt besitzen muß. Man kann dies auch so beschreiben, daß das System über ein inneres Weltmodell verfügen muß, wobei einige Eigenschaften des Systems selbst ebenfalls Teil dieses Weltmodells sein können. Das Weltmodell enthält Wissen über die Welt, man könnte es deshalb auch als Gedächtnis bezeichnen. Wir wollen jedoch zumeist den Begriff „Weltmodell" verwenden, um zu betonen, daß es sich nicht nur um einen passiven Speicher, vergleichbar einem Lexikon, handelt, sondern daß es ein dynamisches System sein kann, in dem Informationen „manipuliert"

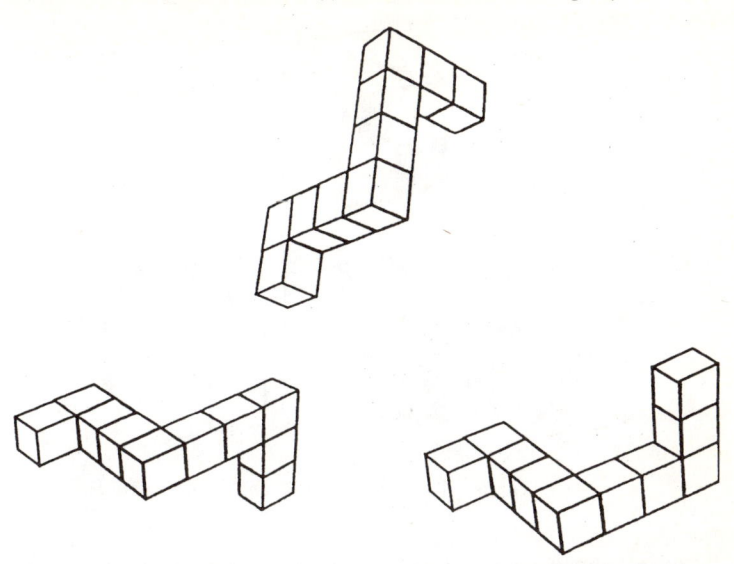

Abb. 65: Welche der beiden unteren Figuren stellt die oben gezeigte Figur dar?

werden können. Häufig wird angenommen, daß für die sogenannten kognitiven Prozesse, die nicht auf dem Einsatz vorgegebener Regeln, sondern auf Nachdenken, also dem Einsatz des Verstandes, beruhen, andere Strukturen, nämlich eben solche Weltmodelle notwendig sind, da mit deren Hilfe Verhaltensweisen und die dabei zu erwartenden Resultate theoretisch durchgespielt – oder geplant – werden könnten, bevor sie tatsächlich durchgeführt werden.

Wie könnte ein solches Weltmodell aufgebaut sein? In der einfachsten und fast trivialen Form stellen ja bereits die Gewichte des Perzeptron-Netzes (Abb. 27) ein Weltmodell dar, insofern man den vier Ausgängen des Perzeptrons Objekte der Außenwelt zuordnen kann, die sie repräsentieren. Diese Form eines Weltmodells ist aber schon deshalb sehr simpel, als das Modell direkt an das Verhalten, also an die Motorik gebunden ist: Ein bestimmter Reiz löst reflexartig eine entsprechende Reaktion aus. Nur wenig kompliziertere Beispiele stellen die früher beschriebenen Schwing- und Stemmagenten des Walknet (Abb. 46) dar. Die in diesen Agenten niedergelegte Information kann nur in einem bestimmten Verhaltenskontext verwendet werden. Es ist mit einem derartigen prozeduralen Gedächtnis nicht möglich,

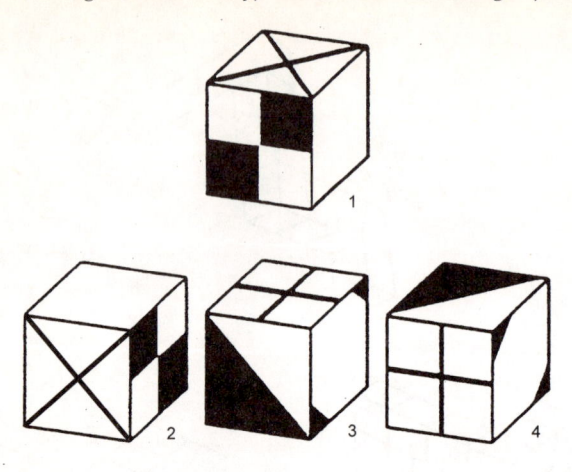

222   12. *Die ganze Welt im Kopf – Weltmodelle als Planungshilfen*

Abb. 66: Taucht der obere Würfel (Nr. 1) unten nochmals auf?

diese an sich vorhandene Information in einem ganz neuen Kontext anwenden zu können. So kann, um ein anderes Beispiel in Erinnerung zu rufen, das für das Polarisationssehen der Biene zuständige System nicht zur optischen Unterscheidung verschiedener Polarisationsmuster verwendet werden. Um die hierfür nötige Weitergabe der Information an einen anderen Agenten ermöglichen, um also „nachdenken" zu können, bräuchte man innere Weltmodelle, die von der Motorik abgekoppelt und mit deren Hilfe verschiedene Möglichkeiten „in Gedanken" ausprobiert werden können. Die einzelnen Bereiche des Weltmodells sollten deshalb nicht nur, wie beim prozeduralen Gedächtnis, für die jeweilige Spezialaufgabe verwendbar sein, sondern sie sollten „manipulierbar", also probehalber für verschiedene Zwecke einsetzbar sein. Es ist jedoch eine offene Frage, wie eine solche Vielzweckmaschine aufgebaut sein könnte. Die Ergebnisse der beiden folgenden Experimente legen nahe, daß es beim Menschen zumindest zwei verschiedene Typen solch manipulierbarer Weltmodelle gibt.

Abb. 65 zeigt oben eine, in der unteren Reihe zwei räumliche Figuren. Beantworten Sie die folgende Frage: Stellt eine der beiden unteren Figuren denselben Körper wie die obere Figur dar? Wenn ja, welche? Betrachten Sie anschließend Abb. 66. Sie sehen oben einen Würfel mit der Nr. 1 und darunter drei weitere Würfel. Nun dieselbe

12. Die ganze Welt im Kopf – Weltmodelle als Planungshilfen

Frage: Stimmt einer der unteren Würfel mit dem oben gezeigten überein?

Interessant ist bei diesem Experiment nicht so sehr die Antwort als solche, sondern der Weg, auf dem man zu dieser Antwort kommt. Nach ihrer Selbstbeobachtung befragt, geben die meisten Menschen bei der ersten Aufgabe an, daß sie eine räumliche Vorstellung des dargestellten Gegenstandes entwickeln, indem sie ihn in Gedanken drehen, um zu prüfen, ob sie ihn mit einer der beiden anderen Figuren zur Deckung bringen können. Bei der zweiten Aufgabe berichten die meisten Menschen, daß sie nach einem Würfel mit zwei Diagonalen und einem Schachbrettmuster gesucht haben.

Aufgrund solcher Beobachtungen vermutet man, daß es zwei Arten von Weltmodellen gibt, ein *imaginatives*, manchmal *analog* genanntes System, das mit bildlichen Vorstellungen arbeitet, und ein anderes, das *propositional* oder *deklarativ* genannt wird, das mit Symbolen oder Begriffen („Schachbrettmuster") arbeitet. Da insbesondere im ersten Fall die Anschauung ein wesentliches Charakteristikum darstellt, soll nochmals darauf hingewiesen werden, daß das Faktum der Erlebnisfähigkeit als solches hier nicht betrachtet, sondern als gegeben hingenommen werden soll (s. a. Kap. 14).

Nun ist weder klar, wie das imaginative noch wie das propositionale Weltmodell realisiert ist, noch in welcher Beziehung die beiden zueinander stehen. Sind sie parallel und unabhängig voneinander organisiert? Oder stellt das analoge System sozusagen das Fundament dar, auf dem das propositionale System aufbaut? Oder sind sie gar zwei Erscheinungsformen desselben Systems?

Beginnen wir noch einmal mit dem einfachen Fall, dem erwähnten Perzeptron. Hier ist das Wissen über die Welt implizit in Form der Verknüpfungen und der im Netz verteilten Gewichte gegeben. Solche einfachen Systeme können, wie wir gesehen haben, eine Reihe interessanter Aufgaben lösen (Fehlertoleranz, Generalisierung) bis hin zum Laufen und zur Orientierung in unwegsamem Gelände (und vermutlich noch wesentlich komplexeren Verhaltensweisen). Das prozedurale Wissen kann auch modular auf verschiedene Agenten verteilt vorliegen (z.B. Schwingnetz, Stemmnetz, Abb. 46). Jeder Agent besitzt dann das für seine Aufgabe notwendige Gedächtnis. Die Aktionen der Agenten werden, wie in den verschiedenen Beispielen erläutert, direkt über die sensorischen Eingänge oder über Signale von anderen Agenten ausgelöst.

Ein erster Schritt, um sich von der direkten Sensorabhängigkeit zu lösen, besteht darin, Systeme mit interner Rückkopplung zu verwenden. Auf diese Weise können zeitabhängige Prozesse erzeugt werden. Das einfachste Beispiel sind rhythmische Verhaltensweisen wie etwa die circadiane Rhythmik (in Kap. 6 wurde als ein anderes Beispiel besprochen, wie das Schwimmen bei Neunaugen durch zentrale Oszillatoren kontrolliert wird). Man kann einen solchen zentralen Oszillator als Weltmodell interpretieren, das innerhalb seiner Grenzen Voraussagen erlaubt, in diesem Beispiel über den Verlauf der Tagesperiode. Auf diese Weise kann Verhalten auch unabhängig von einem sensorischen Eingang durch bestimmte innere Zustände ausgelöst werden. Ein Beispiel, bei dem innere Zustände, Motivationen genannt, nicht rhythmisch variieren, wurde in Kap. 7, Abb. 50, beschrieben. Man kann sich leicht vorstellen, daß ein System, dessen Verhalten nicht nur von sehr vielen verschiedenen Reizsituationen, sondern auch von einer entsprechend komplexen inneren Dynamik abhängt, sei diese nun durch unterschiedliche Erregung neuronaler Strukturen oder auch durch die Kombination verschiedener Hormonkonzentrationen erzeugt, außerordentlich komplexe Verhaltensabläufe zeigen kann.

Damit haben wir bereits ein System beschrieben, das ein dynamisches Weltmodell besitzt. Diese Form eines Weltmodells kann aber immer noch nicht „manipulierbar" genannt werden. Zwar könnte man sich auf den Standpunkt stellen, daß dieses System bereits eine gewisse „Wahlfreiheit" hat, da die verschiedenen Agenten „Vorschläge" zu möglichen Verhaltensweisen machen, und mit Hilfe des WTA-Netzes dann ausgewählt wird, welche Verhaltensweise tatsächlich realisiert werden soll. Es ist aber auf diese Weise noch nicht möglich, eine neue Kombination von Verhalten zu entwickeln und diese in Gedanken auszuprobieren.

Kann das nicht schon ein einfacher Schachcomputer? Hier werden in einer bestimmten Situation tatsächlich verschiedene Möglichkeiten ausprobiert und anschließend wird nach vorgegebenen Kriterien eine Entscheidung getroffen. Dieses Ausprobieren kann auf sehr einfachen Prinzipien, z. B. dem Berechnen aller möglichen Züge mit der Tiefe „drei", beruhen. Dies scheint jedoch grundsätzlich nichts anderes zu sein als das „Ausprobieren" der verschiedenen zur Auswahl stehenden Verhaltensweisen bei dem erwähnten WTA-System. Der Unterschied liegt lediglich darin, daß beim Schachcomputer die Auswahlkriterien explizit erkennbar sind, während sie beim WTA-System in der Anordnung der Gewichte versteckt sind.* Man könnte versuchen, umgekehrt zu argumentieren, daß ein Unterschied darin läge, daß die einzelnen auszuprobierenden Verhaltensweisen beim Schachcomputer nicht explizit, sondern in Form allgemeiner Regeln vorgegeben sind. Doch auch dies kann für Netze gelten. Das Schwingnetz (Abb. 46) etwa beschreibt keine explizite Trajektorie, sondern repräsentiert eine allgemeine Vorschrift, aufgrund der dann eine für die jeweilige Situation sinnvolle Beinbewegung erzeugt wird.

Nun befinden wir uns in einer Klemme. Einerseits ist der simple Schachcomputer ein System, das verschiedene Verhaltensweisen ausprobiert und die beste auswählt, also eine Entscheidung trifft, andererseits wollen wir diese simple Strategie des stur alle Möglichkeiten Durchprobierens nicht gerne intelligent nennen. Zwar könnte man versuchen, den Schachcomputer zu verbessern, indem auch andere, abstrakte Kriterien vorgegeben werden, nach denen die zu berechnenden Züge ausgewählt werden. Etwa so, daß, in Form eines hybriden Ansatzes, der Schachcomputer nur diejenigen Züge näher betrachtet, die ihm ein parallel rechnendes neuronales Netz vorschlägt. Falls sich diese Regel in der Praxis bewährt, würde man dem System eine im adverbialen Sinne höhere Intelligenz zusprechen, aber vermutlich immer noch keine nominale Intelligenz. Man würde einem solchen System deshalb keine nominale Intelligenz zubilligen, weil man weiß, daß alles nach fest vorgegebenen Regeln abläuft. Im einfachsten Fall werden schlicht alle Möglichkeiten durchprobiert. Aber auch beim verbesserten System läuft ja alles nach festen Regeln ab, d. h. man würde keine neuen Verhaltensweisen erwarten.

Was aber heißt „neu"? Für den unvoreingenommenen Beobachter kann ein Verhalten aus verschiedenen Gründen neu sein. Die Verhaltensweise könnte zwar fest einprogrammiert, aber die entsprechende sensorische Situation könnte im Zeitraum der Beobachtung noch nicht aufgetreten sein. Das Verhalten könnte auch neu insofern sein, als es auch vom Programmierer gar nicht explizit vorgesehen war, jedoch als Folge der Komplexität des Systems als emergente Eigenschaft auftritt (s. Abb. 48). Neues Verhalten könnte auch durch neue,

---

* Ein eher technischer Unterschied liegt darin, daß das Netz parallel, der klassische Computer seriell arbeitet und er deshalb für den Vergleich die Zwischenwerte speichern muß.

bisher nicht vorhandene Verknüpfungen entstehen. Die Bildung neuer Verknüpfungen ist z. B. durch Lernen (s. Kap. 10) möglich. Neue Verknüpfungen könnten aber auch das Resultat mentaler Aktivitäten sein. Auch dafür müßten zwar nicht die einzelnen Verknüpfungen, aber, wie beim Lernen, die entsprechenden Verknüpfungsmechanismen als solche vorhanden sein. In diesem letzteren Fall würde man wohl bereit sein, dem System nominale Intelligenz zuzubilligen. Man kann nämlich in der Tat vermuten, daß „schöpferisches Denken" nichts anderes ist als die Neukombination vorhandener Informationen. Die Neukombination besteht hierbei darin, daß eine neue, bisher nicht vorgesehene Verknüpfungsmöglichkeit entdeckt und (in Gedanken oder tatsächlich) ausprobiert wird. Die kreative Leistung liegt möglicherweise hauptsächlich darin, zu „merken", daß zwischen bisher separat gespeicherten Informationen ein innerer Zusammenhang besteht und diese neue Kombination ein bisher unlösbares Problem zu lösen vermag.

Ein System mit nominaler Intelligenz sollte also neue Lösungen, d. h. Verknüpfungen bisher unverbunden gespeicherter Informationen finden. Wie könnte ein Suchalgorithmus, der dieses leistet, aussehen? Ein Unterschied zwischen Mensch und Tier, so wird häufig gesagt, bestünde darin, daß Menschen Symbole oder Begriffe verwenden können, was Tieren nicht möglich sei. Könnte die Fähigkeit zur Symbolverarbeitung die entscheidende Bedingung für die Entwicklung nominaler Intelligenz sein und den Aufbau entsprechender Suchalgorithmen ermöglichen oder erleichtern?

Bevor die Frage der Symbolverarbeitung angegangen wird, soll zunächst ein Beispiel behandelt werden, das eine einfache Form eines manipulierbaren Weltmodells darstellt und das ohne die Verwendung von Symbolen auskommt. Ähnlich wie bei dem in Abb. 65 bzw. 66 dargestellten Experiment geht es darum, „in Gedanken" die Lösung für ein geometrisches Problem zu suchen. Wir wollen uns hierbei auf einen Aspekt des Weltmodells konzentrieren, das sich auf den eigenen Körper bezieht. Dies erscheint plausibel, weil man vermuten kann, daß ein Weltmodell des eigenen Körpers evolutionär und vielleicht auch ontogenetisch die ursprünglichste Form darstellt. Eine ähnliche Betrachtungsweise hatte Condillac bereits 1798 formuliert. Würden uns lediglich Signale zur Verfügung stehen, die über den Geruchssinn oder das Gehör aufgenommen werden, so könnten wir damit keine Unterscheidung zwischen dem Selbst und der Umwelt treffen. Ganz anders ist dies beim Tastsinn. Wenn wir unseren Körper bewegen, so ergeben sich dabei immer wieder Selbstberührungen. Dabei werden gleichzeitig verschiedene Körperstellen gereizt. Dies unterscheidet, so Condillac, den Tastsinn grundsätzlich von den anderen Sinnen wie Gehör oder Geruchssinn. Zusammen mit den Informationen vom Stellungssinn kann sich auf der Basis dieser mechanosensorischen Signale eine innere Repräsentation des eigenen Körpers herausbilden. Wir vermuten, daß darüber hinaus die Tatsache ein wichtige Rolle spielt, daß diese Empfindungen im allgemeinen von aktiven Eigenbewegungen begleitet werden. Nachdem sich dann dieses Körpermodell einmal entwickelt hat, kann es zu einem Weltmodell erweitert werden, indem weitere Objekte eingebaut werden, etwa ein in der Hand gehaltener Stab, mit dem man bei geschlossenen Augen fast wie mit der eigenen Hand die Umwelt ertasten kann. Man fühlt dabei geradezu die Spitze des Stockes, hat also in gewisser Weise den Eindruck, als wäre der Stock Teil des eigenen Körpers. Schließlich können auch gesehene Objekte, etwa ein Baum, oder gehörte Objekte, zum Beispiel ein gesprochenes Wort, in dieses Weltmodell integriert werden.

Doch zurück zu unserem einfachen Problem. Stellen Sie sich vor, daß Sie an einem Tisch sitzen, auf dem verschiedene Objekte, wie Kaffeekannen, Schüsseln und Flaschen, verteilt herumstehen. Sie wollen ein in der Mitte des Tisches liegendes Zuckerstück greifen. Es gibt verschiedene Möglichkeiten, an das Zuckerstück zu kommen. Um eine der vielen möglichen Lösungen zu finden, sollte Ihr Gehirn nicht alle unendlich vielen Stellungen durchprobieren, sondern gezielt eine Lösung finden, die außerdem vielleicht noch der Randbedingung genügt, möglichst bequem zu sein. Wenn die Hindernislandschaft neu ist, kann nicht auf früher gelernte Stellungen zurückgegriffen werden. Um das Problem zu lösen, benötigt das System ein Weltmodell, das Wissen über die Geometrie des Armes und der Lage des Zuckerstückes sowie der Hindernisse besitzt. Unter Verwendung dieses Weltmodelles kann dann versucht werden, (durch „gedankliches Ausprobieren" oder „Probehandeln"*) eine Lösung für das Problem zu finden, wobei während dieser Zeit natürlich der Ausgang zur Motorik abgekoppelt sein muß. Eine Ankopplung kann erst erfolgen, nachdem eine Lösung tatsächlich gefunden wurde.

---

* Ein von Th. Christaller geprägter Begriff.

Nun gibt es für diesen Fall ein holistisches System, das als recht einfaches rekurrentes neuronales Netz modelliert wurde, nämlich das sogenannte MMC-Netz. Es stellt sozusagen die neuronale Simulation eines mechanischen Modells des Arms dar. Zieht man an der Handspitze dieses mechanischen Modells, so stellen sich aufgrund der mechanischen Kopplung die übrigen Gelenkwinkel automatisch auf eine mögliche Position ein, ohne daß dabei viel gerechnet werden muß. Die neuronale Simulation dieses Prinzips, ein rekurrentes Netz mit festgelegten Gewichten, kann die Lage der Handspitze berechnen, wenn alle oder nur ein Teil der Gelenkwinkel gegeben sind, oder es kann die Gelenkwinkel berechnen, die zu einer vorgegebenen Position der Handspitze führen. Das Grundprinzip besteht darin, daß mehrere geometrische Beziehungen ausgenutzt werden, um denselben Wert mehrfach auf verschiedene Weise zu berechnen. Aus diesen Werten wird der Mittelwert bestimmt* und dieser für die nächste Berechnung wieder in das Netz zurückgegeben. Im Laufe mehrerer Wiederholungen dieser Schritte findet das Netz stets eine geometrisch mögliche Lösung, auch wenn bestimmte Randbedingungen vorgegeben sind.

Da das Resultat nicht vollständig bestimmt ist, muß das Netz eine eigene, geometrisch sinnvolle Entscheidung treffen. Wir haben damit ein System, das als manipulierbares Weltmodell des Armes verwendet werden kann, das in einer beliebigen, also auch neuen, vorher nie gesehenen Situation eine geeignete Bewegung findet. Dieses einfache, neuronale System löst also eine ähnliche Aufgabe wie die der mentalen Rotation (s. Abb. 65 und Kap. 6). Die Aufgabe ist aber insofern schwieriger, als die Geometrie des Körpers sehr variabel ist und der Körper außerdem eine große Zahl redundanter Freiheitsgrade** besitzen kann (der menschliche Arm besitzt allein schon 7 Freiheitsgrade). Das System kann also (geometrisches) Wissen manipulieren und kommt dabei ohne Symbolverarbeitung aus.

Könnten diesem System kognitive Fähigkeiten zugeschrieben werden? Sicherlich nicht, wenn man die üblichen, auf Introspektion oder auf Sprachverständnis beruhenden Definitionen verwendet. McFarland hat, um von diesen humanzentrierten – manche sagen human-

---

* Daher die englische Bezeichnung MMC für mean of multiple computation.
** Unabhängige Gelenke, wobei ein Scharniergelenk einen Freiheitsgrad, ein Kugelgelenk drei Freiheitsgrade besitzt.

chauvinistischen – Definitionen von Kognition wegzukommen, folgende alternative Definition vorgeschlagen: Kognition ist die Manipulation deklarativen Wissens. In unserem eben beschriebenen Beispiel sind wir schon über die einfache Form nur prozeduralen Wissens hinausgegangen. Es zeigt eine Möglichkeit, wie manipulierbares Wissen neuronal repräsentiert werden könnte. Die Frage nach der Repräsentation explizit deklarativen Wissens kann jedoch nicht beantwortet werden, solange die Beziehung zwischen dem subsymbolischen neuronalen System und symbolverarbeitenden Systemen nicht geklärt ist. Dies soll im folgenden versucht werden.

13. Der Umgang mit Symbolen: Eine wichtige Erweiterung bei der Entwicklung intelligenter Systeme

Wir haben gesehen daß wir verschiedene wichtige Eigenschaften intelligenter Systeme verstehen können, ohne dabei auf die Fähigkeit zur Symbolverarbeitung zurückgreifen zu müssen. Die Ansicht, daß die Fähigkeit zur Symbolverarbeitung eine entscheidende Voraussetzung für das Auftreten von Intelligenz sei, ist allerdings verbreitet. Was versteht man unter einem Symbol? Symbole sind physikalische Entitäten, z. B. ein Verkehrszeichen, ein gesprochenes oder geschriebenes Wort, die für den Betrachter eine bestimmte Bedeutung haben. Sie repräsentieren etwas. Das Symbol für eine Amsel kann entweder das Wort „Amsel" oder eine einfache Strichzeichnung sein, die diesen Vogeltypus darstellt. Man kann sich kaum vorstellen, daß Symbole ohne Sprache denkbar sind, da Symbole und sprachliche Begriffe normalerweise eng gekoppelt sind. Wir wollen deshalb zunächst sprachliche und nicht-sprachliche Symbole auch nicht unterscheiden.

Um ein Symbol erkennen zu können, müssen die Eigenschaften des physikalischen Symbols selbst, aber auch seine Bedeutungen, im Gedächtnis des Betrachters vorhanden sein. Die Bedeutung eines Symbols ergibt sich dadurch, daß der Speicher für das physikalische Symbol in irgendeiner Form mit den Speicherplätzen verknüpft sein muß, die die Bedeutungsinhalte repräsentieren. So ist der Begriff „Amsel" mit Speicherinhalten wie „hat schwarze Federn", „besitzt einen gelben Schnabel", „Sommerabendstimmung" usw. verknüpft. Symbole beziehen sich nicht nur auf konkrete Objekte, wie etwa eine Amsel, sie können sich auch auf allgemeine Konzepte, z. B. auf das Konzept Vogel, beziehen. Wir besitzen demnach also ein inneres Symbol für „Vogel". Zwar wird oft gesagt, daß das besondere in diesem Fall darin läge, daß dem Konzept „Vogel" gar keine physikalische Realität entspräche. Das ist aber nicht richtig, denn zumindest das geschriebene oder das gesprochene Wort „Vogel" ist sehr wohl eine physikalische Realität.

Man muß sich zunächst fragen, auf welche Weise in symbolischer

Form kodierte Information mit den auf den ersten Blick hierfür nicht geeigneten subsymbolischen Informationsträgern wie Nervenzellen dargestellt werden könnte? Man könnte natürlich argumentieren, daß Neuronen selbst ja Symbole kodieren können, wenn man sie, wie das in manchen Modellen angenähert wird, als Ja/Nein-Elemente verwendet. In dieser Weise haben wir ja die Ausgangsschicht des Perzeptrons betrachtet. Nun kommen solche Neuronen in biologischen Systemen eher selten vor. Solche Ausnahmen stellen vermutlich die sogenannten *Kommandoneuronen* dar, wie sie bei Krebsen und Insekten gefunden wurden. So hat B. Hedwig bei Heuschrecken bestimmte Neuronen beschrieben, die die für die Gesangserzeugung notwendigen Bewegungen der Hinterbeine kontrollieren. Sobald die Erregung eines dieser Neuronen eine bestimmte Schwelle überschreitet, wird diese Stridulationsbewegung ausgelöst. Werden die Neuronen im Experiment gehemmt, so wird auch ein vorher spontan ausgelöster Gesang unterbrochen. Die Neuronen sind also notwendig und hinreichend für die Durchführung des Gesangsverhaltens. Sie stellen aber schon insofern kein Symbol im strengen Sinne eines Alles-oder-Nichts-Systems dar, als eine künstliche Erhöhung ihrer Erregung auch die Intensität des Gesangs verstärkt. Allerdings hatten wir ja in Kap. 11 schon Hinweise darauf erwähnt, daß auch bei Menschen selbst so diskret erscheinende Begriffe wie gerade und ungerade Zahlen offenbar nicht in dieser streng diskreten Form abgespeichert sind. Dennoch verwenden wir Symbole, und es bleibt offen, wie diese neuronal realisiert sind. Im allgemeinen wird man vermuten, daß ein Symbol nicht durch ein einzelnes Neuron, sondern durch ein verteiltes Netz repräsentiert sein könnte. Eine strenge Trennung zwischen symbolischer und subsymbolisch kodierter Information ist dann allerdings nicht mehr so einfach möglich.

Wie kann man sich vorstellen, daß Symbolbildung und -verarbeitung in einem System stattfinden, das aus vielen Agenten zusammengesetzt ist, die ihrerseits wiederum aus neuronalen Netzen bestehen? Das folgende Beispiel zeigt in anschaulicher Weise, wie ein einfaches künstliches neuronales System sinnvoll mit Worten umgehen und sich in Symbolen kodiertes Wissen aneignen kann. Das neuronale Netz besteht aus einer zweidimensionalen Anordnung von 10 × 15, also insgesamt 150 Neuronen. Das Netz besitzt außerdem sensorische Eingänge, mit deren Hilfe es 30 verschiedene Wörter (Abb. 67a) erkennen und unterscheiden kann. Das Netz hat die

13. Der Umgang mit Symbolen

a)
```
Bob/Jim/Mary hor
se/dog/cat
beer/water
meat/bread
runs/walks
works/speaks
visits/phones
buys/sells
likes/hates
drinks/eats
much/little
fast/slowly
often/seldom
well/poorly
```

b)
```
Mary likes meat
Jim speaks well
Mary likes Jim
Jim eats often
Mary buys meat
dog drinks fast
horse hates meat
Jim eats seldom
Bob buys meat
cat walks slowly
Jim eats bread
cat hates Jim
Bob sells beer
    (etc.)
```

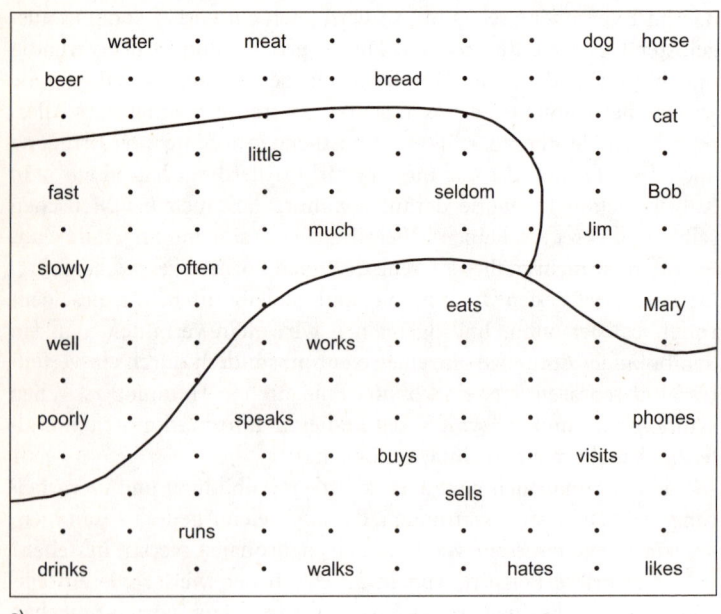

c)

Abb. 67: Aus einer Liste von 30 Wörtern (a) wird eine große Zahl sinnvoller Sätze (siehe die Beispiele in (b)) erzeugt. Diese werden dann dem Netz angeboten. Nach der Eingabe von 10 000 solcher Sätze hat sich im Speicher der 10 × 15 Neuronen die in (c) gezeigte Ordnung herausgebildet. Zur Veranschaulichung sind die zu den einzelnen Neuronen gehörenden Wörter angegeben.

Fähigkeit, diese 30 Wörter irgendwo in der 10×15-Ebene (Abb. 67c) abzuspeichern. Der Speichermechanismus arbeitet nach einfachen, hier aber nicht weiter erklärten Regeln.* Wenn die Wörter in zufälliger Reihenfolge eingegeben werden, so verteilen sie sich auch zufällig auf diesen Speicher. Man hat nun das Experiment durchgeführt, daß dem Netz die Worte nicht in zufälliger Reihenfolge, sondern so eingegeben werden, daß immer drei aufeinanderfolgende Wörter je einen einfachen, aber inhaltlich sinnvollen Satz bilden. Einige Beispielsätze sind in Abb. 67b dargestellt. Unter dieser Bedingung bietet die Reihenfolge der Wörter dem Netz zusätzliche Kontextinformationen, und als Folge verteilen sich die Wörter z. B. so, wie dies in Abb. 67c gezeigt ist. Betrachtet man diese „Wortkarte" etwas genauer, so stellt man erstaunt fest, daß die Wörter in sinnvoller Weise geordnet sind. Obwohl niemand dem Netz gesagt hat, daß Jim, Bob und Mary Personennamen sind, stehen diese in dem Speicher nebeneinander. Aber auch andere Begriffe sind sinnvoll geordnet: dog, cat und horse sind benachbart, ebenso wie water – beer, runs – walks, aber auch Gegensatzpaare wie hates – likes. Auf etwas höherer Ebene erkennt man, daß sich alle Verben im unteren Bereich, die Substantive oben und rechts, und die Adjektive und Adverbien in der Mitte und links zusammengefunden haben. Es ist erstaunlich, daß ein derart simples System überhaupt in der Lage ist, aus dem weitgehend ungegliederten Wortfluß – die einzelnen Sätze sind ja nicht voneinander getrennt – eine Ordnung zu extrahieren. Wir wollen darauf gleich noch zurückkommen. Zunächst soll dieses Beispiel jedoch nur illustrieren, daß man einfache Lernregeln aufstellen kann, unter deren Wirkung physikalische Ereignisse der Außenwelt, hier die einzelnen Wörter, in einem neuronalen Netzwerk so abgespeichert werden können, daß Bedeutungsähnlichkeit dabei in räumliche Nachbarschaft umgesetzt wird. Gruppen benachbarter Neuronen repräsentieren dann bedeutungsähnliche Ereignisse und könnten deshalb der physikalischen Repräsentation von Symbolen dienen. Es sollte in diesem Zusammenhang erwähnt werden, daß Patienten mit lokalen Schädigungen im Bereich des Temporallappens in der Tat Ausfälle haben können, die sich zum Beispiel nur auf Früchte, auf Kleidungsstücke, auf Körperteile oder auf Tiere, also die Benennung von Elementen einer bestimmten Kategorie beziehen.

---

* Siehe Ritter, Kohonen (1989).

Was könnte überhaupt der Grund dafür sein, daß Gehirne die Fähigkeit zur Symbolbildung und -verarbeitung erhalten haben? Nach dem oben Gesagten könnte man sich ja sehr gut vorstellen, daß ein Tier mit einem Weltmodell des eigenen Körpers sowie einiger, dessen Umwelt bevölkernder Gegenstände, aber ohne Symbole auskommt. Viele Tiere leben vermutlich in relativ einfachen Umwelten, für die diese Art Weltmodell tatsächlich ausreichen könnte. Die Umwelt kann jedoch auch recht komplex werden, vor allem dann, wenn einige der Gegenstände, mit denen man interagieren will, selbst lebende Systeme sind, wenn man also in einen Sozialverband eingebunden ist. Die Fähigkeit, das Verhalten anderer Artgenossen voraussagen (oder -ahnen) zu können, erfordert also entsprechend komplexe Weltmodelle. Je mehr Informationen ein solches Weltmodell enthält, desto schwieriger ist es zu handhaben. Es wäre deshalb hilfreich, wenn in diesem Weltmodell auf (im Moment) unwesentliche Details verzichtet, also im Sinne einer besseren Übersichtlichkeit eine Datenreduktion durchgeführt werden könnte. Zugleich will man aber auf das Wissen über die Einzelheiten nicht generell verzichten. Daher wäre es sinnvoll, wenn zusätzliche Mechanismen eingeführt werden könnten, die, Symbole oder Begriffe genannt, selbst einerseits leicht zu manipulieren sind, es aber zugleich erlauben, Verbindung zu den Einzelinformationen herzustellen.

Ein möglicher Grund für die Einführung von Symbolen könnte also in der Begrenztheit des Gehirns bestehen. Man kann mit Symbolen mental leichter umgehen, wenn man nicht zugleich alle Details mitdenken muß. Will man z. B. die Frage erörtern, ob sich romanische Kirchenbauten aus römischen Tempeln entwickelt haben, so wäre dies erheblich erschwert, wenn diese beiden Begriffe nicht zur Verfügung stünden und statt dessen jeweils die Eigenschaften romanischer Kirchen und römischer Tempel aufgezählt werden müßten. Und dies nicht nur, weil ein Gehirn, das diese Begriffe noch nicht gebildet hat, bei den vielen Details die Übersicht verliert, also den Wald vor lauter Bäumen nicht sieht, sondern vermutlich auch wegen des großen Zeitverbrauches. Möglicherweise hängt beides auch direkt miteinander zusammen.

Das große Problem, bei dem wir auch schon oben (Kap. 9, 12) hängengeblieben sind, besteht in der Frage, auf welche Weise die Eigenschaften, die inhaltlich zusammengehören, untereinander verknüpft sein könnten. Hierzu wenden wir uns nochmals der Wortkarte zu. Es

13. Der Umgang mit Symbolen

ist in diesem Zusammenhang interessant, daß die einzelnen Worte nicht zufällig auf der Karte verteilt sind, sondern daß sie offenbar nach Funktion und sogar nach Bedeutung geordnet sind. Verben, Substantive und Adjektive stehen in Gruppen. Aber auch innerhalb z. B. der Substantive stehen inhaltlich zusammengehörige Worte, etwa Begriffe, die Säugetiere bedeuten, räumlich nebeneinander. Man könnte sich hier vorstellen, daß die Aktivierung dieses gesamten Feldes den übergeordneten Begriff Säugetier symbolisieren könnte, ohne daß dafür spezielle „Symbol"-Einheiten benötigt würden. Auf diese Weise könnten einfache z. B. hierarchische Bezüge repräsentiert werden, wie sie in Kap. 9 für die Speicherung der Gesangsstrophen von Nachtigallen beschrieben wurden. Allerdings ist diese Möglichkeit durch die Beschränkung auf die zweidimensionale Ebene stark begrenzt, insbesondere wenn man bedenkt, daß derselbe Begriff auch verschiedenen Hierarchiebäumen zugeordnet werden kann. So ist z. B. ein Hund sowohl ein Haustier als auch ein Säugetier. Ein Nachteil dieser Repräsentation der inhaltlichen durch räumliche Nähe besteht also darin, daß die Möglichkeit der Verknüpfung von Begriffen nach unterschiedlichen Gesichtspunkten sehr beschränkt ist. Zwar könnte man natürlich auch weiter voneinander entfernte Bereiche durch entsprechende direkte Verbindungen miteinander verküpfen, doch tritt dann sehr schnell das Problem auf, wie verhindert werden kann, daß sich die Erregung eines Bereiches auf den ganzen Speicher ausbreitet. Die Einführung eines speziellen Symbolsystems würde hier, ohne daß im Moment gesagt werden kann, wie dieses technisch zu realisieren ist, weitgehende Freiheit ermöglichen. Die Verknüpfbarkeit der Begriffe nach verschiedenen Kriterien, also ihre Assoziationsbreite, könnte auf diese Weise nahezu beliebig erweitert werden.

Ein weiterer Nachteil des Prinzips der Wortkarte, wenn man es an den Fähigkeiten von Menschen mißt, besteht darin, daß das Speichern eines neuen Begriffes, z. B. des Namens eines bisher unbekannten Baumes, zwar möglich ist, aber nur dadurch, daß sehr viele Lernschritte durchgeführt werden. Wenn man einem Menschen sagt, daß „Eibe" der Name für einen Baum ist, so kann diese einmalig angebotene Information ausreichen, den Begriff „Eibe" mit den im allgemeinen mit Bäumen verknüpften Eigenschaften in Verbindung zu bringen. Diese Fähigkeit würde ein künstliches System, das mit zusätzlichen Symboleinheiten ausgestattet ist, vermutlich auch besitzen.

13. Der Umgang mit Symbolen

Zwei weitere Vorteile sind mit der Einführung von Symbolen verbunden: Wir haben oben die Vermutung aufgestellt, daß unser Gehirn zunächst nicht mit diskreten Klassen, sondern mit Ähnlichkeiten operiert (4 ist eine „geradere" Zahl als 10). Erst durch die Einführung von Konzepten (z. B. ganze Zahl) wird die Erzeugung von qualitativen Unterschieden auf einem quantitativen Kontinuum ermöglicht. Darüber hinaus kann durch die Einführung zusätzlicher Symbole eine feinere und dennoch gut unterscheidbare Unterteilung des Kontinuums getroffen werden. Es gibt also genügend Gründe, die es plausibel erscheinen lassen, daß sich die Fähigkeit zur Symbolbildung und -verarbeitung entwickelt hat. Wenn die Fähigkeit zur Symbolverarbeitung vorliegt, könnte diese natürlich zur Erweiterung und Verbesserung des Weltmodells eingesetzt werden und damit die Intelligenz des Systems verbessern. Man könnte deshalb mit T. Deacon vermuten, daß ein System nicht etwa aufgrund seiner höheren Intelligenz in der Lage ist, Symbole zu verwenden, sondern daß umgekehrt die Fähigkeit, Symboleinheiten einzusetzen, die effektive Intelligenz des Systems erhöht.

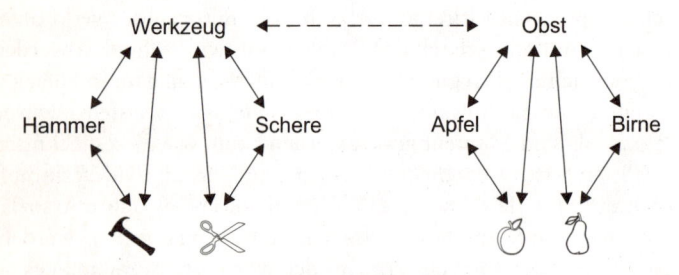

Abb. 68: Neuronale Verknüpfungen zur Erzeugung von Symbolen. Die graphischen Symbole stehen jeweils für ein nicht dargestelltes neuronales Netz, das z. B. das Bild eines Hammers, das Wort „Hammer" oder das Wort „Werkzeug" repräsentiert. Die Doppelpfeile stehen für assoziative Verknüpfungen, die im Laufe vieler Wiederholungen gelernt wurden. Daneben existieren Verknüpfungen, hier durch den unterbrochenen Pfeil dargestellt (im Beispiel eine logisch ausschließende Verbindung zwischen „Obst" und „Werkzeug"). Nachdem eine derartige Verbindung hergestellt ist, braucht ein neues Signal, z. B. das Bild einer Birne, nur mit „Obst" assoziiert zu werden. Durch diese Querverbindung ist dann bereits gegeben, daß „Birne" kein „Werkzeug" ist. Dies braucht also nicht mehr separat gelernt zu werden. Erst durch die Querverbindung sind nach Deacon die Begriffe „Werkzeug" und „Obst" zu Symbolen im engeren Sinne geworden.

13. Der Umgang mit Symbolen

Nach Deacon muß unterschieden werden zwischen der klassischen assoziativen Bindung zweier Stimuli einerseits, also etwa einem gesehenen Objekt und einem gehörten Wort (Objekte: Hammer, Schere, Bezeichnung: Werkzeug. Objekte: Apfel, Birne, Bezeichnung: Obst) und andererseits der Bindung zwischen Symbolen. Obst und Werkzeug können erst dann als manipulierbares Symbol verwendet werden, wenn auch eine Verbindung, in diesem Falle eine ausschließende, zwischen den Begriffen Obst und Werkzeug hergestellt worden ist. Dies benötigt, wie Experimente von D. Rumbaugh und E. Savage-Rumbaugh mit Schimpansen gezeigt haben, sehr viel Training. Sobald aber die Verbindung einmal hergestellt ist, können neue Verknüpfungen schnell gelernt werden. So muß z. B., solange die Verknüpfung auf der Symbolebene noch nicht existiert, separat gelernt werden, daß ein „Hammer" nicht zu „Obst" gehört. Das neue Objekt „Banane" ist Obst und nicht Werkzeug. Mit der Symbolverbindung ist die zweite Verknüpfung schon gegeben und braucht nicht separat gelernt zu werden (Abb. 68). Das erste erfordert eine Generalisation auf der Ebene der Stimuli (Apfel, Birne → Obst), das zweite nennt Deacon *logische Generalisation* (Obst ≠ Werkzeug).

Der entscheidende Punkt scheint demnach nicht darin zu bestehen, daß bestimmte Begriffe in Form neuronaler Strukturen gespeichert und Assoziationen zwischen diesen Speicherinhalten hergestellt werden können, sondern daß mit diesen Symbolen auf eine bestimmte Art umgegangen werden kann. Neu ist also die Entwicklung einer Symbolverarbeitungsmaschine, durch die, wie D. Dennett gesagt hat, der an sich analoge Computer Gehirn als digitale Maschine „mißbraucht" werden kann. Erste Vorstellungen dazu, wie dies funktionieren könnte, existieren bereits. W. Bechtel betrachtet z. B. das Ziehen eines logischen Schlusses als Problem der Mustereränzung.*
Ein Teil des Inputvektors ist gegeben. Die Aufgabe besteht darin, die fehlenden Teile des Vektors aus dem Gedächtnis zu ergänzen. Die Regeln, nach denen dies zu geschehen hat, sind in den Verknüpfungen des Netzwerkes festgelegt.

Ist die Fähigkeit, Symbole (oder Konzepte, Begriffe, alle drei werden weitgehend synonym verwandt) zu bilden, auf Menschen beschränkt? R. Menzel und Mitarbeitern gelang vor kurzem, bei Bienen

---

* Beispiele für Netze zur Musterkomplettierung wurden schon in Form des Neckerwürfel-Netzes und des MMC-Netzes erläutert.

nachzuweisen, daß sie symmetrische Muster von nicht-symmetrischen Mustern zu unterscheiden lernen und daß sie diese Fähigkeit dann auch auf andere, bis dahin nicht gesehene Muster übertragen können. Aus diesen Experimenten muß man schließen, daß Bienen das abstrakte Konzept der „Symmetrie eines Musters" besitzen können. In einer anderen hochinteressanten Untersuchung konnten L. Chittka und K. Geiger, zwei Mitarbeiter von R. Menzel, zeigen, daß Bienen zumindest die Fähigkeit zum „Protozählen" besitzen. Die Forscher dressierten Bienen darauf, das von diesen Tierchen sehr beliebte Zuckerwasser hinter dem dritten von vier in einer Reihe aufgestellten, auffällig gelb gefärbten Zelten zu finden. Diese Zelte, die nicht voneinander zu unterscheiden waren, wurden zunächst auf eine Strecke von 300 Metern verteilt. Im kritischen Experiment wurden dann auf diese Strecke sechs Zelte verteilt. Einige der Bienen suchten dann weiterhin in der vorher gelernten Entfernung, kümmerten sich also offenbar nicht um die Zelte. Eine große Zahl der Tiere suchte das Zuckerwasser jedoch wieder nach dem dritten Zelt. Auch wenn in einem anderen Experiment die vier Zelte auf eine größere Strecke verteilt wurden, gab es viele Bienen, die in entsprechend größerer Entfernung, eben wiederum hinter dem dritten Zelt, suchten. Mit diesen Versuchen konnten zwar die Kriterien erfüllt werden, die man üblicherweise mit der Eigenschaft verknüpft, zählen zu können. R. Menzel spricht dennoch vorsichtig von Protozählen, da nicht gezeigt wurde, daß ein Transfer auf andere Elemente möglich ist. Bereits in den 20er Jahren konnte Otto Köhler in klassischen Versuchen nachweisen, daß manche Vögel einen Zahlbegriff besitzen können. Hier wurde auch die Übertragbarkeit nachgewiesen. Die Zahl wurde richtig erkannt, unabhängig davon, ob sie in Form von schwarzen Punkten oder als Anzahl irgendwelcher Objekte repräsentiert war. Noch überzeugender sind Nachweise von Begriffsbildung bei Primaten und auch bei Papageien. I. Pepperberg konnte zeigen, daß ein Graupapagei nicht nur menschliche Worte nachplappern kann, ohne sie jedoch zu verstehen, sondern daß nach Wahl der richtigen Trainingsmethoden, die auf Todt zurückgehen, sehr wohl der Sinn der Worte erfaßt werden kann, der Papagei sie also als Symbole verwendet. Pepperbergs Graupapagei Alex kann verschiedene Objekte unterschiedlicher Form wie Dreieck, Kreis oder Quadrat, verschiedene Farben und die Zahlen von eins bis sechs benennen und sinnvoll verwenden. Alex antwortet richtig z. B. auf folgende Fragen

13. Der Umgang mit Symbolen

(und zwar in Englisch, und nicht etwa durch Kopfnicken wie der kluge Hans, das berühmt-berüchtigte Pferd, das angeblich rechnen konnte): Wie viele rote Objekte liegen in dem Teller? Welche Farbe hat das Quadrat? Haben diese beiden (gezeigten) Objekte dieselbe Farbe/dieselbe Form? Welcher der beiden Gegenstände ist kleiner? Kontrollversuche haben gezeigt, daß der Papagei diese Höchstleistungen nur dann erreichen kann, wenn das Training in einem Sozialkontakt durchgeführt wird. Zwei Personen, eine stellt den Lehrer, die andere den Schüler dar, unterhalten sich, der Papagei schaut zu und wird immer stärker als Dritter in die Unterhaltung einbezogen. Wirklich gut lernt der Papagei dabei nur dann, wenn die beiden Personen die Lehrer-/Schülerrolle gelegentlich auch vertauschen. Diese wie auch Rumbaughs Versuche an Primaten zeigen, daß in der Tat die Fähigkeit zur Begriffsbildung nicht an Sprache geknüpft sein muß, diese also nicht zur Voraussetzung hat. Die Fähigkeit zur Begriffsbildung und damit zur Symbolverarbeitung scheint eher umgekehrt die Voraussetzung dafür zu bilden, daß sich Sprache entwickeln konnte, die letzte große Erfindung der Evolution. Man kann in diesem Sinne vermuten, daß, nachdem das Gehirn die Fähigkeit erlangt hatte, mit Symbolen umzugehen, die Verwendung externer Symbole, wie etwa gesprochener Worte, nahelag und daher später sogar Entitäten erfunden werden konnten, für die es zunächst keine direkt erfahrbare, physikalische Existenz gab. Die Entwicklung von Sprache und dabei insbesondere die Entwicklung von Symbolen für abstrakte Begriffe wie „Schwerkraft", „Energie" oder „Liebe" wirkten als Katalysator für die „kognitive Explosion" während der jüngsten Menschheitsentwicklung.* Die immense Entwicklung der letzten 5000 Jahre wurde natürlich durch die Erfindung der Schrift besonders gefördert, die ein zusätzliches externes Speichermedium für Symbole darstellt und damit die Manipulierbarkeit von Symbolen weiter verbessert.

Ein System, das ausschließlich die Fähigkeit zum Umgang mit Symbolen besitzt, wäre für sich allein aber vermutlich nicht in der Lage, einen großen Teil der Aufgaben, die natürliche intelligente Systeme lösen müssen, zu beherrschen. Dies weist auf einen wichtigen Unterschied zwischen traditionellen KI-Systemen und natürlichen Syste-

---

* Wir wollen an dieser Stelle aber nochmals darauf hinweisen, daß sich auch ein Begriff wie „Stuhl" auf ein Abstraktum bezieht. Den „Stuhl an sich" hat bisher noch niemand gesichtet.

men hin. In KI-Systemen wird so vorgegangen, daß die rohen Sensordaten möglichst schnell in Symbole umgewandelt werden. Sie arbeiten also ausschließlich symbolisch, ohne den massiven prärationalen Unterbau der natürlichen Systeme. Sie sind deshalb zwar für spezielle Aufgaben besonders gut geeignet, haben aber erhebliche Schwierigkeiten, wenn sie mit unscharfer Information umgehen müssen. Man würde den meisten von ihnen höchstens adverbiale Intelligenz zubilligen. Die Verwendung von Symbolen ist also allein nicht hinreichend für das Erzeugen nominaler Intelligenz. Für ein Verständnis von Intelligenz ist daher die in der Denktradition des Idealismus bzw. Rationalismus stehende künstliche Intelligenz nicht ausreichend. Hierzu müssen die Systeme vielmehr durch dem Empirismus nahestehende Vorgehensweisen fundiert, d. h. mit einem Körper und prärationalen Mechanismen ausgestattet sein.

Diese Überlegungen sprechen auch gegen die Vermutung von Fodor, der annimmt, daß unsere kognitiven Prozesse denselben Regeln folgen, auf denen die Erzeugung von Sprache beruht, also das Produkt unserer Sprachfähigkeit seien. Aber auch die Vorstellungen der früheren Behavioristen und von Chomsky sind damit nicht vereinbar. Die Behavioristen nahmen an, daß die Fähigkeit des Menschen, Sprache zu verstehen und produzieren zu können, ausschließlich durch Lernen erworben wird. Chomsky argumentierte dagegen, daß Sprache und die ihr unterliegende Grammatik derart komplex ist, daß dies von einem naiven System in so kurzer Zeit nicht gelernt werden könnte. Er ging deshalb davon aus, daß es ein spezielles Modul gibt, das angeborenermaßen bereits die grundlegenden Regeln der Grammatik beinhalte. Nun ist sicherlich Sprache ein hochkomplexes Gebilde. Aber dies bedeutet, wie wir an vielen Beispielen gesehen haben, nicht notwendigerweise, daß es entsprechend komplexe Mechanismen im Gehirn geben muß, die diese Regeln (explizit) repräsentieren.

Offene Fragen

Wir haben mehrfach darauf hingewiesen, daß ein zentrales und bislang ungelöstes Problem in der Frage besteht, wie die Gruppen aktivierter Neuronen, die die Symbole repräsentieren, in dynamischer Weise miteinander verknüpft werden können. Da jedes Symbol in vielfältigen Beziehungen mit anderen Symbolen steht und daher mit vielen anderen Neuronen verknüpft sein sollte, die ihrerseits wiederum mit vielen anderen Konzepten verknüpft sind, besteht die Gefahr, daß nach der Erregung einer Einheit sofort das gesamte Gedächtnis mit Erregung überschwemmt wird. Wie können die Gesamterregung in Grenzen gehalten und trotzdem noch die im Moment interessanten Verknüpfungen ausgewählt werden und darüber hinaus sehr viele potentielle Verknüpfungen beibehalten, möglichst noch ausprobiert und bei Erfolg etabliert werden? Das Problem tritt auch bei der Suche nach Information in großen Datenbanken (z. B. im Internet) auf. Gibt man eine breite Palette von Suchbegriffen ein, erhält man eine nicht zu bewältigende Flut von auch viel überflüssiger Information. Schränkt man die Suche durch entsprechende Verknüpfungen ein, geht möglicherweise manche interessante Information verloren. Eine Klärung dieser Frage würde also nicht nur wesentlich zum Verständnis unserer Gehirnfunktionen beitragen, sondern hätte auch enorme praktische Bedeutung.

Ein weiterer offener Punkt ist der folgende. Wir haben bisher Beispiele für den Aufbau und die Funktion nicht manipulierbarer, prozeduraler Weltmodelle einerseits sowie einfacher manipulierbarer Weltmodelle andererseits kennengelernt. Es ist jedoch völlig unklar, ob und in welcher Form diese beiden Gedächtnisbereiche untereinander verbunden werden könnten. Daß sie nicht völlig getrennt sind, legt schon die Beobachtung nahe, daß manches automatisch ablaufende Verhalten, das man deshalb dem prozeduralen Bereich zuordnen würde, auch bewußt beeinflußt werden kann, und umgekehrt Verhalten, das neu gelernt wird, etwa Skifahren oder das Erlernen einer Fremdsprache, zunächst mit Hilfe bewußter Regeln geübt wird und erst im Laufe der Übungen sozusagen automatisch, also prozedural wird. Es scheint also Übergänge zwischen beiden Bereichen zu geben.

14. Können Maschinen etwas erleben?
Die Innenperspektive

Wir haben zu Anfang des Kapitels 11 das jedem geläufige Faktum, daß Menschen die Fähigkeit besitzen, etwas erleben zu können, zwar erwähnt, aber auch gleich aus unseren Betrachtungen ausgeklammert. Nun ist das für uns eine, wenn nicht die zentrale Eigenschaft, die unser Mensch-Sein bestimmt. Daher erhebt sich natürlich die Frage, ob wir mit dem Ausklammern dieses Aspektes nicht vielleicht den wesentlichen Punkt, der für das Verständnis des Entstehens nominaler Intelligenz absolute Voraussetzung ist, von vornherein ausgeschlossen haben. Wäre dies so, so könnte der bisher betrachtete Zugang überhaupt nicht zu einer adäquaten Lösung führen. Deshalb müssen wir in diesem letzten Kapitel auf diese Frage eingehen.

Spätestens seit Descartes, aber im Grunde schon seit Plato, gibt es die Einteilung der Welt in zwei Bereiche, den körperlichen und den seelischen Bereich. Lange Zeit war diese Trennung zweckmäßig: die Naturwissenschaften, zunächst Physik, Chemie und die Biologie, später die experimentelle Psychologie befassen sich mit dem Körper, die Geisteswissenschaften, zum Beispiel Religion, Philosophie und ein wesentlicher Teil der Psychologie, mit der Seele. Je genauer nun in der Biologie und der experimentellen Psychologie das Gehirn untersucht wird, desto schwieriger scheint diese Trennung zu werden. Man fragt sich deshalb schon seit langer Zeit, ob es nicht doch eine Verbindung zwischen beiden Bereichen gibt oder ob hier tatsächlich ein prinzipieller Unterschied zwischen zwei ontologisch separaten Welten vorliegt. Beide Welten werden durch verschiedene Begriffe beschrieben. Der körperliche oder leibliche Bereich wird auch als objektive Welt bezeichnet, im Unterschied zur subjektiven Welt des seelischen Bereiches. Der Blick auf die Elemente der objektiven Welt wird auch als Außenaspekt, Außenperspektive oder, aus dem Englischen übernommen, als Sicht der dritten Person bezeichnet. Entsprechend wird die subjektive Welt über den Innenaspekt, die Innenperspektive oder aus der Sicht der ersten Person erlebt. Die Elemente der körperlichen Welt werden objektiv oder auch öffentlich genannt, weil im Prinzip jeder

14. Können Maschinen etwas erleben? Die Innenperspektive

Mensch die Möglichkeit hat, mit diesen Objekten gedanklich umzugehen. Beispiele hierfür sind ein Gegenstand, der auf dem Tisch liegt, etwa eine Schüssel mit Äpfeln, die Anzahl der Äpfel, die Farbe der Schüssel, aber auch Dinge, die man nicht sehen kann, wie etwa den biologischen Artbegriff, oder den Begriff „Freude". Dieser Außenaspekt betrifft auch Ereignisse, die innerhalb des Gehirns einer Person ablaufen, soweit sie mit Meßgeräten erfaßt werden können. So etwa die neuronalen Aktivitäten, die im Gehirn einer Person ablaufen, wenn diese gerade die Schüssel und deren Farbe betrachtet. Diese Ereignisse gehören also zur öffentlichen Welt.

Die Person selbst sieht aber diese neuronalen Aktivitäten nicht, sie erlebt die Farbe. Dieses subjektive Phänomen ist allerdings nur dieser Person selbst zugänglich. Das Erleben gehört deshalb nicht zum öffentlichen, sondern zum privaten Bereich. Niemand außer mir selbst kann erleben, wie ich eine Farbe erlebe. Den Unterschied zwischen der „privaten" Innen- und der „öffentlichen" Außenwelt kann man vielleicht noch einfacher am Beispiel des Schmerzes verdeutlichen. Auch hier könnte man im Prinzip alle neuronalen Aktivitäten betrachten, die ablaufen, wenn man mit einer Nadel gestochen wird. Aber selbst wenn man die auch noch so detaillierte Registrierung seiner eigenen Nervenerregungen betrachten würde, wäre dies natürlich etwas völlig anderes als der Schmerz, den man bei einem Nadelstich erlebt.

Es gibt also zwei Probleme, die Frage nach der Erlebnisfähigkeit, von der Chalmers mit Recht gesagt hat, daß es das harte Problem der Wissenschaft sei, und die Frage nach der Trennung bzw. nach dem Zusammenhang zwischen objektiver und subjektiver Welt. Die letztere ist vermutlich einfacher zu lösen:

Hier schlagen wir folgendes vor: Es ist erkenntnistheoretisch gar nicht möglich, eine Trennungslinie zwischen Elementen der privaten und der öffentlichen Welt zu ziehen in dem Sinne, daß ein Element nur der einen oder nur der anderen Welt zugehöre. Tatsächlich sind alle Phänomene, auch die sogenannten objektiven, auch und zuerst Elemente der subjektiven Welt. Einige dieser subjektiven Phänomene sind anderen Menschen mehr oder weniger gut mitteilbar und können dadurch zugleich zu Elementen der objektiven Welt werden. Diese Vorstellung bedeutet, daß die objektive Welt eine Untermenge, einen Spezialfall, der subjektiven Welt darstellt und nicht ein dualistisches Gegenüber.

14. Können Maschinen etwas erleben? Die Innenperspektive

Dies kann an folgendem Beispiel erläutert werden. Man sagt meist: Licht der Wellenlänge von 450 nm erscheint uns blau. Dieser Satz stellt den Sachverhalt insofern nicht richtig dar, als er impliziert, der erste Teil, die physikalische Feststellung, es gibt Licht der Wellenlänge 450 nm, stelle die Wahrheit dar, der zweite Teil eher den Anschein. Tatsächlich müßte man umgekehrt formulieren: Der Auslöser des Erlebnisses von Blau läßt sich im Rahmen eines (komplexen, aber logisch weitgehend abgeschlossenen) Weltmodells, nämlich des Weltmodells der Physik, mit dem Bild von Wellen der Länge 450 nm beschreiben. Es ist aber nur das Erlebnis „Blau", das als einziges als wahr registriert werden kann. Die physikalischen Aussagen sind indirekter Natur und stets eingebettet in unseren Erlebnisaspekt. Die Elemente der objektiven Welt gehören zur subjektiven Welt. Sie stellen eine spezielle Form, eine Untermenge der Elemente der subjektiven Welt dar. Beide entstammen *einer* ontologischen Welt. In der Abb. 69 ist das für drei Personen in Form eines Mengendiagramms dargestellt. Die drei großen Ellipsen symbolisieren die subjektiven Welten der drei Personen. Innerhalb dieses Bereiches gibt es die Un-

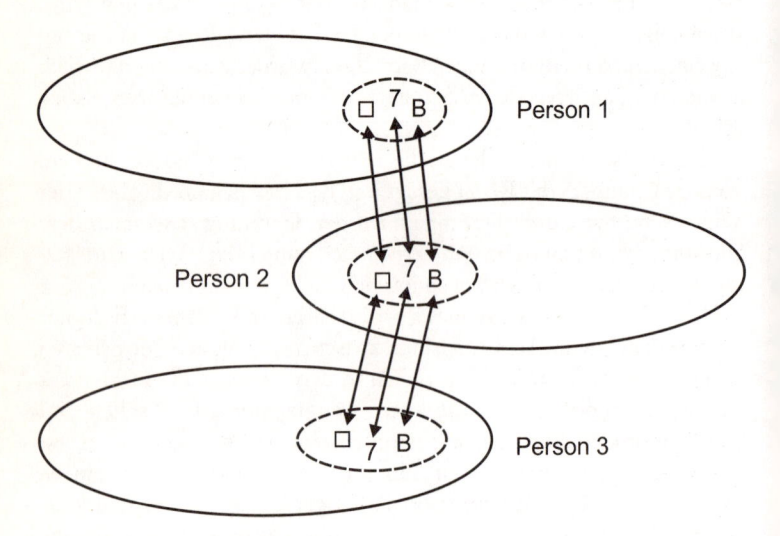

Abb. 69: Die drei großen Ellipsen repräsentieren die subjektiven Welten dreier Personen. Deren „objektive" Welten stellen jeweils Untermengen davon dar (unterbrochene Ellipsen). Diese objektiven Welten enthalten mitteilbare Elemente, hier durch ein Quadrat, eine Ziffer und einen Buchstaben symbolisiert.

termenge der mitteilbaren Erlebniselemente. Die Eigenschaft der Mitteilbarkeit ist durch die Doppelpfeile angedeutet. Je besser die Mitteilbarkeit eines solchen Erlebnisses ist, desto eher gehört es zum objektiven Bereich. Da es hier vermutlich keine scharfen Grenzen gibt, ist dieser Bereich durch eine unterbrochene Linie gekennzeichnet. Die „objektiven" Bereiche der verschiedenen Personen unterscheiden sich voneinander sehr viel weniger als die gesamten subjektiven Bereiche. Wenn man diese Überlegung akzeptiert, ist das eigentliche, dann noch offene Problem das Phänomen der Erlebnisfähigkeit als solches.

Unsere Beobachtungen bringen uns dazu, anzunehmen, daß es in der Welt mindesten zwei Arten von Systemen gibt, solche, die Erlebnisfähigkeit besitzen, also die Sicht der ersten Person haben können (sicher Menschen, und vermutlich auch manche Tiere), und Systeme, die diese Fähigkeit nicht besitzen, also zum Beispiel Maschinen, wahrscheinlich auch Pflanzen und niedere Tiere. Die Systeme der zweiten Art sind die klassischen Objekte der Naturwissenschaften. Wenn man in der Naturwissenschaft aber doch Systeme untersucht, die Erlebnisfähigkeit haben, so betrachtet man hierbei nur die Außenperspektive (und wir fragen uns ja gerade, ob dies im Hinblick auf das Verständnis des Phänomens Intelligenz erlaubt ist).

Nun findet man interessanterweise an mindestens drei Stellen Übergänge von Systemen, die keine Innenperspektive besitzen, zu solchen, die diesen besitzen. Das ist mindestens einmal im Laufe der Evolution geschehen (irgendwann zwischen den einzelligen Algen und dem Menschen). Man findet den Übergang auch im Laufe der Ontogenie, also in der Entwicklung jedes einzelnen Menschen: Ein menschlicher Embryo im Vier-Zell Stadium hat vermutlich noch keine Erlebnisfähigkeit. Schließlich erleben wir einen solchen Übergang täglich bei uns selbst während des Wechsels vom Schlafen zum Wachzustand. Es scheint also einen „Schalter" zu geben, der bewirkt, daß Erlebnisfähigkeit an- und abgeschaltet werden kann.* Die spannende Frage ist: welche notwendigen und hinreichenden Bedingungen muß ein System erfüllen, um Erlebnisfähigkeit zu besitzen?

Diese Frage können wir nicht beantworten. Wir können nur zwei Wege beschreiben, die beschritten werden könnten, um zu einer Antwort zu kommen. Man kann sich zum einen Gedanken machen, wie

---

* Das Bild des Schalters soll nicht ausschließen, daß hier auch allmähliche Übergänge denkbar sind.

ein Roboter gebaut werden müßte, der Erlebnisfähigkeit besitzt. Dann kann man versuchen, entsprechende Verschaltungsprinzipien zu realisieren, aber hierbei gibt es ein grundsätzliches Problem. Selbst wenn man beim Bau eines derartigen Gerätes möglicherweise erfolgreich war: wie können wir wissen, ob der Roboter tatsächlich etwas erlebt? Auch wenn der Roboter uns dies noch so eindrücklich nahezubringen versucht, wirklich sicher sein können wir uns nicht. Der zweite Weg würde gedanklich die umgekehrte Richtung einschlagen: man beginnt mit einem System, von dem man weiß, daß es Erlebnisfähigkeit besitzt, nämlich mit dem Menschen. Sollte man herausfinden, an welche Strukturen diese Eigenschaft gebunden ist, so könnte man sie vielleicht besser verstehen.

Man kann spekulieren, daß zwei Voraussetzungen erfüllt sein müssen, um Erlebnisfähigkeit zu haben, wobei wir uns hier auf das Erleben des eigenen Körpers beschränken wollen. Dieses steht vermutlich insofern am Ursprung unserer Erlebnisfähigkeit, als der eigene Körper den – vom Nervensystem aus gesehen – räumlich nächsten Bereich, aber zugleich auch den wichtigsten Bereich der Umwelt darstellt. Nach dieser Vorstellung muß das in Frage kommende System zum einen ein manipulierbares Weltmodell besitzen, in dem zunächst der eigene Körper repräsentiert ist. Zweitens müssen die sensorischen Eingänge mit den Zustandswerten des Weltmodells verglichen werden können. Wenn man nun annimmt, daß die bei diesem Vergleich gebildeten Differenzen die Größen darstellen, die unserem subjektiven Erleben entsprechen,* so könnte dies verschiedene Beobachtungen, die in der Philosophie der Sicht der ersten Person zugeordnet sind, erklären.

Dies stimmt mit der folgenden Beobachtung überein. Man hat bei einem Erlebnis normalerweise nicht den Eindruck, daß man einen Film sieht, sondern daß man direkt in der Welt ist. Das letztere wird von dem Philosophen Thomas Metzinger mit *semantischer Transparenz* (Metzinger 1993) bezeichnet, da man sozusagen durch die Lein-

---

* Da wir zu einem bestimmten Zeitpunkt nur jeweils einen kleinen Ausschnitt der im Prinzip zu erlebenden Vielfalt tatsächlich erleben, könnte man die Wirkung einer WTA-ähnlichen Schaltung zur Aufmerksamkeitssteuerung annehmen, die nur die jeweils „stärksten" Erlebnisse durchläßt. In der Tat erleben wir zu einem bestimmten Zeitpunkt nicht unseren gesamten Körper, sondern nur jeweils einzelne Körperbereiche, etwa die Lippen, das Gesäß, die Sohlen (der Philosoph H. Schmitz spricht von „Leibesinseln"). Also zum einen die Bereiche, die je nach Körperstellung besonders stark gereizt werden, oder aber vielleicht auch Bereiche, die durch gezielte Aufmerksamkeit besonders sensibilisiert wurden.

wand hindurch, nämlich auf die wirkliche Welt blickt. Zu der Vorstellung, einen Film zu sehen, wird man leicht verleitet, wenn man die Homunculus-Metaphorik ernst nimmt. Diese ist aber insofern irreführend, als sie selbst ja ein Außenweltmodell darstellt, also den entscheidenden Sprung vermeidet. Das Entsprechende gilt für Platos Höhlengleichnis: Wir blicken nicht aus einer Distanz auf die Schatten, die auf der Höhlenwand erscheinen, sondern wir erleben direkt die von außen kommenden Eindrücke. Nach der hier formulierten Spekulation ist die Grundlage dieses Erlebens der Unterschied zwischen den Sinnesmeldungen und dem Zustand des inneren Weltmodells. Wir sehen die Differenz.

Die zweite Eigenschaft ist die folgende: Man fühlt sich stets im Zentrum des Erlebens. In der Philosophie wird das mit *Perspektivität* (Metzinger 1993) bezeichnet, da wir die Welt stets aus unserer eigenen Perspektive sehen. Auch dies paßt zu der genannten Modellvorstellung, da die Basis der Differenzbildung nach dieser Annahme ja die Daten des eigenen Weltmodells sind. Dies erzeugt auch den Eindruck des konstanten Selbst, das man von der Kindheit bis ins Alter durchhält, obwohl man sich, objektiv gesehen (d. h. aus der Sicht der dritten Person), im Laufe seines Lebens durchaus ändert. Beim Einschlafen verliert man die Erlebnisfähigkeit. Entsprechend unserer Hypothese bedeutet dies, daß die Differenzen Null werden.

Damit ist nichts dazu gesagt, wie es zum Erleben von Reizen kommen könnte, die nicht den eigenen Körper betreffen, also etwa visuelle oder akustische Eindrücke. Dies soll hier nicht vertieft werden. Es könnte jedoch vielleicht das deutsche Wort „Eindruck" eine gedankliche Brücke andeuten in der Art, daß der Reiz auf der Retina einen „Eindruck" hinterläßt wie ein mechanischer Reiz auf der Haut. Dies würde bedeuten, daß wir solche Eindrücke erleben, wenn einerseits die Aufmerksamkeit auf diesen Bereich gerichtet ist und andererseits das visuelle System nicht mit dem Reiz „gerechnet" hat, er also in gewisser Weise überraschend kam. Das scheint der in Kap. 4 angestellten Überlegung zu widersprechen, daß man nur etwas erkennt, was einem schon bekannt ist (s. das Gesicht der Abb. 23). Vermutlich handelt es sich hier aber um ein anderes Problem, das mit der Frage des Umgangs mit sehr großen Speichern zu tun hat (s. Kap. 10, 13), nämlich der Frage der Auswahl des richtigen Kontextes. Falls dies richtig ist, dürfte man nicht formulieren, daß wir nur das erkennen können, was wir schon kennen, sondern daß wir nur dann etwas erkennen können, wenn wir uns auf den richtigen Kontext eingestellt haben. Dies wird in der gelegentlich peinlichen Situation deutlich, wenn wir eine an sich bekannte Person in einer völlig neuen Umgebung, also im falschen Kontext treffen und sie nicht erkennen.

Die hier beschriebene Vermutung kann auch durch die folgende Beobachtung gestützt werden. Die Zerstörung bestimmter Bereiche des Gehirns führt zur sogenannten Asomatognosie. Patienten mit dieser Krankheit können zwar zum Beispiel ihr linkes Bein sehen, sind aber absolut davon überzeugt, daß dies Bein nicht ihnen gehört, was sich in Fragen ausdrücken kann wie: „Wer hat mir dieses Bein ins Bett gelegt?"* Außerdem kann dieses Bein nicht willkürlich bewegt werden, obwohl Muskeln und periphere Nerven durchaus intakt sind (Sacks 1987). Oliver Sacks berichtet weiterhin (Sacks 1989) von einer Selbstbeobachtung, bei der er nach einem Unfall die aktive Kontrolle über das Bein und auch das bewußte Erleben des Beines verloren hat. Nach einigen Wochen hatte er beides glücklicherweise wiedergewonnen, wobei beide Fähigkeiten gleichzeitig zurückkehrten. Wenn der Besitz eines Weltmodells Voraussetzung für Planung und Durchführung einer Willkürbewegung ist, würde man annehmen, daß durch diesen Unfall das Weltmodell für das linke Bein verlorengegangen war. Dadurch war die aktive Kontrolle nicht mehr möglich; es konnte aber auch keine Differenz zwischen Sensorik und dem Ausgang des Weltmodells gebildet werden. Daher sollte, in Übereinstimmung mit der Beobachtung, die Erlebnisfähigkeit ebenfalls verlorengehen. Interessanterweise berichtet Sacks, daß bei der allmählichen Wiederkehr der Empfindung das Bein abwechselnd extrem kurz und extrem lang erschien und sich diese Extreme im Lauf der Zeit auf die richtige Länge einpendelten. Dies entspricht genau dem Verhalten eines rekurrenten Netzes, wie es hier als mögliche Basis für ein Weltmodell des Körpers angenommen wurde, wenn es sich auf einen stabilen Zustand einpendelt.

Diese Übereinstimmung macht als solche natürlich nicht überzeugend klar, daß die hier behauptete Vergleichsoperation das Phäno-

---

* Dieser Befund kann weitreichende Konsequenzen haben. Das Weltbild dieser Patienten scheint uns stark eingeschränkt zu sein. Es existieren Dinge zwischen Himmel und Erde, die sie sich nicht vorstellen können, während gesunde Menschen diese durchaus erkennen können. Inwieweit aber – von einer „höheren Warte" aus gesehen – auch dem normalen Gehirn „Asomotognosie" anhaftet, wissen wir nicht. Wer sagt uns, daß nicht auch das Weltbild gesunder Menschen begrenzt ist und wir Dinge, obwohl sie, wie das Bein des Patienten, sozusagen vor unseren Augen liegen, nicht sehen?

men der Innenperspektive erzeugt (z. B. bei einem Roboter). Tatsächlich kann dies auch nicht erklärt werden, ebensowenig, wie noch in der ersten Hälfte des 20. Jahrhunderts erklärt werden konnte, wie tote Materie die Eigenschaft der Lebendigkeit erhalten kann. Wir haben in Kap. 2 argumentiert, daß Leben eine emergente Eigenschaft ist. Emergente Eigenschaften sind dadurch beschrieben, daß man sich an ihre Existenz gewöhnt, wenn man in seiner Vorstellung ein genügend detailliertes Weltbild aufgebaut hat, mit dem man gedanklich so weit umgehen kann, daß man es z. B. für Vorhersagen verwenden kann. Wir nehmen nun an, daß bei dem oben genannten Vergleich zwischen den sensorischen Eingängen und den Ausgängen des Weltmodells die Erlebnisfähigkeit im Sinne eines emergenten Phänomens entsteht. Wäre dies richtig, so könnte man diese Fähigkeit als Epiphänomen bezeichnen. Dies bedeutet, daß zwar die physiologischen Ereignisse, die bei diesem Vergleich ablaufen, aber nicht das Erleben als solches in der Kausalkette liegt, die vom sensorischen Eingang zum Verhalten führt. Die Erlebnisfähigkeit wäre dann in der Tat nicht notwendig für das Verständnis dieser Kausalkette. In der Formulierung von Dennett bedeutet dies, daß die phänomenale Person, also die Person, als die wir uns selbst erleben, nur scheinbar das Verhalten bestimmt. Er sagt, daß die Person nicht die Ursache, sondern das Resultat der mentalen Aktivitäten sei. Die durch Selbstbeobachtung gewonnenen Erkenntnisse wären aber dennoch keine wertlose Täuschung, da sie ja an die physiologischen Prozesse gekoppelt sind und daher durchaus Hinweise auf deren Abläufe geben können. Das bedeutet, daß auch Roboter, wenn sie die entsprechenden neuronalen Strukturen besäßen, wirkliche Erlebnisfähigkeit haben könnten. Dieser Gedanke verursacht bei den meisten Menschen deutliches Unbehagen. Der Grund hierfür dürfte sein, daß wir uns hier, wie manche sagen, an einer neuen, der vierten kopernikanischen Wende befinden, die wieder einmal, nach Kopernikus, Darwin und Freud, dem Selbstgefühl des Menschen, oder etwas hochtrabender gesagt, seiner Würde, einen erheblichen Dämpfer verpaßt. Und daß unser innerer Widerstand aus ähnlichen Motiven hergeleitet ist wie die Schwierigkeiten, mit denen Kopernikus und Darwin kämpfen mußten, weshalb ersterer sein Hauptwerk erst kurz vor seinem Tode veröffentlichte und Darwin, der sich seine Arbeiten nur wegen seiner finanziellen Unabhängigkeit leisten konnte, wegen ähnlicher Bedenken sein Werk lange unveröffentlicht ließ.

Der Gedanke, daß auch Automaten bei geeignetem Bau Erlebnisfähigkeit haben könnten, wird auch durch das folgende Gedankenexperiment von Hans Moravec nahegelegt. Stellen Sie sich vor, daß man eine einzelne Nervenzelle Ihres Gehirns durch einen elektronischen Chip ersetzen könnte, der die Funktion dieser Nervenzelle im Rahmen der nötigen Genauigkeit ersetzen kann. (Dies ist nicht ganz utopisch. Es gibt heute schon Cochleaimplantate, also künstliche Hörorgane.) Würde sich dann Ihr Innenleben, also Ihre Erlebnisfähigkeit, Ihre Empfindungen dadurch ändern? Moravec geht davon aus, das dies keinen Einfluß hat. Dies ist plausibel, wenn man weiß, daß täglich einige hundert Nervenzellen absterben, ohne daß man etwas davon merkt. Nun führt man das Gedankenexperiment fort: eine zweite Nervenzelle wird ersetzt; Sie merken wieder nichts, eine dritte und so weiter, bis Ihr ganzes Gehirn in Form eines Computers vorliegt. Trotzdem, so die Überlegung, bleibt Ihr Selbstgefühl bestehen. Sie haben sich sozusagen eine Gehirnprothese zugelegt. Neben vielen spannenden oder erschreckenden Konsequenzen – z. B. daß man auf diese Weise sein Leben verlängern könnte oder sich gegen Unfälle durch Anlegen einer Sicherheitskopie seiner selbst schützen könnte –, ist dieses Gedankenexperiment für uns insofern interessant, als es durchaus plausibel macht, daß auch ein künstliches System Erlebnisfähigkeit haben könnte.

Das Gedankenexperiment von Moravec könnte man durch die folgende Überlegung zu kritisieren versuchen. Ersetzt man bei einem schwarzhaarigen Menschen eines der schwarzen Haare durch ein blondes Haar, so wird man diesen Menschen immer noch als schwarzhaarig bezeichnen. Tauscht man nun der Reihe nach alle Haare in dieser Weise aus, so verliert irgendwann dieser Mensch die Eigenschaft der Schwarzhaarigkeit und schließlich wird man ihn als blond ansehen. Das heißt, daß sich eben doch auch bei allmählicher Änderung eine Qualität ändern kann. Wir wollen aber offenlassen, ob dies ein wirklich stichhaltiges Gegenargument ist, denn man ändert hier ja auch, im Unterschied zu der Annahme von Moravec, die nach außen wirkenden Eigenschaften der Elemente.

Wir haben uns in diesem Kapitel bisher, notgedrungen, weitgehend mit Spekulationen beschäftigt. Nun gibt es allerdings für die oben angedeutete Vermutung, daß das Erleben nicht in der Kausalkette sitzt, durchaus experimentelle Hinweise. Für eine Reihe von Reaktionen ist bekannt, daß bewußte Wahrnehmung entweder gar nicht vorkommt oder aber erst nach der motorischen Reaktion auftritt. Hierfür ein klassisches Beispiel aus der experimentellen Psychologie. Bietet man einer Versuchsperson auf einem Bildschirm kurzzeitig, z. B. 50 ms, das Bild einer kreisförmigen Fläche, so kann sie diese problemlos erkennen und darauf z. B. mit dem Druck auf eine Taste antworten. Die Reaktionszeit beträgt etwa 200 ms. Zeigt man in einem zweiten Experiment kurz nach dem Abschalten des kreisförmigen Reizes innerhalb von weniger als 60 ms an derselben Stelle ein Quadrat, so wird die Wahrnehmung des Kreises „maskiert". Die Versuchsperson gibt an, keinen Kreis, sondern nur ein Quadrat gesehen zu haben. Wenn ihr, wie von Odmar Neumann und seinen Mitarbeitern untersucht, in diesem Experiment gesagt wird, daß sie nur dann auf die Taste drücken soll, wenn ein Kreis, aber nicht, wenn ein Quadrat erscheint, betätigt die Versuchsperson in diesem Experiment erstaunlicherweise dennoch die Taste, obwohl sie also nach eigener Aussage nur das Quadrat, nicht aber den Kreis sieht. Die durch den ersten Reiz ausgelöste Handlung wurde also durchgeführt, obwohl das Bewußtsein nicht beteiligt war, im Gegenteil sogar eher die Reaktion hätte unterdrücken sollen.

Aus Selbstbeobachtung ist jedem geläufig, daß sich je nach Umständen die Reizung eines Sinnesorganes in einer bewußten Wahrnehmung auswirken kann, oder sie kann unbewußt verarbeitet werden. So können zum Beispiel die von einer Körperbewegung, etwa der Bewegung im rechten Kniegelenk ausgehenden sensorischen Signale bewußt gefühlt werden. Wenn man sich jedoch gedanklich auf ein anderes Problem konzentriert, kann es ebensogut sein, daß dasselbe Signal nicht bewußt registriert wird. Das trifft etwa für Beinbewegungen zu, wenn man während des Laufens ein intensives Gespräch führt. Es gibt also Reizwirkungen, die völlig unbewußt ablaufen, und solche, die das Bewußtsein erreichen, die wir also wahrnehmen. Welche Bedingungen müssen erfüllt sein, damit ein sensorisches Signal bewußt wahrgenommen wird? Libet und seine Mitarbeiter (Libet et al. 1964) konnten zeigen, daß eine künstliche elektrische Erregung des somatosensorischen Kortex erst dann bewußt wird, wenn diese Erregung mindestens 500 ms andauert. Erst dann wird offenbar eine Schwelle überschritten, die notwendig ist, um ein Signal wahrzunehmen.

Dies gilt offenbar auch für natürliche Reize. Reizt man die Haut mit einem Tastreiz, so kann innerhalb von 10–20 ms im somatosensorischen Kortex eine Reaktion gemessen werden. Ist der Reiz schwach genug, so wird er trotz meßbarer kortikaler Reaktion von der Versuchsperson nicht wahrgenommen. Ein überschwelliger Reiz, also ein Reiz, der stark genug ist, um wahrgenommen werden zu können, löst, auch wenn der Reiz selbst nur kurz andauert, im Zentralnervensystem eine Erregung aus, die mindestens 500 ms andauert. Im ersten Fall ist die Dauer dieser Erregung also offenbar noch zu kurz, um wahrgenommen werden zu können.

Wenn nun aber erst nach 500 ms die Schwelle erreicht ist, die nötig ist, daß die Reizwirkung bewußt wird, dann sollte der Reiz auch erst frühestens 500 ms nach seinem Auftreten wahrgenommen werden können. Nun liegen Reaktionszeiten für geplante Bewegungen bei etwa 100–200 ms. Denken Sie an Reaktionszeittests oder den Start eines Kurzstreckenläufers. Dies bedeutet, daß, wie bei der oben beschriebenen Maskierung, der Kurzstreckenläufer unbewußt auf das Startsignal reagiert. Erstaunlicherweise hat man aber doch den Eindruck, mit der Aktion erst nach dem Signal, also erst nach seiner bewußten Wahrnehmung, begonnen zu haben. Der Kurzstreckenläufer merkt es ja, wenn er einmal zu früh losgelaufen ist. Wie könnte man diesen Widerspruch auflösen?

Libet* hat den Zeitpunkt untersucht, zu dem die Versuchsperson den Beginn eines Reizes erlebt. Dieser liegt offenbar dort, wo das erste meßbare kortikale Signal auftritt. Bei Hautreizen ist dies, wie gesagt, etwa 10–20 ms nach dem Reizbeginn. Die einzige Erklärung hierfür scheint die zu sein, daß das Zentralnervensystem den Zeitpunkt des subjektiven Empfindens um die fehlenden 480 bis 490 ms vordatiert.

Dies klingt zunächst sehr erstaunlich. Es scheint uns auf der anderen Seite aber selbstverständlich, daß das Zentralnervensystem im räumlichen Bereich eine „Umdatierung" durchführen kann. Die Reizung der Haut, sagen wir am Handrücken, löst Nervenerregungen aus, die dann im Gehirn zu einer Empfindung führen. Obwohl der physiologische Ort dieses Empfindungsereignisses also im Gehirn lokalisiert ist, erleben wir die Empfindung am Ort des Reizes, sie wird also vom eigentlichen physiologischen Ort an eine andere Stelle projiziert. Phantomschmerzen sind ein besonders extremes Beispiel hierfür. Auch der in Kap. 12 erwähnte Eindruck, daß man die Spitze eines Taststockes zu fühlen meint, gehört hierhin. Wie das Beispiel der Aso-

---

* Libet et al. (1979).

matognosie (Kap. 14) zeigt, ist diese Erlebnisfähigkeit keineswegs selbstverständlich, sondern an das Funktionieren bestimmter Bereiche des Gehirns gebunden.

Libet und seine Kollegen* haben auch die Zeitbeziehungen in einem anderen Fall untersucht. Hier ging es nicht um die Reaktion auf sensorische Reize, sondern um eine freie Entscheidung der Versuchsperson. In diesen Versuchen sollte die Versuchsperson eine bestimmte Bewegung, z. B. das Heben des Fingers, durchführen, ohne daß dabei irgendwelche Zeitvorgaben gemacht wurden und die Versuchsperson frei entscheiden konnte, nicht nur wann, sondern auch, ob sie die Bewegung ausführen will. Man kann nun am Schädel der Versuchsperson ein elektrisches Signal abnehmen, das mehr als 550 ms vor Beginn der elektrischen Aktivität der Fingermuskeln registriert werden kann. (Dies ist ein Mindestmaß. Es könnte sehr wohl sein, daß mit genaueren Methoden noch früherliegende Signale gefunden werden könnten.) Man hat dieses Signal *Bereitschaftspotential*** genannt, da es von den Signalen unterschieden werden kann, die der eigentlichen motorischen Reaktion zuzuordnen sind.

Libet hat untersucht, wann sich die Versuchsperson subjektiv dazu entscheidet, die Bewegung tatsächlich durchzuführen. Hierzu zeigte er einen schnell laufenden Uhrzeiger, und die Versuchsperson mußte berichten, bei welcher Zeigerstellung sie sich entschieden hatte. Dieser Zeitpunkt liegt etwa 200 ms vor der motorischen Reaktion, d. h. mindestens 350 ms nach dem Beginn des Bereitschaftspotentials. Auch bei dieser Willkürhandlung tritt also die bewußte Wahrnehmung zeitlich erst deutlich nach den physiologischen Aktivitäten auf. Diese Befunde könnten so interpretiert werden, daß die Entscheidung zur Durchführung der Bewegung, die uns als willentliche Entscheidung erscheint, im Moment des Bewußtwerdens bereits getroffen ist.

Dies löst natürlich unweigerlich die Frage nach dem freien Willen aus. Wir haben hier stets alle Systeme, auch solche mit Innenperspektive, als Systeme interpretiert, die aus neuronalen Netzen bestehen und demgemäß, abgesehen von Zufallseinflüssen (einschließlich der Effekte, die durch deterministisches Chaos beschrieben werden können), als berechenbare Systeme verstanden. Wie verträgt sich dies mit der Selbstbeobachtung, daß wir glauben, uns als bewußte Wesen

---

* Libet et al. (1983).
** Kornhuber und Deeke (1965).

frei entscheiden zu können? Die Lösung für dieses scheinbare Paradoxon könnte darin liegen, daß wir hier Betrachtungsweisen der objektiven (Teil)Welt und der subjektiven Welt mischen. Das Bild des deterministischen Systems gilt in der objektiven Teilwelt, also der Welt der dritten Person, das des freien Willens in der privaten Welt. Wie Libets Experimente aber zeigen, müssen beide Eindrücke nicht notwendig übereinstimmen. Wir haben möglicherweise zwar subjektiv, aber nicht objektiv einen freien Willen. Die Verwendung des Ausdruckes „Freier Wille" wäre dennoch durchaus sinnvoll, da er eine ökonomische Ausdrucksweise für einen, in der Sprache der objektiven Welt recht kompliziert auszudrückenden Sachverhalt darstellt.

15. Resümee: Können denn Ameisen nun denken?

Diese Frage bezieht sich natürlich nicht spezifisch auf Ameisen. Die Ameise steht hier für Systeme, die „einfach" sind in dem Sinne, daß die ihnen zugrundeliegenden Mechanismen auf bekannte Strukturen zurückzuführen sind. Man kann die Frage deshalb auch umformulieren in: Kann eine Maschine denken? Hat also de La Mettrie mit seinem „L'homme machine" recht?

Nun haben wir gesehen, daß auch einfache Tiere mit schwierigen Problemen konfrontiert sein können und oft imstande sind, diese auch zu lösen. Schwierig sind diese Probleme insofern, als es keine für jeden Einzelfall vorgefertigte Lösung gibt, sondern die Tiere adaptiv auf unvorhergesehene Umweltsituationen reagieren müssen. Dies wird bereits deutlich bei so einfachen motorischen Aufgaben wie Lauf- und Greifbewegungen, weshalb man den Begriff der motorischen Intelligenz geprägt hat. Komplexes Verhalten kann, wie wir gesehen haben, aus dem Zusammenwirken selbst einfacher Agenten mit einer komplexen Umwelt entstehen. Wir mußten uns daher die Frage stellen, ob das, was wir eingangs vorläufig mit nominaler Intelligenz bezeichnet haben, lediglich das Produkt der Ansammlung genügend vieler solcher einfacher Agenten ist. Reichen diese „prärationalen" Mechanismen, also etwa die geeignete Kombination verschiedener sensorgetriebener Agenten, die mit Motivation, mit lokalem Gedächtnis ausgestattet und zum Teil auch noch lernfähig sind, aus, um Systeme mit kognitiven Fähigkeiten zu erzeugen?

Wir haben festgestellt, daß auch beim menschlichen Denken in den allermeisten Fällen eher das Bestimmen einer verifizierenden Korrelation oder die Suche nach einer „besten Passung" die entscheidende Rolle spielt. Für beides gibt es relativ einfache neuronale Modelle in Form rekurrenter Netze. Rationalität im Sinne mathematisch-logischen Denkens kommt hierbei zunächst nicht vor. Zusätzlich scheint es aber auch „Konsistenz-Agenten" zu geben, die, im Rahmen ihres Blickfeldes, versuchen, Widersprüche aufzufinden. Diese Struktur, so nehmen wir an, hat es dem Menschen ermöglicht, im Laufe der kulturellen Evolution mentale Mechanismen, gedankliche Werkzeuge

("Denkzeuge")* wie etwa die Regeln der Logik, zu entwickeln, die in spezifischen Situationen eingesetzt werden können. Diese Denkzeuge werden nicht im kreativen Sinne, d. h. zur Erzeugung neuer Ideen, sondern lediglich zur nachträglichen Überprüfung der zunächst mit prärationalen Mechanismen entwickelten Ideen eingesetzt. Wie dieser Konsistenz-Agent und die Strukturen, die etwa die logischen Regeln repräsentieren, neuronal im einzelnen realisiert sind, ist, obwohl es erste Lösungsansätze gibt, noch offen.

Für die Erfindung neuer Ideen, also neuer Verhaltensweisen können auf einer sehr großen Zeitskala die Mechanismen der Evolution, auf einer sehr viel kleineren Skala die beschriebenen Lernmechanismen und, wenn es ganz schnell gehen soll, das „Spielen" mit einem „manipulierbaren" Weltmodell verwandt werden. Schöpferisches Denken wird als Neukombination von den in diesen Weltmodellen vorhandenen Informationen angesehen. Für den Bereich prozeduralen Wissens wurden erste einfache Vorstellungen für solche Weltmodelle in diesem Buch vorgestellt. Im Bereich deklarativen Wissens stellt sich die Frage, wie die Bildung neuer Verknüpfungen anders als durch das häufige Wiederholungen voraussetzende Lernen zustande kommen könnte. Hierbei ist vermutlich die Einführung von Begriffen im Sinne von Symbolen sehr hilfreich. Das sind in Form neuronaler Netze realisierte Gedächtniseinheiten, die einerseits leicht zu manipulieren sind, da sie nicht das gesamte Detailwissen enthalten, und andererseits aber doch, nach Bedarf, mit diesem Detailwissen verknüpft werden können.

Ein wesentliches offenes Problem bleibt die Frage, wie in diesem riesigen Meer von Daten gezielt nach relevanter Information gesucht werden könnte. Wichtig ist es jedoch, in diesem Zusammenhang festzustellen, daß Systeme, die ausschließlich symbolisch, ohne den massiven prärationalen Unterbau der natürlichen Systeme, arbeiten, zwar für spezielle Aufgaben besonders gut geeignet sind, aber erhebliche Schwierigkeiten haben, wenn sie mit unscharfer Information umgehen müssen. Die Verwendung von Symbolen ist also allein nicht hinreichend für das Erzeugen nominaler Intelligenz.

Damit scheinen, bis auf die Frage der Innenperspektive, alle Phänomene im Prinzip auf bekannte Mechanismen zurückführbar zu sein. Ameisen können zwar nicht genauso denken wie Menschen,

---

* Vollmer (1991).

da sie nicht alle der erwähnten Mechanismen besitzen. So haben sie höchstwahrscheinlich nicht die Fähigkeit zur Symbolverarbeitung im Sinne von Deacon und vermutlich auch kein manipulierbares Weltmodell. Aber es wäre falsch, sie deshalb als einfache Maschinen zu bezeichnen, die sich nicht variabel und sinnvoll angepaßt verhalten können. Sie besitzen bereits ganz wesentliche Elemente, die auch die Grundlage unseres Denkvermögens bilden. Die bei Ameisen realisierten Mechanismen wie auch die erwähnten Mechanismen, die ihnen fehlen, können aber vermutlich in künstlichen Systemen nachgebaut werden, so daß wirklich denkende Systeme, also Systeme mit nominaler Intelligenz, auch außerhalb der Menschen und der höheren Affen vorstellbar sind.

Offen bleibt dabei, wie gesagt, die Frage der Erzeugung der Innenperspektive. Aber selbst hier könnte man spekulieren, daß unsere Fähigkeit, etwas erleben zu können, zwar einerseits sicherlich an die neuronalen Strukturen gebunden ist, aber als Epiphänomen zu verstehen sein könnte in dem Sinne, daß das Erleben als solches nicht Glied einer Kausalkette darstellt, sondern als emergente Eigenschaft, als „Dreingabe" zu verstehen ist und als solche im Prinzip auch in künstlichen Systemen ausgebildet werden könnte.

Sollte dies richtig sein, so stellen sich natürlich eine Reihe von bislang unbeantworteten Fragen wie: Inwieweit kann man einem solchen künstlichen System, wenn man ihm eine Innenperspektive, also eine Seele zubilligt, auch die Fähigkeit zu ethischen Entscheidungen über andere Wesen, etwa über Menschen zubilligen? Oder: Hat ein solches System ein Recht auf Existenz? Wäre es also Mord, wenn man ihm den Strom abstellen würde?

Die letzteren Überlegungen werden, wie sich in Gesprächen immer wieder zeigt, oft als recht unangenehm empfunden. Die Reaktion auf solche Fragen besteht meist darin, daß man sie für überflüssig oder gar für dumm hält, in jedem Falle für etwas, über das es sich nicht nachzudenken lohnt. Man sollte sich jedoch klarmachen, daß, neben manchem anderen, in diese Abwehrhaltung der Wunsch einfließt, im freien Willen etwas allein dem Menschen Vorbehaltenes und jenseits naturwissenschaftlicher Beschränkungen Stehendes zu sehen. Diese Betrachtungsweise, Systeme, insbesondere Menschen, in erster Näherung als autonom und damit auch von ihrer Umwelt unabhängig zu interpretieren, ist zwar eine zentrale Denkstruktur der abendländischen Philosophie und war auch eine wichtige Grundlage für die

Fortschritte in den Naturwissenschaften. Daß diese Ansicht jedoch nicht zutrifft, ergibt sich bereits aus dem zweiten Hauptsatz der Wärmelehre. Jedes Pendel kommt nach einiger Zeit zum Stillstand, da ihm die Umwelt seine Energie in Form von Reibungswärme entzieht. Spätestens die beim Studium chaotischer Systeme gewonnenen Erkenntnisse machen deutlich, daß diese angenommene Unabhängigkeit nur in manchen Bereichen und auch dort nur näherungsweise gilt. In kritischen Momenten ist aber die Abhängigkeit jedes Systems, auch des Menschen, von der Umwelt total. Dies gilt nicht nur für solch existentielle Ereignisse wie Geburt und Tod, sondern eben auch für viele, wenn nicht gar alle der täglich getroffenen Entscheidungen. Auch der Mensch ist intimer Teil der Welt. Eine gedankliche Trennung zwischen dem Menschen und seiner Umwelt ist zwar meist zweckmäßig, aber dies darf uns nicht zu einem unerlaubten Humanchauvinismus verleiten. Schon Lichtenberg hat festgestellt, daß man nicht „ich denke" sagen solle, sondern „es denkt". Die Würde des Menschen, um die bei jeder der bisherigen „kopernikanischen Wenden" gebangt wurde, wird auch diesen vermeintlichen Angriff überstehen.

Literatur

1. Zur Einführung: Was ist Intelligenz?

Damasio, A. R. (1994): Descartes' Irrtum. List, München
Gardner, H. (1989): Dem Denken auf der Spur. Klett, Stuttgart
Guilford, J. P. (1967): The nature of human intelligence. McGraw-Hill, New York
Hebb, D. O. (1949): The organization of behavior. Wiley, New York
Köhler, W. (1925): The mentality of apes. Routledge and Kegan Paul, London
Lanz, P. (1998): The concept of intelligence in psychology and philosophy. In: Cruse, H., Dean, J., Ritter, H. (Hrsg.): Prerational Intelligence: Interdisciplinary perspectives on the behavior of natural and artificial systems. Kluwer Press (im Druck)
Steels, L. (1994): The Artificial Live Roots of Artificial Intelligence. Artificial Life 1, 75–110

2. Emergente Eigenschaften oder: Das Ganze ist mehr als die Summe der Teile

Holland, O. E., Beckers, R., Deneubourg, J. L. (1994): From local actions to global tasks: Stigmergy and collective robotics. In: Artificial Live IV, Proceedings of the 4. Int. Workshop on the Synthesis and Stimulation of Living Systems, MIT Press, Cambride MA, 181–189
Steels, L. (1994): The Artificial Life Roots of Artificial Intelligence. Artificial Life 1, 75–110
Stephan, A. (1998): Varieties of emergence in artificial and natural systems. Zeitschrift für Naturforschung 53c (im Druck)

4. Auf daß uns nicht Hören und Sehen vergeht: Anpassung der Sinnessysteme an die Umwelt

Egelhaaf, M., Borst, A. (1993): A look into the cockpit of the fly: visual orientation, algorithms, and identified neurons. Journal of Neuroscience 13, 4563–4574
Hassenstein, B., Reichardt, W. (1956): Systemtheoretische Analyse der Zeit-, Reihenfolgen- und Vorzeichenauswertung bei der Bewegungsperzeption des Rüsselkäfers Chlorophanus. Zeitschrift für Naturforschung 11b, 513–524
Hausen, K., Egelhaaf, M. (1989): Neural mechanisms of visual course control in insects. In: Facets of Vision (Stavenga DG, Hardie RC), 391–424
Konishi, M. (1993): Listening with two ears. Scientific American 268, 34–41

Labhart, T. (1988): Polarization-opponent interneurons in the insect visual system. Nature 331, 435–437

Mel, B. W. (1997): SEEMORE: combining color, shape, and texture histogramming in a neurally inspired approach to visual object recognition. Neural Computation 9, 777–804

Robert, D., Miles, R. N., Hoy, R. R. (1996): Directional hearing by mechanical coupling in the parasitoid fly Ormia ochracea. Journal of Comparative Physiology A 179, 29–44

Rosenblatt, F. (1958): The perceptron: a probabilistic model for information storage and organization in the brain. Psychological Reviews 65, 386–408

Steinbuch, K. (1961): Die Lernmatrix. Kybernetik 1, 36–45

Wagner, H. (1986): Flight performance and visual control of flight of the free-flying housefly (Musca domestica). III Interactions between angular movement induced by wide- and smallfield stimuli. Philosophical Transactions of the Royal Society, London B 312, 581–595

Webb, B. (1996): A Cricket Robot. Scientific American 275, 62–67

Wehner, R. (1987): „Matched filters" – neural models of the external world. Journal of Comparative Physiology A 161, 511–531

Wehner, R. (1996): Polarisationsmusteranalyse bei Insekten. Nova Acta Leopoldina NF 72, Nr. 294, 159–183

5. Immer gut orientiert

Braitenberg, V. (1984): Vehicles: experiments in synthetic psychology. MIT Press, Cambridge MA

Brooks, R. A. (1986): A robust layered control system for a mobile robot. Journal of Robotics and Automation 2, 14–23

Cruse, H. (1996): Neural networks as cybernetic systems. Thieme, Stuttgart

Franceschini, N., Pichon, J. M., Blanes, C. (1992): From insect vision to robot vision. Philosophical Transactions of the Royal Society, London 337, 283–294

Hartmann, G., Wehner, R. (1995): The ant's path integration system: a neural architecture. Biological Cybernetics 73, 483–497

Tarsitano, M. S., Jackson, R. R. (1997): Araneophagic jumping spiders discriminate between detour routes that do and do not lead to prey. Animal Behavior 53, 257–266

Wehner, R. (1994): Himmelsbild und Kompaßauge – Neurobiologie eines Navigationssystems. Verhandlungen der Deutschen Zoologischen Gesellschaft 87.2, 9–37

Wehner, R., Michel, B., Antonsen, P. (1996): Visual Navigation in Insects: Coupling of Egocentric and Geocentric Information. Journal Experimental Biology 199, 129–140

6. Warum Tiere sich bewegen können: Ohne Bewegung läuft gar nichts

Bässler, U. (1976): Reversal of a reflex to a single motoneuron in the stick insect Carausius morosus. Biological Cybernetics 24, 47–49

Bizzi, E., Giszter, S. F., Loeb, E., Mussa-Ivaldi, F. A., Saltiel, P. (1995): Modular organization of motor behavior in the frog's spinal chord. Trends in Neurosciences 18, 442–446

Brooks, R. A. (1991): Intelligence without reason. IJCAI-91, Sydney, Australia, 569–595

Cruse, H., Dean, J., Kindermann, T., Schmitz, J. (1997): Simulation komplexer Bewegungen mit Hilfe künstlicher neuronaler Netze. Neuroforum 4, 133–139

Georgopoulos, A. P. (1995): Current issues in directional motor control. Trends in Neurosciences 18, 506–510

Gibson, J. J. (1979): The ecological approach to visual perception. Houghton Mifflin

Grillner, S., Deliagina, T., Ekeberg, Ö., El Manira, A., Hill, R. H., Lansner, A., Orlovsky, G. N., Wallen, P. (1995): Neural networks that co-ordinate locomotion and body orientation in lamprey. Trends in Neurosciences 18, 270–279

Holst, E. v. (1943): Über relative Koordination bei Arthropoden. Pflügers Archiv 246, 847–865

Pfeiffer, F., Cruse, H. (1994): Bionik des Laufens – technische Umsetzung biologischen Wissens. Konstruktion 46, 261–266

7. Motivationen als Entscheidungshelfer

Aubè, M., Senteni, A. (1996): Commitments management and regulation within animals/animats encounters. In: Maes, P., Mataric, M. J., Meyer, J.-A., Pollack, J., Wilson, S. W. (Hrsg.): From animals to animats 4. MIT Press, Cambridge MA, 264–271

Cabanac, M. (1992): Pleasure, the common currency. J. Theor. Biol. 155, 173–200

Lorenz, K. (1950): The comparative method in studying innate behavior patterns. Symposium Society Experimental Biology, 221–268

Maes, P. (1991): A bottom-up mechanism for behavior selection in an artificial creature. In: Meyer, J. A., Wilson, S. W. (Hrsg.): From animals to animats. MIT Press, Cambridge, MA, 238–246

Minsky, M. (1985): The society of mind. Simon and Schuster, New York

Rozin, P. (1997): Disgust faces, basal ganglia and obsessive-compulsive disorder: some strange brainfellows. Trends in Cognitive Sciences 1, 321–322

8. Kann ein Automat Entscheidungen treffen?

Clarac, F., Cataert, D., Marchand, A. (1998): Peripheral sensory modules controlling motor behavior. In: Dean, J., Cruse, H., Ritter, H. (Hrsg.) Prerational Intelligence: adaptive behavior and intelligent systems without symbols and logic. Kluwer (im Druck)

Deneubourg, J. L., Aron, S., Goss, S., Pasteels, J. M. (1993): The self-organizing exploratory pattern of the argentine ant. Journal of Insect Behavior 6, 751–759

Feldman, J. A. (1981): A connectionist model of visual memory. In: Hinton, G. E., Anderson, J. A. (Hrsg.): Parallel models of associate memory. Hillsdale, NJ. Erlbaum, 49–81

Tank, D. W., Hopfield, J. J. (1988): Kollektives Rechnen mit neuronenähnlichen Schaltkreisen. Spektrum der Wissenschaft, 46–54

Therolaz, G., Goss, S., Gervet, J., Deneubourg, J. L. (1991): Task differentiation in Polistes wasp colonies: a model for self-organizing groups of robots. In: Meyer, J. A., Wilson, S. W. (Hrsg.): From animals to animats. MIT Press, Cambridge, MA, 346–355

9. Was man alles weiß – das Gedächtnis

Aizawa, H., Inase, M., Mushiake, H., Shima, K., Tanji, J. (1991): Reorganization of activity in the supplementary motor area associated with motor learning and functional recovery. Experimental Brain Research 84, 668–671

Frackowiak, R. S. J. (1994): Functional mapping of verbal memory and language. Trends in Neurosciences 17, 109–115

Fuster, J. M. (1995): Memory in the cerebral cortex. An empirical approach to neural networks in the human and nonhuman primate. MIT Press, Cambridge MA

Gaffan, D. (1997): Episodic and semantic memory and the role of the not-hippocampus. Trends in Cognitive Sciences 1, 246–248

Squire, L. R. (1992): Memory and the hippocampus: a synthesis from finding with rats, monkeys, and humans. Psychological Review 99, 195–231

Todt, D., Hultsch, H. (1998): How songbirds administer large amounts of serial information: retrieval rules suggest a hierarchical song memory. Biological Cybernetics (im Druck)

10. Lernen: Sicher kein Nachteil, wenn man intelligenter werden will

Baerends, G. P. (1941): Fortpflanzungsverhalten und Orientierung der Grabwespe Ammophila campestris. Zeitschr. Entomol. 84, 68–275

Derrick B. E., Martinez J. L. (1996): Associative bidirectional modifications at the hippocampal mossy fibre-CA3 synapse. Nature 381, 429–434

Ebbinghaus, H. (1885): Über das Gedächtnis. Untersuchungen zur experimentellen Psychologie. Nachdr. Wiss. Buchgesellschaft, Darmstadt 1971

Gullapalli, V. (1993): Learning Control under Extreme Uncertainty. Neural Information Processing Systems 5, Morgan Kaufmann, San Mateo, CA

Hellstern, F., Malaka, R., Hammer, M. (1998): Backward inhibition learning in Honeybees: a behavioral analysis of reinforcement processing. Learning and Memory 4, 429–444

Jackendoff, R. (1994): Patterns in the Mind. Language and Human Nature. BasicBooks, Harper Collins Publishers, New York

Macphail, E. U. (1993): The neuroscience of animal intelligence. From the seahare to the seahorse. Columbia University Press, New York

Möhl, B. (1989): „Biological noise" and plasticity of sensorimotor pathways in the locust flight system. Journal of Comparative Physiology A 166, 75–82

Möhl, B. (1993): The role on proprioception for motor learning in locust flight. Journal of Comparative Physiology A 172, 325–332

Pfeifer R., Verschure, P. F. M. J. (1992): Distributed adaptive control: a paradigm for designing autonomous agents. In: Proc. of the first European Conf. on Artificial Life. MIT Press, Cambridge MA, 21–30

Pomerleau, D. A. (1989): ALVINN: An Autonomous Land Vehicle in a Neural Network. Neural Information Processing Systems 1, 305–313

Rescorla, R. A., Wagner, A. R. (1972): In: Black, A. H., Prokasy, W. F. (Hrsg.): Classical Conditioning II: Current research and Theory. Appelton Century Crofts, 64–99

Ritter, H., Martinez, Th., Schulten, K. (1990): Neuronale Netze. Addison-Wesley, Bonn

Sutherland, N. S., Mackintosh, N. J. (1971): Mechanisms of animal discrimination learning. Academic Press, New York

11. Rationalität bei Menschen: Unterscheiden wir uns von den Ameisen?

Albers, W. (1997): Foundations of the theory of prominence in the decimal system. III. Perception of numerical information and relation to traditional solution concepts. Working paper Nr. 269, Inst. of Mathematical Economics, Universität Bielefeld

Chalmers, D. J. (1995): The puzzle of conscious experience. Scientific American 270, 62–65

Gigerenzer, G., Czerlinski, J., Martignon, L.: How good are fast and frugal heuristics? In: Shanteau, J., Mellers, B. Schum, D., (Hrsg.): Decision Research from Bayesian approaches to normative systems: Reflection on the contribution of Ward Edwards. Kluwer, Norwell MA (im Druck)

Gigerenzer, G., Goldstein, D. G. (1996): Reasoning the fast and frugal way: models of bounded rationality. Psychological Review 103, 650–669

Gigerenzer, G. (1991): How to make cognitive illusions disappear: beyond „heuristics and biases". In: Stroebe, W., Hewstone, M. (Hrsg.). European Review of Social Psychology 2. Wiley, New York, 83–115

Piatelli-Palmarini, M. (1994): Inevitable illusions. How mistakes of reason rule our minds. John Wiley, New York

Tversky, A., Kahneman, D. (1986): The framing of decisions and the psychology of choice. In: Elster, J. (Hrsg.). Rational Choice, Basil Blackwell, Oxford, 123–141

12. Die ganze Welt im Kopf – Weltmodelle als Planungshilfen

Condillac, E. B. de (1798): Abhandlungen über die Empfindungen. Hrsg. v. L. Kreimendahl. Felix Meiner Verlag, Hamburg 1983
McFarland, D., Bösser, Th. (1993): Intelligent behavior in animals and robots. MIT Press, Cambridge MA
Steinkühler, U., Cruse, H. (1998): A holistic model for an internal representation to control the movement of a manipulator with redundant degrees of freedom. Biological Cybernetics (im Druck)

13. Der Umgang mit Symbolen, eine wichtige Erweiterung bei der Entwicklung intelligenter Systeme

Chittka, L., Geiger, K. (1995): Can honey bees count landmarks? Animal Behavior 49, 159–164
Chomsky, N. (1968): Language and mind. Harcourt, Brace & World, New York
Deacon, T. W. (1996): Prefrontal cortex and symbol learning: why a brain capable of language evolved only once. In: Velichovski, B. M., Rumbaugh, D. M. (Hrsg.): Communicating meaning. The evolution and development of language. Lawrence Erlbaum Mahwah. New Jersey, 103–138
Giufra, M., Eichmann, B., Menzel, R. (1996): Symmetry perception in an insect. Nature 382, 458–461
Hedwig, B. (1994): A cephalothoracic command system controls stridulation in the acridid grasshopper Omocestus viridulus L. Journal of Neurophysiology 72, 2015–2052
Pepperberg, I. M. (1993): A review of the effects of social interaction on vocal learning in African Grey Parrot (Psittacus erithacus). Neth. J. Zool. 43, 104–124
Ritter, H., Kohonen, T. (1989): Self-organizing semantic maps. Biological Cybernetics 61, 241–254
Rumbaugh, D. M, Savage-Rumbaugh, E. S. (1996): Biobehavioral roots of language: Words, apes, and a child. In: Velichovski, B. M., Rumbaugh, D. M. (Hrsg.): Communicating meaning: the evolution and development of language. Lawrence Erlbaum Mahwah, New Jersey, 257–274

14. Können Maschinen etwas erleben? Die Innenperspektive

Bieri, P. (1992): Was macht das Bewußtsein zu einem Rätsel? Spektrum der Wissenschaft, 48–56

Flohr, H. (1996): Ignorabimus? In: Roth, G., Prinz, W. (Hrsg.): Kopf-Arbeit. Gehirnfunktionen und kognitive Leistungen. Spektrum Akad. Verlag, Heidelberg, 435–450

Kornhuber, H., Deecke, L. (1965): Hirnpotentialänderungen bei Willkürbewegungen und passiven Bewegungen des Menschen: Bereitschaftspotential und reafferente Potentiale. Pflügers Arch. Gesamte Physiol. Menschen Tiere 284, 1–17

Libet, B. (1993): The neural time factor in conscious and unconscious events. In: Bock, G. R., Marsh, J. (Hrsg.): Symposium on experimental and theoretical studies of consciousness. Wiley, New York, 122–146

Libet, B., Alberts, W. W., Wright, E. W., Feinstein, B. (1964): Production of threshold levels of conscious sensation by electrical stimulation of human somatosensory cortex. Journal of Neurophysiology 27, 546–578

Libet, B., Wright, E. W., Feinstein, B., Pearl, D. K. (1979): Subjective referral of the timing for a conscious sensory experience: a functional role for the somatosensory specific projection system in man. Brain 102, 191–222

Libet, B., Gleason, C. A., Wright, E. W., Pearl, D. K. (1983): Time of conscious intention to act in relation to onset of cerebral activities (readiness-potential); the unconscious initiation of a freely voluntary act. Brain 106, 623–642

Metzinger, Th. (1993): Subjekt und Selbstmodell. F. Schöningh, Paderborn

Moravec, H. (1988): Mind children. The future of robots and human intelligence. Harvard University Press, Cambridge MA

Neumann, O., Müsseler J. (1990): Visuelles Fokussieren: Das Wetterwart-Modell und einige seiner Anwendungen. In: Meineck, C., Kehrer, L. (Hrsg.): Bielefelder Beiträge zur Kognitionspsychologie. Hogrefe, Göttingen, 77–108

Neumann, O., Klotz, W. (1994): Motor responses to nonreportable, masked stimuli: where is the limit of direct parameter specification? In: Umilta, C., Moskowitsch, M. (Hrsg.): Attention and Performance XV: Conscious and nonconscious information processing. MIT Press, Cambridge MA, 123–150

Sacks, O. (1987): Der Mann, der seine Frau mit einem Hut verwechselte. Rowohlt, Reinbek bei Hamburg

Sacks, O. (1989): Der Tag, an dem mein Bein fortging. Rowohlt, Reinbek bei Hamburg

Schmitz, H. (1989): Leib und Gefühl. Junfermann, Paderborn

15. Resümee: Können denn Ameisen nun denken?

La Mettrie, J. O. de (1747): L'homme machine

Vollmer, G. (1991): Algorithmen, Gehirne, Computer. Was sie können und was nicht. Naturwissenschaften 78, 481–488

Abbildungsnachweis

Abb. 3: Gelder, T. van (1995): What might cognition be, if not computation? The Journal of Philosophy XCI, No. 7, 345–381, Fig. 1

Abb. 4: © 1998 Cordon Art B. V. – Baarn, Niederlande. Alle Rechte vorbehalten. Foto: AKG, Berlin

Abb. 8: Die Zeit, Nr. 11, 1994, Zeit-Magazin. Foto: © Manfred Mahn, Hamburg

Abb. 13 nach: Labhart, Th. (1988): Polarization-opponent interneurons in the insect visual system. Nature Vol. 331, N. 6155, 4 Febr. 1988, 435–437

Abb. 14 nach: Reichert, H. (1992): Introduction to Neurobiology, Thieme, Stuttgart, Fig. 9.11b und 9.11c

Abb. 16 nach: Michelsen, A., Popov, A. V., Lewis, B. (1994): Physics of directional hearing in the cricket *Gryllus bimaculatus*. J. comp. Physiol. A 175, 153–164

Abb. 17 nach: Webb, B. (1996): A Cricket Robot. Scientific American Vol. 275, 6 Dec 1996, 62–67

Abb. 18 nach: Robert, D., Miles, R. N., Hoy, R. R. (1996): Directional hearing by mechanical coupling in the parasitoid fly Ormia ochracea. J. Comp. Physiol. A 179, 29–44, Fig. 11a, Fig. 12 a, b

Abb. 19: Wehner, R. (1996): Polarisationsmusteranalyse bei Insekten. Nova Acta Leopoldina NF 72, Nr. 294, 159–183, Abb. 1a

Abb. 20: Wehner, R. (1987): „Matched filters" – neural models of the external world. J. Comp. Physiol. A 161, 511–531, Fig. 8

Abb. 21: Wehner, R. (1996): Polarisationsmusteranalyse bei Insekten. Nova Acta Leopoldina NF 72, Nr. 294, 159–183, Abb. 9c

Abb. 22: Wehner, R. (1987): „Matched filters" – neural models of the external world. J. Comp. Physiol. A 161, 511–531, Fig. 9

Abb. 24, 25: Egelhaaf, M., Borst, A. (1993): A look into the cockpit of the fly: visual orientation, algorithms, and identified neurons. J. Neuroscience 13, 4563–4574, Fig. 3, Fig. 1b, Fig. 2a

Abb. 26: Wagner, H. (1986): Flight performance and visual control of flight of the free-flying housefly (Musca domestica). II Pursuit of targets. Phil. Trans. R. Soc. Lond. B 312, 553–579

Abb. 28: Mel, B. W. (1997): SEEMORE: combining color, shape, and texture histogramming in a neurally inspired approach to visual object recognition. Neural Computation 9, 777–804

Abb. 29, 30, 31 nach: Braitenberg, V. (1984): Vehicles: experiments in synthetic psychology. MIT Press, Cambridge MA.

Abb. 32, 33: Franceschini, N., Pichon, J. M., Blanes, C. (1992): From insect vision to robot vision. Phil. Trans. R. Soc. 337, 283–294, Fig. 8, Fig. 10

Abb. 34: Wehner, R. (1982): Himmelsnavigation bei Insekten. Neurophysiologie und Verhalten. Neujahrsbl. Naturforsch. Ges. Zürich 184, 1–132, Fig. auf S. 19

Abb. 35 nach: Hartmann, G., Wehner, R. (1995): The ant's path integration system: a neural architecture. Biol. Cybern. 73, 483–497, Fig. 1

Abb. 36: Cruse, H. (1996): Neural networks as cybernetic systems. Thieme, Stuttgart

Abb. 37: Wehner, R. (1994): Himmelsbild und Kompaßauge – Neurobiologie eines Navigationssystems. Verh. Dtsch. Zool. Ges. 87.2, 9–37, Abb. 16, und: Hartmann, G., Wehner, R. (1995): The ant's path integration system: a neural architecture. Biol. Cybern. 73, 483–497, Fig. 11

Abb. 38: Wehner, R., Michel, B., Antonsen, P. (1996): Visual Navigation in Insects: Coupling of Egocentric and Geocentric Information. The J. of Experimental Biology 199, 129–140, Fig. 4, Fig. 8, mit einer Zeichnung von Gesine Bachmann, Darmstadt

Abb. 39: Wehner, R., Michel, B., Antonsen, P. (1996): Visual Navigation in Insects: Coupling of Egocentric and Geocentric Information. The J. of Experimental Biology 199, 129–140, Fig. 10

Abb. 40 nach: Tarsitano, M. S., Jackson, R. R. (1997): Araneophagic jumping spiders discriminate between detour routes that do and do not lead to prey. Anim. Behav. 257–266

Abb. 41: Bizzi, E., Giszter, S. F., Loeb, E., Mussa-Ivaldi, F. A., Saltiel, P. (1995): Modular organization of motor behavior in the frog's spinal chord. Trends in Neural Sciences 18, 442–446, Fig. 1a, Fig. 2, Fig. 3

Abb. 42, 43: Cruse, H., Dean, J., Kindermann, T., Schmitz, J. (1997): Simulation komplexer Bewegungen mit Hilfe künstlicher neuronaler Netze. Neuroforum 4, 133–139, Abb. 1, Abb. 2

Abb. 44 aus: Die Zeit, Nr. 11, 1994, Zeit-Magazin. Foto: © Manfred Mahn, Hamburg

Abb. 45, 48: Cruse, H., Dean, J., Kindermann, T., Schmitz, J. (1997): Simulation komplexer Bewegungen mit Hilfe künstlicher neuronaler Netze. Neuroforum 4, 133–139, Abb. 3, Abb. 6

Abb. 49: Lorenz, K. (1950): The comparative method in studying innate behavior patterns. Symp. Soc. Exp. Biol. 221–268

Abb. 50 nach: Maes, P. (1991): A bottom-up mechanism for behavior selection in an artificial creature. In: From animals to animats. Meyer, J. A., Wilson, S. W. (Hrsg.): 238–246. MIT Press, Cambridge MA

Abb. 53: Deneubourg, J. L., Aron, S., Goss, S., Pasteels, J. M. (1993): The self organizing exploratory pattern of the argentine ant. J. Insect Behavior 6, 751–759

Abb. 54: Therolaz, G., Goss, S., Gervet, J., Deneubourg, J. L. (1991): Task differentiation in Polistes wasp colonies: a model for self-organizing groups of robots. In: Meyer, J. A., Wilson, S. W. (Hrsg.): From animals to animats. 346–355. MIT Press, Cambridge MA, Fig. 5a

Abb.: 57: Cruse, H. (1978): Untersuchungen und Hypothesen zur Funktion des Gedächtnisses. Naturwiss. Rundschau 31, 1–12, Abb. 1

Abb. 58: Fuster, J. M. (1995): Memory in the Cerebral Cortex. An empirical approach to neural networks in the human and nonhuman Primate. MIT Press Cambridge MA, Fig 4.13

Abb. 59 nach: Bresch, C. (1977): Zwischenstufe Leben. Evolution ohne Ziel. Piper, München

Abb. 60: Ritter, H. Martinez, T., Schulten, K.: Neuronale Netze. Addison-Wesley 1990, Abb. 3.1 und 3.2

Abb. 65 nach: Shepard, R.N., Metzler, J. (1971): Mental rotation of three-dimensional objects. Science 171, 701–703

Abb. 67: Ritter, H., Kohonen, T. (1989): Self organizing semantic maps. Biol. Cybern. 61, 241–254

Abb. (Box I) nach: Grillner, S., Deliagina, T., Ekeberg, I., El Manira, A., Hill, R. H., Lansner, A., Orlovsky, G. N., Wallen, P. (1995): Neural networks that co-ordinate locomotion and body orientation in lamprey. Trends in Neurosciences 18, 270–279

Alle übrigen Abbildungen stammen von den Autoren.

Sachregister

Abstraktion 51
Abstraktionsfähigkeit 25
Adaptation 51
Adaptives Verhalten 20
Affen 106
Agent(en) 107, 111, 125, 128, 135, 141, 195
  Aufrichte- 119
  Konsistenz- 218
  Verhaltens- 129, 142, 176
Aha-Erlebnis 100
Ähnlichkeit, subjektive 212
Ähnlichkeitsmaß 212
Ameise(n) 37, 53, 65 ff., 69, 93, 95, 97, 99 f., 103, 138 f., 186, 192, 195, 255 ff.
  -staaten 138
  -straße 139
  Wald- 138, 220
  Wüsten- 92, 100, 138
Amnesie, retrograde 143, 145
Animaten 31 f., 63, 88
Animismus 190
Animistische Interpretation(en) 85, 87
Anpassung 24, 51
  Farb- 52
Anthropomorphismus 49
Antihebb-Regel 167 f.
Antwort, verzögerte 155
Aplysia 160 ff., 168, 185
Arbeitsraum 105
Asomatognosie 248, 252 f.
Assemblercode 45
Assoziation(en) 151, 192 f., 237
Assoziative Verknüpfungen 23
Assoziativer Zugang 190
Aufgabe mit verzögerter Antwort (delayed response task) 155
Aufmerksamkeit 184, 187, 192, 247
  allgemeine - 187, 194
  räumliche - 194
  selektive - 187 f., 193 f.
Aufrichteagent 119
Ausgangsmuster 79
Ausgangsvektor 77
Außenaspekt 242 f.
Außenperspektive 242, 245
Auszahlungsmatrix 201
Automat(en) 133, 195 f., 220, 250
Autonomie 23, 27, 103 f.
Azimutrichtung 70

Basalganglien 153
Bauchmark 175
BCM-Lernregel 167 f.
Bedeutungen 230
Bedingter Reflex 15
Bedürfnis 132
Begriffe 188, 198, 223, 226, 230 f., 234–237, 256
  abstrakte - 239
Begriffsbildung 28, 238 f.
Behaviorismus 50
Belohnung 171
Bènard-Experiment 35 f.
Bènard-Muster 40, 44
Bereitschaftspotential 153, 253
Beschreibungsebenen 45, 47, 200
Bewegung
  Schwimm- 122 f.
  Schwing- 108 f., 112, 114
  Stemm- 108 f., 114
  Willkür- 248
Bewegungsdetektor(en) 71, 73, 89 f.
Bewegungssehen 70
Bewertungssysteme 170
Bewußtsein 17, 251
Biene(n) 53, 70, 184 f., 222, 237 f.
  Honig- 140
Bilderkennung 11
Binärcode 45 f.

Blockieren, Blockierung 182, 184, 189
Blutzuckerspiegel 127
Bottom-up 46, 70
Braitenberg-Schaltung 169
Braitenberg-Vehikel 85–91, 142, 168

Cataglyphis 65, 67
Cerebellum 153, 166
Cocktail-Party-Effekt 190
Computer
  Analog- 154f.
  Digital- 154
  Schach- 224f.
  -simulation 110, 141
  -speicher 148
Coxa-Trochanter-Gelenk 111, 117

Delta-Regel 183
Denken
  begriffliches – 22
  logisches – 22
  schlußfolgerndes – 197, 200
  schöpferisches – 226, 256
Denkprozeß 192, 216
Denkzeuge 256
Depression 56, 166
Deterministisches Chaos 41ff.
Dezentrales System 115
Differentialgleichung 39
Digitalcomputer 154
Dishabituation 160f.
Disjunkte Ereignisse 214

Eigenschaft(en)
  emergente – 28f., 36f., 39, 44, 47, 120, 195, 249, 257
  Muskel- 116
  System- 26, 28, 36
Eingangsmuster 79
Eingangsvektor 77, 79
Einsicht 9, 15, 50
Elastizität 172
Elektrischer Schwingkreis 35, 39
Emergente Eigenschaft(en) 28f., 36f., 39, 44, 47, 120, 195, 249, 257

Emotion(en) 13, 131f.
Empirismus 240
Endogene Faktoren 50
Energieersparnis 193
Entelechie 28
Entfernungsspeicher 96
Entscheidung 135, 139
  rationale – 202
Epiphänomen 50, 249, 257
Ereignisse, disjunkte 214
Erfolg der Handlung 173
Erfolgserwartung 172
Erfolgsmaß 171
Erfolgsvorhersage 173
Erleben, Erlebnis 243f., 247
  Aha- 100
  -aspekt 132, 244
  -fähigkeit 196, 243, 245–250
  subjektives – 196, 246
Erwartung 183
Erwartungshaltung 189
Evolution 19f., 27, 29, 31ff., 142, 170, 239, 255f.
Expertenparadoxon 14
Expertensysteme 11

Facette(n) 89, 169
  -auge 53f., 69, 71, 89, 169
Fahrradfahren 142
Fallunterscheidung 217
Fehlertoleranz 24, 79, 83, 223
Feigenbaumpunkt 41
Feld(er)
  assoziative – 151
  prämotorische (supplementary motor area, SMA) – 153
  primäre sensorische – 150
  rezeptives – 163, 166
Femur-Tibia-Gelenk 111, 116
Figur-Hintergrund-Problem 75
Figur-Hintergrund-Unterscheidung 70, 80
Fliege(n) 63ff., 71, 73, 89
  -auge 72
  Stuben- 75
Flußkrebse 110
Formenerkennen 80

Framing 205, 217
Freier Wille 253 f.
Freiheitsgrad 105, 115
  überzähliger – 104
Freudefaktor (pleasure) 131
Frosch, Frösche 58, 104 f.

g-Faktor 16
Gedächtnis 142, 144, 150, 171,
  186, 220, 223, 230, 237, 241, 255
  aktives – 145, 148
  Arbeits- 145, 148, 155
  Art- 142, 144, 149, 160, 170, 189
  assoziatives – 192
  begriffliches – 143
  deklaratives – 143 f., 149, 151,
    155
  episodisches – 143 f., 156
  explizites – 143 f., 156
  Farb- 152
  habituelles – 144
  ikonisches – 144
  implizites – 143 f.
  inaktives – 148
  Individual- 142, 144, 149, 170
  individuelles – 24
  -inhalt(e) 143, 147, 156 f., 188,
    190, 193
  -karte 157
  Kurzzeit- 144 f., 146 f., 183, 187,
    193
  Langzeit- 144 f., 147, 150, 193
  -leistungen 142
  Minuten- 144 f.
  motorisches – 144, 149 f., 156,
    193
  nichtdeklaratives – 143 f.
  perzeptuelles – 144, 149 f., 156,
    193
  prozedurales – 143 f., 148 f., 221 f.
  Sekunden- (immediate, recent
    memory) 144 f.
  semantisches – 143 f., 152
  Was- 143 f.
  Wie- 143 f.
  Ultrakurzzeit- (iconic memory)
    144

Gefangenendilemma 201 f.
Gefühl(e) 131 f.
Generalisierung 24, 51, 79, 83, 178,
  223
  motorische – 24
Genetischer Code 46
Geniculatum laterale 133
Genom 46
Gestaltpsychologie 44
Grammatik 240
Grillen 53 f., 58–61, 63, 88
  -gesang 61
Großfeldneuron 73 f., 89

Habituation 55 f., 160 f., 167, 183
Handeln, rationales 211
Handlungserfolg 173
Handlungstheorie 198, 200 f., 220
Harmonie 213
  globale – 213
  lokale – 213
Haufensammler 40, 88, 91
Hebbsches Prinzip 181 f., 185
Hebb-Regel, Hebbsche Lernregel
  163 f., 166 f., 169 f., 191
  Anti- 167 f.
  antihebbsches Lernen 167 f.
  hebbsches Lernen 167 f.
  hebbsches Prinzip 176
Hemineglekt 194
Hemmung, versteckte (latent inhibition) 182
Hermissenda 162, 185
Heuschrecke(n) 58, 175, 231
  -flug 175
  Stab- 110, 112
Hierarchie 129, 151, 153 f., 159,
  235
Hierarchische Ordnung 159
Hindernisvermeidung 92, 125,
  169
Hippokampus 167
Hochpaßfilter 51, 116
Höhlengleichnis 247
Homunculus 247
Hopfield-Netz 191

Idealismus 240
Immunsystem 148
Information
  Kontext- 192
  subsymbolische – 231
  symbolische – 231
  unscharfe – 240
Inkonsistenz(en) 216 f.
Innenaspekt 242
Innenperspektive 242, 245, 249, 253, 256 f.
Innere Karte 68
Insektenbein 111
Instinkte 49, 188
Integral 95
Integration 94
Integrationssystem 100
Integrator 94 ff.
Intelligentes Design 55
Intelligentia 9
Intelligenz
  adverbiale – 18 ff., 27 f., 225, 240
  der Art (species intelligence) 20
  als Eigenschaft 18
  als Fähigkeit 18
  des Individuums 20
  inhaltliche – (intelligence of content) 18
  Körper- 119 f.
  künstliche – 10, 12 f., 240
  motorische – 104, 119, 255
  nominale – 18 ff., 27 f., 195, 225 f., 240, 242 f., 255 ff.
  prärationale – 29, 180
  prozessuale – (intelligence of process or by design) 18 f.
  -quotient 16 f.
  rationale – 10, 14 f., 28, 30
Intention(en) 23, 190
Internet 192
Introspektion 50, 228
IQ-Test 16

Kantendetektoren 53
Karten, kognitive 100
Kategorien 193
  -bildung 24 f.

Kettenreflex 124
KI-Systeme 239 f.
Klassifikationsaufgaben 178 f.
Klavierspielen 142
Kleinfeldneuron 73
Kleinfeldzelle 75
Kleinhirn 153, 167
Kniesehnenreflex 133
Kognition 196, 229
Kognitive Aufgaben 145
Kognitive Explosion 239
Kognitive Fähigkeiten 196 f., 228, 255
Kognitive Illusion(en) 200, 204 f., 210, 213, 216 ff.
Kognitive Karte(n) 93, 100
Kognitive Prozesse 221, 240
Koinzidenz
  -neuron 57 f.
  -schaltung 96
Kommandoneurone 231
Komponenten 77
Konditionieren, Konditionierung 165
  klassisches – 162 ff.
  operante – 174, 176, 184
  Pavlovsches – 161
  Reflex- 176
  zweiter Ordnung 181
Konsistenz 203, 255 f.
  -Agenten 218
  -prüfer 217
Kontext 21 f., 172, 183, 188, 192 f., 247 f.
  -bedingungen 172
  -informationen 192
Kontrastverstärkung 55, 135
Konzept(e) 230, 236 ff.
  mentales – 211
Koordination 110, 119
  relative – 108
Koordinationsmechanismen 109
Kopernikanische Wende 249, 258
Kopplung, mechanische 116
Körperintelligenz 119 f.
Korrelation(en) 79, 181 f., 184, 212, 213, 216 f., 255

negative – (conditioned inhibition) 182
Korrelationsbestimmung 71
Korrelationsmaschine 210
Korrelationsmaß 210, 212
Kortex
  Motor- 106
  posteriorer – 150,
  postzentraler – 152, 156
  präfrontaler – 152–156
  prämotorischer – 153 f.
  präzentraler – 150, 152
  primär motorischer – 153 f.
  sensorischer – 152
  visueller – 166
Kostenfunktionen 23, 26
Kraftfeld 104 f.
Krebse 133 f., 231
  Fluß- 110
Kritiker 173
  interner – 173 f., 177
Künstliche Intelligenz 10, 12 f., 240
Kursstabilisierung 73, 75, 89
Kurvenlauf 114 f., 117 f.
Kurzzeitgedächtnis (short term memory) 144–147, 183, 187, 193
Kurzzeitspeicher 147

Landmarken 97, 100
Langzeitgedächtnis (long term memory) 144 f., 147, 150, 193
Langzeitspeicher 147
Laterale Hemmung 53
Laterale Inhibition 52
Laufmaschine 111
Leben 197
Leerlaufverhalten 126, 131
Lehrer 174, 177
Leibesinseln 246
Leistung, kreative 226
Lernen 15, 20, 24, 33, 142, 145, 149, 160, 166, 169 f., 173, 175, 184, 188, 226, 240, 256
  antihebbsches – 167 f.
  deklaratives – 188
  hebbsches – 167 f.
  motorisches – 175

Pavlovsches – 15
prozedurales – 188
Sprache- 189
überwachtes – 174, 177
unüberwachtes – 173 f.
Um- 185
Verstärkungs- 171 f., 174, 176 f.
Lernfähigkeit 14, 17
Lernkurve 180
Lernmatrix 79
Lidschlagreflex 181
Limax 185
Logik
  logisches Denken 14
  logische Generalisation 237
  logische Operationen 10
  logische Regeln 12, 204, 211, 256
  logischer Schluß 10, 214
  logisches Schlußfolgern 150
  Regeln der – 198, 216
Lorenzmodell 129
Lösung
  Finden einer optimalen – 199
  optimale – 202

Mechanische Kopplung 116
Mechanismen
  prärationale – 217, 219, 255
  rationale – 218
Mechanismus-Vitalismus-Streit 28
Mechanisten 49
Meeresschnecke 56, 160
Membran
  postsynaptische – 166
  präsynaptische – 166
Mentale Drehung 106
Mentale Rotation 216, 228
Merkmalsfilter 82
Merkmalsraum, -räume 179
Merkmalsselektivität 166
Merkmalsvektor 173
Merkraum 22
MMC-Netz 228, 237
Module 107, 112
  neuronale – 106
Motivation 16, 125–132, 188, 224, 255

Motivationsbegriff 126
Motivationsstärke 126 f.
Motorische Generalisierung 24
Motorkortex 106
Muskeleigenschaften 116
Muster
 -bildung 35
 -ergänzung 237
 -erkennung 80, 84
 -generator 121

Nachtigall 158 f., 235
Navigation 90, 92, 103
Navigationssystem 97, 100
Neckerwürfel 135 f., 189, 213, 217 f., 237
Negative pattern discrimination 184
Netz
 Hopfield- 191
 MMC- 228, 237
 rekurrentes – 134 ff.
 Schwing- 111 ff.
 Selektor- 113
 Stemm- 112 f.
 WTA- 125, 128, 130, 135, 176, 224
 Ziel- 113
Netzhaut 163
Neuigkeitsfilter 167
Neuigkeitswert 167, 183 f.
Neunauge 122 f.
Neuronale Module 106
Neuron(en)
 Großfeld- 73, 89
 Kleinfeld- 73 f.
 Koinzidenz- 57 f.
 Kommando- 231
 -population 106
 POL- 53 f.
Nichtlinearität 114

Objekt
 -fixierung 75, 89
 -verfolgung 92
Objektiv 245, 254
Objektive Welt 242 ff.
Ommatidium, Ommatidien 53 f., 68

Open-loop-Situation 175
Optimierung 200
Optische Täuschungen 217 f.
Optomotorische Reaktion 75
Ordnungsprinzip 156
Orientierung 103
Orientierungsverhalten 91
Ormia 63 ff.
Oszillator 122 f.
 zentraler – 122, 224
Overtraining reversal effect 185

Papagei(en) 238 f.
Parallelverarbeitung 151
Passung 68 f., 213, 216, 255
Pavlovsches Konditionieren 161
Pavlovsches Lernen 15
Perspektivität 247
Perzeptron 76, 79–82, 112, 142, 148, 157, 173, 178 f., 192, 212, 221, 223, 231
 Multilagen- 179
Phänotyp 46
Phantomschmerzen 252
Phasenübergänge 43
Phototaxis 91
POL-Neuron 53 f.
Polarisationsebene(n) 55, 67
Polarisationsmuster 53, 66, 68 ff.
Polarisationsrichtung(en) 66 ff.
 des Lichtes 53
Polarisationsvektor 55
Polistes 139
Population 40
Populationsgröße 41
Portia 102
Positionsregler 172
Potenzierung 166
Präfrontalkortex 152–155
Prärational 240
Prärationale Intelligenz 29, 180
Prärationale Mechanismen 217, 219, 240, 255 f.
Prärationale Prozesse 218
Prärationaler Unterbau 240, 256
Primaten 150, 238 f.
Priming 158, 192

Probehandeln 227
Prototyp 216
Protozählen 238
Prozeß, Prozesse
  Denk- 192, 216, 218
  kognitive – 221, 240
  prärationale – 218
  Selbstorganisations- 166
Psychologie 15
Psychotherapie 194

Ratio 10
Rational 197
Rationale Intelligenz 14 f., 28, 30
Rationale Methode 218
Rationale Regeln 199, 207
Rationales Handeln 211
Rationales Verhalten 197, 220
Rationalismus 240
Rationalität 17, 197 f., 200 f., 216, 255
  Als-ob- 220
  begrenzte – 200
  – des Gesamtsystems 203
Ratten 184
Rauschgenerator 87
R-C-Glied 52
Reaktion
  konditionierte – (CR) 162
  optomotorische – 157
  Schreck- 55
  unbedingte – (UR) 162
  Vermeidungs- 90
Reaktionszeit(en) 157 f., 251 f.
Rechenschaftsfähigkeit 199 f.
Reduktionistisches Vorgehen 29
Redundanz 107
  -problem 107
Reflex(e) 49
  bedingter – 15, 181 f.
  -bewegung 103
  Ketten- 124
  Kniesehnen- 133
  -konditionierung 176
  Lidschlag- 181
  -maschinen 154
  Rückenmarks- 154

  Vermeidungs- 114, 168 f.
  Widerstands- 133 f.
Regel(n) 10
  BCM-Lern- 167 f.
  bewußte – 241
  Delta- 183
  deterministisch chaotische – 203
  Hebb- 163 f., 166 f., 169 f., 191
  – der Logik 198
  logische – 204, 211, 256
  rationale – 199, 207
  Transitivitäts- 203
Regelmäßigkeiten 189
Regularität 177
Reifung 20
Reiz
  bedingter – 181
  konditionierter – 181
  sensitisierender – 55
  sensorischer – 182
  unbedingter – 181
Rekurrente Hemmung 135
Rekurrente Systeme 135, 139
Rekurrente Verbindungen 83, 133, 151
Rekurrentes Netz 134 ff.
Repräsentation 235
Res cogitans 49
Res extensa 49
Resonanzfrequenz 35
Retina 133, 150, 163
Rezeptives Feld 163, 166
Rhythmuserzeugung 122
Richtungshören 57, 63
Richtungskarte, innere 68
Richtungskompaß 65
Roboter 11, 31, 37, 39 f., 44, 60–63, 89 ff., 103, 107, 110, 125, 141, 149, 168 f., 172 ff., 190, 246, 249
  autonomer – 31
Robotik 37
Rückenmark 104 f., 122, 153, 175
Rückenmarksreflexe 154
Rückenschwimmer 124
Rückkopplung
  negative – 133 f., 139, 168

positive – 111, 115 ff., 120, 134, 139, 168
Rüsselkäfer 71

Säugetiere 186
Schachcomputer 224 f.
Schattierung (overshadowing) 184
Schimpansen 237
Schmetterlingseffekt 43
Schnecken 183, 185
Schreckreaktion 55
Schrift 239
Schrittmuster 108
Schwimmbewegung(en) 122 f.
  rhythmische – 123
Schwingbewegung 108 f., 112, 114
Schwingnetz 111 ff.
Sechsbeiner 119
Seele 9, 28 f., 34, 242 f.
Sehrinde 163
Selbstbeobachtung 50, 196, 223, 249, 251, 253
Selbstbewußtsein 140 f.
Selbstorganisation 141
Selbstorganisationsprozesse 166
Selektornetz 113
Semantische Transparenz 246
Sensitisierung 160 ff.
Sensory preconditioning 182
Sexualität 32
Sicht
  der dritten Person 242, 247
  der ersten Person 242, 245 f.
Simulation 118, 141
  Computer- 110, 141
Situationen, mehrdeutige 136
Skinnerbox 174, 176
SMA (supplementary motor area) 153 f.
Sozialstruktur(en) 139 f.
Speicher
  Computer- 148
  Entfernungs- 96
  -inhalte 145
  -kapazität 193
  Kurzzeit- 147 f.
  Langzeit- 147

Spieltheorie 199
Spinne(n) 102
  Spring- 100 ff.
Sprache 239 f.
  -lernen 189
Stabheuschrecken 110, 112
Stabilitäts-Plastizitäts-Dilemma 177
Stammhirn 188
Stemmbewegung 108 f., 114
Stemmnetz 112 f.
Stimulus
  konditionierter – (CS) 162, 164
  unbedingter – (US) 162
Streckrezeptoren 122 f.
Strukturierung, topographische 163
Subcoxal-Gelenk 112, 117
Subjektiv 243, 245, 254
Subjektive Ähnlichkeit 212
Subjektive Umwelt 22
Subjektive Welt 242 ff.
Subjektives Empfinden 252
Subjektives Erleben 246
Subjektives Erlebnis 196
Subsymbolische Information 231
Subsymbolisches System 229
Symbol(e) 10, 180, 223, 226, 230 f., 233 f., 236–240, 256
  -bildung 231, 234, 236
  -Einheiten 235
  -verarbeitung 226, 228–231, 234, 236, 239, 257
Symbolische Information 231
Symmetriebruch 138 f.
Synapse 160
System(e)
  autonome – 51
  dezentrales – 115
  -eigenschaft(en) 26, 28, 36
  Experten- 11
  Gesamt- 203
  hierarchisches – 192
  holistisches – 213
  Immun- 148
  Integrations- 100
  KI- 239 f.
  Navigations- 97, 100
  rekurrente – 135, 139

Sachregister

subsymbolisches – 229
symbolverarbeitendes – 229
verteiltes – 192
WTA- 139, 185, 192

Tauben 216
Täuschungen
  kognitive – 218
  optische – 217f.
Tetrapoder Gang/Lauf 108, 110f., 120
Tintenfisch 183f.
Top-down 46, 70
Transitivität 203
Transitivitätsbedingungen 211
Transitivitätsregel 203
Tripoder Gang/Lauf 108, 110f., 120
Turingtest 15
Tympanalmembran 58, 60
Tympanalorgan 59, 63, 65

Überlappungsproblem 80
Übersetzungsmaschine 12
Übersprungsverhalten 130
Umlernen 185
Unscharfe Information 240
Unterscheiden, Unterscheidung
  Fall- 217
  Figur und Hintergrund 70, 80
  Objekt vom Hintergrund 71, 74

Vehikel 84–87, 89
  Braitenberg- 85–91, 142, 168
Vektor(en) 76f., 106
  (motorischer) Ausgangs- 77
  (sensorischer) Eingangs- 77, 79
  Merkmals- 173
Verdrängungen 194
Verhalten
  adaptives – 20
  egoistisches – 202
  inkonsistentes – 204
  kooperatives – 202
  Leerlauf- 126, 131
  nicht-rationales – 205, 214
  Orientierungs- 91
  problemlösendes, einsichtiges – 9, 15
  rationales – 197, 220
  Übersprungs- 130
Verhaltensagent(en) 124, 128, 142, 176
Verhaltenskette 127
Verhaltenssteuerung 84
Vermeidungsreaktion 90
Vermeidungsreflex(e) 114, 168f.
Verstand 9f., 197
Verstärkungslernen 171f., 174, 176f.
Verstehen 39
Versuch und Irrtum 22, 170
Vitalisten 49
Voraktivierung 158
Vorhersage, Vorhersagbarkeit 173, 199, 249

Wachheit 187
Wachstumsrate 41
Wahrnehmung, bewußte 250, 252f.
Wahrscheinlichkeit 208f.
Walknet 110f., 121f., 142, 148f., 192, 221
Wasserwanze 124
Welt
  öffentliche – 123
  objektive – 242ff.
  subjektive – 242ff.
Weltmodell(e) 220f., 223f., 227, 234, 247ff.
  dynamisches – 224
  imaginatives – 223
  inneres – 220
  manipulierbares – 222, 226, 228, 246, 256f.
  propositionales – 223
  prozedurale – 241
Wespe 139
  Sand- 187
Wettbewerb 129, 176
Wettbewerbsprinzip 166, 168
Widerstandsreflex 133f.
Willkür
  -bewegung 248

-handlung 253
Wirkraum 22
Wissen
  deklaratives – 229, 256
  intuitives – 14
  prozedurales – 229, 256
  regelhaftes – 197
  symbolisches – 14
Wortkarte 233 ff.
WTA (winner take all) 135, 246
  -Netz 125, 128, 130, 135, 176, 224
  -Prinzip 140 f.
  -Schaltung 129, 166
  -Strukturen 188
  -System 139, 185, 192

XOR
  -Aufgabe 184
  -Problem 178 f.

Zeitreihen 185
Zielnetz 113
Zufallsgenerator 176
Zufallssuche 170
Zugriffsmöglichkeit 193

Naturwissenschaft im dtv

John D. Barrow
Warum die Welt mathematisch ist
dtv 30570

William H. Calvin
Der Strom, der bergauf fließt
Eine Reise durch die Chaos-Theorie
dtv 36077
Wie der Schamane den Mond stahl
Auf der Suche nach dem Wissen der Steinzeit
dtv 33022

Antonio R. Damasio
Descartes' Irrtum
Fühlen, Denken und das menschliche Gehirn
dtv 33029

Paul Davies
John Gribbin
Auf dem Weg zur Weltformel
Superstrings, Chaos, Komplexität
dtv 30506

David Deutsch
Die Physik der Welterkenntnis
Auf dem Weg zum universellen Verstehen
dtv 33051

Hoimar von Ditfurth
Im Anfang war der Wasserstoff
dtv 33015

Hans Jörg Fahr
Zeit und kosmische Ordnung
Die unendliche Geschichte von Werden und Wiederkehr · dtv 33013

Robert Gilmore
Die geheimnisvollen Visionen des Herrn S.
Ein physikalisches Märchen nach Charles Dickens
dtv 33049

Karl Grammer
Signale der Liebe
Die biologischen Gesetze der Partnerschaft
dtv 33026

Jean Guitton, Grichka und Igor Bogdanov
Gott und die Wissenschaft
Auf dem Weg zum Meta-Realismus
dtv 33027

Lawrence M. Krauss
»Nehmen wir an, die Kuh ist eine Kugel...«
Nur keine Angst vor Physik · dtv 33024

Naturwissenschaft im dtv

Peretz Lavie
Die wundersame Welt des Schlafes
Entdeckungen, Träume, Phänomene
dtv 33048

Sydney Perkowitz
Eine kurze Geschichte des Lichts
Die Erforschung eines Mysteriums
dtv 33020

Josef H. Reichholf
Das Rätsel der Menschwerdung
Die Entstehung des Menschen im Wechselspiel mit der Natur · dtv 33006

Simon Singh
Fermats letzter Satz
Die abenteuerliche Geschichte eines mathematischen Rätsels
dtv 33052

Frederic Vester
Neuland des Denkens
Vom technokratischen zum kybernetischen Zeitalter ·
dtv 33001
Denken, Lernen, Vergessen
Was geht in unserem Kopf vor? · dtv 33045

Unsere Welt – ein vernetztes System
dtv 33046
Crashtest Mobilität
Die Zukunft des Verkehrs
Fakten, Strategien, Lösungen
dtv 33050

Was treibt die Zeit?
Entwicklung und Herrschaft der Zeit in Wissenschaft, Technik und Religion
Hrsg. von Kurt Weis
dtv 33021

What's what?
Naturwissenschaftliche Plaudereien
Hrsg. von Don Glass
dtv 33025

Das neue What's what
Naturwissenschaftliche Plaudereien
Hrsg. von Don Glass
dtv 33010

Fred Alan Wolf
Die Physik der Träume
Von den Traumpfaden der Aborigines bis ins Herz der Materie
dtv 33005

Naturwissenschaftliche Einführungen im dtv

Herausgegeben von Olaf Benzinger

Das Innerste der Dinge
Einführung in die Atomphysik
Von Brigitte Röthlein
dtv 33032

Der blaue Planet
Einführung in die Ökologie
Von Josef H. Reichholf
dtv 33033

Das Chaos und seine Ordnung
Einführung in komplexe Systeme
Von Stefan Greschik
dtv 33034

Der Klang der Superstrings
Einführung in die Natur der Elementarteilchen
Von Frank Grotelüschen
dtv 33035

Das Molekül des Lebens
Einführung in die Genetik
Von Claudia Eberhard-Metzger · dtv 33036

Die Grammatik der Logik
Einführung in die Mathematik
Von Wolfgang Blum
dtv 33037

Schrödingers Katze
Einführung in die Quantenphysik
Von Brigitte Röthlein
dtv 33038

Von Nautilus und Sapiens
Einführung in die Evolutionstheorie
Von Monika Offenberger
dtv 33039

Auf der Spur der Elemente
Einführung in die Chemie
Von Uta Bilow
dtv 33040

$E = mc^2$
Einführung in die Relativitätstheorie
Von Thomas Bührke
dtv 33041

Vom Wissen und Fühlen
Einführung in die Erforschung des Gehirns
Von Jeanne Rubner
dtv 33042

Schwarze Löcher und Kometen
Einführung in die Astronomie
Von Helmut Hornung
dtv 33043

Frederic Vester im dtv

Ein großer Umweltforscher und Kybernetiker,
der Neuland des Denkens erschließt.

Neuland des Denkens
dtv 33001
Frederic Vester fragt, warum menschliches Planen und Handeln so häufig in Sackgassen und Katastrophen führt. Das fesselnd und allgemeinverständlich geschriebene Hauptwerk von Frederic Vester.

Phänomen Streß
Wo liegt der Ursprung des Streß, warum ist er lebenswichtig, wodurch ist er entartet? · dtv 33044
Vester vermittelt in einer auch dem Laien verständlichen Sprache die Zusammenhänge des Streßgeschehens.

**Unsere Welt –
ein vernetztes System**
dtv 33046
Anhand vieler anschaulicher Beispiele erläutert Vester die Steuerung von Systemen in der Natur und durch den Menschen und wie wir sie zur Lösung von Problemen einsetzen können.

Crashtest Mobilität
Die Zukunft des Verkehrs
Fakten–Strategien–
Lösungen
dtv 33050

Frederic Vester
Gerhard Henschel
Krebs – fehlgesteuertes Leben
dtv 11181
Das vielschichtige Problem Krebs wird in grundlegenden biologischen und medizinischen Zusammenhängen diskutiert und dargestellt.

dtv

Carl Friedrich von Weizsäcker im dtv

»Ein Philosoph, der weiß, wovon er spricht, wenn er über Physik, Evolution, Politik und gar nicht leider auch Theologie spricht, ist vielleicht das letzte Exemplar einer aussterbenden Spezies; der Mut zur Synopsis und die Kraft der synthetischen Bemühung sind großartig.«
Albert von Schirnding, ›Süddeutsche Zeitung‹

Die Einheit der Natur
Studien
dtv 4660

Mit diesem längst zum Klassiker gewordenen Buch beleuchtet der Physiker und Philosoph die Grundfrage der modernen Wissenschaft: die Frage nach der Einheit der Natur und der Einheit der Naturerkenntnis.

Wahrnehmung der Neuzeit
dtv 10498

Aufsätze zu den wesentlichen Fragen und Problemen unserer Zeit. »Das Ziel ist, die Neuzeit sehen zu lernen, um womöglich besser in ihr handeln zu können.«

Der Mensch in seiner Geschichte
dtv 30378

Ein autobiographischer Rückblick, der Antworten auf die wichtigsten Fragen der modernen Naturwissenschaften und Philosophie gibt: Wer sind wir? Woher kommen wir? Wohin gehen wir?

dtv

Biologie im dtv

William H. Calvin
Der Strom, der bergauf fließt
Eine Reise durch die Evolution
dtv 36077

Adolf Faller
Der Körper des Menschen
Einführung in Bau und Funktion
dtv 32518

Karl Grammer
Signale der Liebe
Die biologischen Gesetze der Partnerschaft
dtv 33026

Stephen Hart
Von der Sprache der Tiere
Vorwort von Frans de Waal
dtv 33012

François Jacob
Die Maus, die Fliege und der Mensch
Über die moderne Genforschung
dtv 33053

Konrad Lorenz
Er redete mit dem Vieh, den Vögeln und den Fischen
dtv 20225

Josef H. Reichholf
Das Rätsel der Menschwerdung
Die Entstehung des Menschen im Wechselspiel der Natur
dtv 33006

Jeanne Rubner
Was Frauen und Männer so im Kopf haben
dtv 33031
Vom Wissen und Fühlen
Einführung in die Erforschung des Gehirns
dtv 33042

Gertrud Scherf
Wörterbuch Biologie
dtv 32500

Nancy M. Tanner
Der Anteil der Frau an der Entstehung des Menschen
Eine neue Theorie zur Evolution
dtv 30591

Günter Vogel
Hartmut Angermann
dtv-Atlas Biologie
Tafeln und Texte
In drei Bänden
dtv 3221/dtv 3222/dtv 3223
Kassettenausgabe
dtv 5937

366 XIX. Psychodiagnostik / 9. Schultests

A Lückentest

B Testbeispiele

dtv-Atlas Psychologie
von Hellmuth Benesch
2 Bände
208 Farbseiten
von H. u. K. von Saalfeld
Originalausgabe
dtv 3224 / 3225

dtv-Atlas
Psychologie

Band 1

132 Grundtypen der Lebewesen/Baupläne der Tiere V: Insekten

A

1 Facettenauge
2 Fühler
3 Oberlippe
4 Unterlippe
5 Lippentaster
6 Oberkiefer
7 Unterkiefer
8 Kiefertaster
9 Stechborste

1 beißend-kauend (Küchenschabe)
2 leckend-saugend (Biene)
3 saugend (Schmetterling)
4 stechend-saugend (Mücke)

Typen von Mundgliedmaßen bei Insekten

B (1 Oberschlundganglion 2 Unterschlundganglion)

Punktauge, Facettenauge, Fühler, Flugmuskel, Vorderdarm, Mitteldarm, Malpighische Gefäße, Herz, Oberlippe, Oberkiefer, Unterlippe, Unterkiefer, Speicheldrüse, Hüfte, Schenkelring, Oberschenkel, Unterschenkel, Fuß, Bauchmark, Eierstock, Enddarm

C Kopf, Brust, Hinterleib, Vorderflügel, Hinterflügel, Tracheen, Luftsack, Stigma

D Beuger, Strecker, Gelenkhaut, starres Chitin

Insekt: Bauplan (B, C); Beingelenk (D, Längsschnitt);

dtv-Atlas Biologie
von Günter Vogel und
Hartmut Angermann
3 Bände
292 Farbseiten von
Inge und István Szász
Originalausgabe
dtv 3221/3222/3223

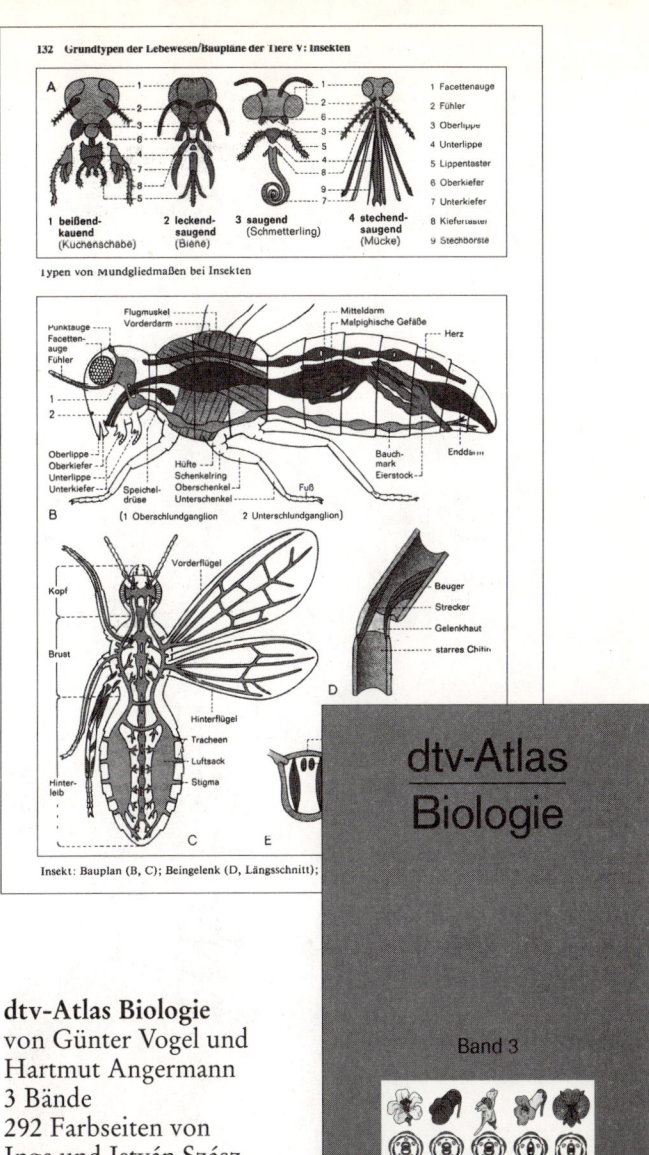

dtv-Atlas Biologie

Band 3